JN228722

BLOCKCHAIN

ブロックチェーン

仕組みと理論

増補改訂版

赤羽喜治・愛敬真生 ● 編著

未来を創造するための
最新動向と6つの基盤

リックテレコム

本書をご購入いただいた方は、本書に掲載されているサンプルプログラムの一部、またはそれと同等のプログラムをダウンロードして利用できる場合があります。

http://www.ric.co.jp/book/index.html

リックテレコムの上記 Web サイトの左欄「総合案内」から「データダウンロード」ページへ進み、本書の書名を探してください。そこから該当する zip 圧縮ファイルを入手することができます。その際には、以下の書籍 ID とパスワードを入力する必要があります。

書　籍 ID：　ric11631
パスワード：　prg11631

●本書刊行後の補足情報
本書の刊行後に記載内容の補足や更新が必要となった場合、下記に読者フォローアップ情報を掲示することがありますので、適宜参照してください。

http://www.ric.co.jp/book/contents/pdfs/11631_support.pdf

注　意

1. 本書は、著者が独自に調査した結果を出版したものです。
2. 本書は万全を期して作成しましたが、万一ご不審な点や誤り、記載漏れ等お気づきの点がありましたら、出版元まで書面にてご連絡ください。
3. 本書の記載内容を運用した結果およびその影響については、上記にかかわらず本書の著者、発行人、発行所、その他関係者のいずれも一切の責任を負いませんので、あらかじめご了承ください。
4. 本書の記載内容は、執筆時点である 2019 年 4 月現在において知り得る範囲の情報です。本書に記載された URL やソフトウェアの内容は、将来予告なしに変更される場合があります。
5. 本書に掲載されているサンプルプログラムや画面イメージ等は、特定の環境と環境設定において再現される一例です。
6. 本書に掲載されているプログラムコード、図画、写真画像等は著作物であり、これらの作品のうち著作者が明記されているものの著作権は、各々の著作者に帰属します。
7. 本書に記載されているプログラムは、7 ページの表に記載した環境において開発および動作検証を実施しました。

商標の扱い等について

1. 本書に記載されている商品名、サービス名、会社名、団体名、およびそれらのロゴマークは、各社または各団体の商標または登録商標である場合があります。
2. 本書では原則として、本文中において™マーク、®マーク等の表示を省略させていただきました。
3. 本書の本文中では日本法人の会社名を表記する際に、原則として「株式会社」等を省略した略称を記載しています。また、海外法人の会社名を表記する際には、原則として「Inc.」「Co., Ltd.」等を省略した略称を記載しています。

はじめに

専有から共有へ

そもそもブロックチェーンという技術は、なぜここまで注目を浴びているのでしょうか。

近年、ゴールドマンサックスやBBVA等著名な金融機関のトップが相次いで「われわれのコアコンピタンスはテクノロジーである」と発言しています。これらの発言には、金融機関自身が既存のビジネスフローや"金融機関"という役割領域までを急速に変えていこうとする中で、そのためには既存のモノリシックなシステムではもはや限界があり、その限界を新しい技術によって乗り越えていこうとする強い意志をうかがうことができます。

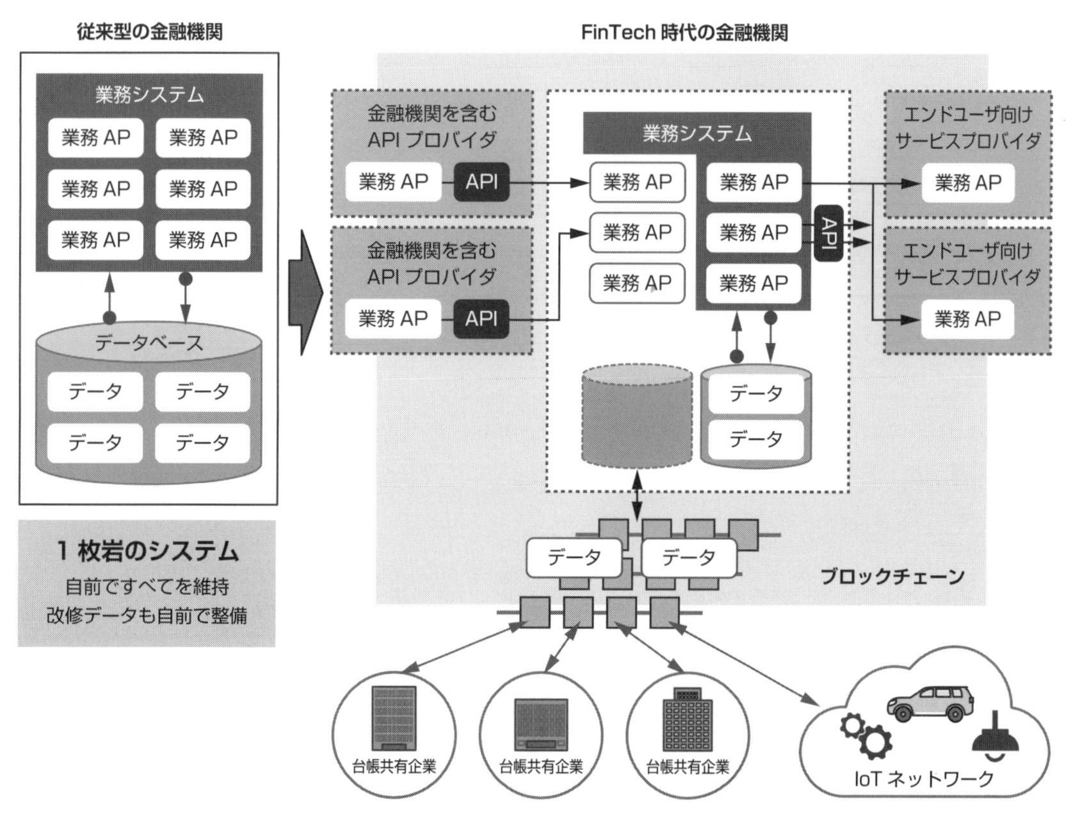

図 金融機関の変化

上の図は、起こりつつある変化を表現したものです。左は従来型のシステムであり、高い信頼性とセキュリティの高い壁の中にすべての業務アプリケーション、すべてのデータを格納し、自前ですべてを管理し、維持改修するというパラダイムに基づいています。これに対してFinTech時代のシステムでは、図の右側のように、外部に優れたアプリケーションがあればAPIを通じてそれを使い、一方で自社の業務アプリケーションで商品性のあるものについては、他社にAPIで公開して使用料を得るといった、有機的なつながりが出てきます。「金融機能のアンバンドリング」と呼ばれる動きがこれにあたります。

データについても同様です。すべてを自前で囲い込むのではなく、他社と共有した方がよいものは公開・共有して、共同でメンテナンスを行っていくことが考えられており、ここで使われるのが分散台帳技術、ブロックチェーンというわけです。従来のモノリシックなシステムから、こうしたシステム間の境界もあいまいな、エコシステム的な在りようになることで、環境変化への即応性を向上させていくという大きな潮流が背景にあることを意識する必要があります。

アプリケーションにしろ、データにしろ、すべてを専有することが前提だった時代は終わろうとしています。「共有すべきものは共有していく」という方向へ、システム作りの考え方総体が大きく変化しており、そのひとつの顕れが分散型台帳なのだと言えるでしょう。

本書の狙いと構成

本書は、2016年10月に刊行して好評を博した『ブロックチェーン 仕組みと理論——サンプルで学ぶFinTechのコア技術』(ISBN978-4-86594-040-4)の増補改訂版です。

旧版以来この書籍では、非常に動きの速いFinTechの世界の中でも特にブロックチェーン技術を取り上げて、そのビジネス動向も踏まえつつ、技術的な内容に踏み込んでいきます。

本書の構成と狙いは次のようになっています。

【基礎編】ブロックチェーン技術を取り巻く世の中の動向を取り上げます

【理論編】ブロックチェーン技術を構成する諸技術を挙げ、それぞれがどのようなものであるかを解説します

【実装編】ブロックチェーン技術として代表的なプラットフォーム(ブロックチェーン基盤製品)をいくつか取り上げ、開発を行うために必要な基本的な事柄について、サンプルを交えて説明します

増補改訂の骨子

今回、増補改訂に至った背景には、ブロックチェーン技術そのものの発展もさることながら、技術を取り巻く状況の大きな変化があります。旧版執筆時の3年前は、ビットコインや抽象的な夢を語るビジネス書は数あれど、モノづくりの立場に必要な、手触り感のある技術書は皆無でした。幻想を打ち破り最初の一歩を刻むための“礎”が必要だったのです。

あれから3年、基礎から個別のテーマまで、扱うテーマの異なる多様な技術書が巷にあふれるように

なりました。一方、仮想通貨界隈で起こった様々なトラブルや相場の暴落、実証実験疲れなどの要因から、「ブロックチェーンは“幻滅期”に入った」と言われるようになりました。その間、技術やユースケースについて地に足の着いた議論が進んだかと問われると、それが十分に進まないうちに、技術適用への温度が下がりつつあるように感じられます。せっかく技術自体は非常にはやい速度で進化を続けているのに、もったいないことです。「今度はこの幻滅を打ち破るための“礎”が必要である」との強い思いに至り、増補改訂を行うことにしました。

そのためこの増補改訂版では、次のような情報の更新を行うとともに、新たに以下のような情報を盛り込みました。

- 応用事例や業界動向の最新化
- 従来の３つのブロックチェーン基盤製品（Bitcoin Core、Ethereum、Hyperledger Fabric）の情報最新化に加え、Lightning Network、Quorum、Corda を追加。ユースケースに即して、各製品の属性をより理解しやすく、選択しやすくなるように解説
- 商用プラットフォームを構築する際に考慮すべき事柄について追加

これらの作業を通じ、本書が旧版にも増してブロックチェーン技術の普及と成熟にいささかの貢献ができれば幸いです。

2019 年 1 月

執筆者を代表して　(株)NTT データ 金融事業推進部　赤羽喜治

増補改訂版の刊行に寄せて

2019年6月、G20「財務相・中央銀行総裁会議」併催のハイレベルセミナーでは、フィンテックとブロックチェーンがテーマとなった。仮想通貨（現在は暗号資産と呼ぶ）の価格高騰から1年半が過ぎ、G20関係者の関心も、ビットコインの相場から技術へと移っていた。議長国の麻生副総理・財務大臣は英語のスピーチの中で、ブロックチェーンとDLT（分散型台帳技術）という言葉を繰り返すなど、時代の変節が実感された。

金融や情報技術の専門家でも、未だに仮想通貨とブロックチェーンの区別がつかない人は少なくない。歴史的に見れば先にビットコインが登場し、他分野への応用が図られる中で、技術に対する呼称としてブロックチェーンやDLTという語が使われるようになった。かつての適用業務分野は仮想通貨しかなかったので、両者を混同してもやむをえないが、時代は変わり、もはやそのような混同は許されない。

この本は、ブロックチェーンという技術を正確かつ分かりやすく解説した書物の最新改訂版である。仮想通貨の相場が下落して人々の過度な期待が幻滅に転じても、それを支える技術には希望が満ちている。この本はそうした技術が描き出す未来を、豊富な実例と詳しい図表とで丁寧に紹介している。読者は、ブロックチェーンが億り人（および億り人になれなかった多くの投資家）を作り出すルーレットなどではなく、産業や行政の新しい基盤になりうる技術だと理解するだろう。

とはいえ、新しい分野への応用事例はまだ限られているし、規模も大きくない。大切な情報を扱う業務システムのオーナーが慎重になるのは当然だし、技術体系の移行は簡単ではないからだ。しかし幸いなことに、仮想通貨という世界規模の巨大な実証実験は継続しており、そこからリスクや課題を学ぶことができる。ビットコインのスケーラビリティ問題や、アルトコインに対する51%攻撃など、かつては想像でしか語られなかったことが、次々と現実に起こっている。その意味では、仮想通貨の実装が大規模に行われ、様々な攻撃や改変が試行されたことは、課題を明確にし、技術を研ぎ澄ますための貴重な糧となった。この本が仮想通貨の最新動向も詳述しているのは、そうした事情からである。

読者は、仮想通貨の世界での出来事を学ぶことで、ブロックチェーンの可能性と限界を実感できるだろう。そのことは、他の分野へ応用を考える際の重要な材料になる。ブロックチェーンは「何でも解決してくれる魔法の杖」ではないし、杖を働かせるには正しい振り方をしなければならない。ブロックチェーンの可能性に賭けてみようと思う人は是非、この本に描かれた未来の姿をしっかりと見届けてほしい。

京都大学 公共政策大学院教授　岩下直行

開発環境・動作検証環境

本書に記載されているプログラムは、各ブロックチェーン基盤に応じ、下記の環境において開発および動作検証を実施しました。

共通環境	ホスト OS		OS	[Windows10 Enterprise] バージョン 1803 (OS ビルド 17134.590)
			Web ブラウザ	[Google Chrome]72.0.3626.121 (Official Build) (64bt)
			仮想化環境ソフトウェア	[Virtual Box] 5.2.22
			SSH クライアント	[Tera Term] 4.101
			サンプルアプリケーション用 ライブラリ	[jquery] 3.2.1
	ゲスト OS		OS	[Ubuntu Server] 18.04.1LTS
			仮想化環境ソフトウェア	[Docker] 18.09.2 [Docker-compose] 1.23.1
			その他ソフトウェア	[Node.js] v8.15.0 [npm] v6.4.1 [Python2] 2.7.15rc1 [build-essential] 12.4ubuntu1
個別環境	ホスト OS	Ethereum	開発環境	[Remix] version 0.5.2+commit.1df8f40c
	ゲスト OS	Bitcoincore	ブロックチェーン基盤	[bitcoind] 0.17.0
			その他ソフトウェア	[software-properties-common] 0.96.24.32.7
		Lightning Network	ブロックチェーン基盤	[lnd] 0.5.1-beta [btcd] 0.12.0-beta
		Ethereum	ブロックチェーン基盤	[go-ethereum] 1.8.17
			その他ソフトウェア	[libgmp3-dev] 2:6.12+dfsg-2 [golang] 2:1.10~4ubuntu1
			サンプルアプリケーション用 ライブラリ	[web3] 1.0.0-beta.36 [node-fetch] 2.2.0
		Quorum	ブロックチェーン基盤	[QuorumMaker] v2.6.2
		Hyperledger Fabric	ブロックチェーン基盤	[fabric] 1.4.1
			サンプルアプリケーション用 ライブラリ	[fabric-contract-api] 1.4.1 [fabric-shim] 1.4.1 [fabric-client] 1.4.1 [fabric-ca-client] 1.4.1 [fabric-network] 1.4.1 [js-yaml] 3.12.1 [log4js] 0.6.38
		Corda	ブロックチェーン基盤	[cordapp-example] release-V3 b6a06b9 [cordapp-template-java] release-V3 9acfda
			その他ソフトウェア	[OpenJDK] 1.8.0_212

Contents 目次

第5章 ブロックチェーンの業界動向

宇津木 太郎

理論編

第6章 ブロックチェーンの仕組み

愛敬 真生

第7章 P2P ネットワーク

鬼澤 文人、北條 真史

第8章 コンセンサスアルゴリズム

富田 京志

基礎編

基礎編ではビットコインと混同されやすいブロックチェーン技術について、まずその誤解を解きほぐしつつ、どのような意義のある、どのような技術であるかを簡単に説明します。
ブロックチェーン技術は、仮想通貨や海外送金などといった金融分野にとどまらず、様々な分野や企業において、PoC（Proof of Concept ＝概念実証）の実証実験が行われてきました。この基礎編では、新規ビジネス検討の参考となるように、そうした応用事例や業界動向を紹介します。

第1章

プロローグ

「ブロックチェーン技術」という言葉は人口に膾炙(かいしゃ)するようになりましたが、いまだ仮想通貨と同義であるかのように認識されていることが多いようです。
この章では最初にブロックチェーン技術を巡る世の中のイメージの変化を振り返り、ここ数年、仮想通貨、特にビットコイン界隈で起こったことをどのように受け止めるべきかを語ります。
そこから改めてブロックチェーン技術の意義や価値を確認し、以降本書を読むためのウォーミングアップとしたいと思います。

1　世の眼差しの変化

本書旧版のプロローグでは、2016年7月当時話題になっていた「ビットコインマイニング報酬の半減期問題」を取り上げました。ビットコインのシステムコストを推測し、それが決して安いものではないこと、ビットコインが生み出した「ブロックチェーンを使えばシステムコストが低減する」というイメージへの違和感を語っていました。それから3年近くの歳月が経過し、ブロックチェーン界隈の状況も大きく変化してきました。

当時はブロックチェーンと仮想通貨がほぼ同義で語られ、夢を語る書籍がビジネス書の本棚に並んではいるものの、技術に関する書籍はようやく出始めた時期だったかと思います。今では仮想通貨を専門に扱う月刊誌までが刊行され、引き続きビジネス書にはブロックチェーンの名を冠した書籍が多数並んでいます。一方、開発者が必要とする一連の知識を解説した様々な技術書も出てきました。さらに、金融や法律の専門家が、ブロックチェーン技術の導入にあたっての実務的な論考を各種専門誌や専門書にして世に送り出しています。こうしたことから、ブロックチェーンに対する眼差しが「よくわからないけどスゴイ技術」から、「リアルに使う技術」へと変わってきていることを実感できます。

「リアルに使う」ということでは、2015年あたりから様々な仮想通貨以外のユースケースが検討され、実際に実装され、ここ数年で非常に数多くの実証実験が積み重ねられてきました。中には商用サービスをアナウンスしたものもあります。その結果、良くも悪くも「リアルなブロックチェーン技術の実態」についての理解が、広がりと深みを増していると言えるでしょう。

2　幻滅期に入ったブロックチェーン技術

その結果と言うべきものを、Gartner 社が発表しているレポートからもうかがうことができます[注1]。彼らは従前より、新技術が社会に定着するに至るまでを、「黎明期・流行期・幻滅期・回復期・安定期」の5段階と定義しています。その中でブロックチェーンは、幻滅期に入っているとアナウンスされています（図1）。幻滅期とは「流行期にあった過度な期待」に応えられなかったが故に「幻滅」が起こる時期ということです。まさに、ここ数年に起こったことを端的に表現していると言えます。

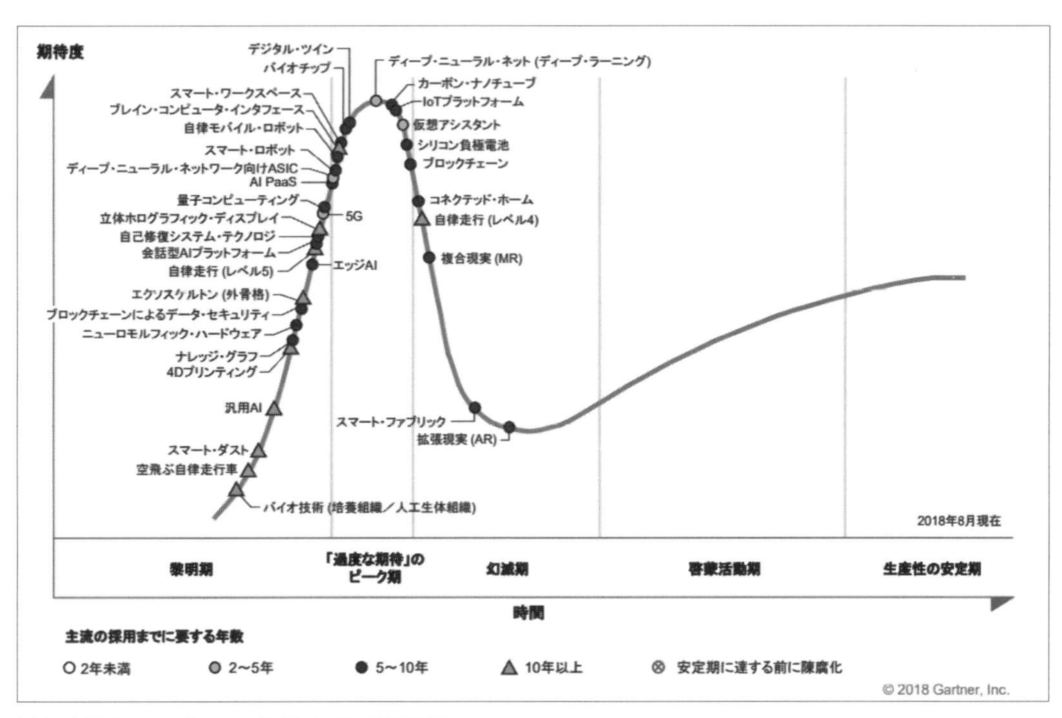

図1　先進テクノロジーのハイプサイクル（2018年）

ただ、それは先ほども述べたように、「ブロックチェーン技術に対する正しい理解が広がっている」ということでもあります。2016年の本書刊行時に願っていた、「新しく出現した技術に対する、まっとうな対応の在り方」を議論するための空気が、ようやく醸成されてきたとも言えます。

前回と同じく、まずはビットコインのことから語り始めて、ブロックチェーンについての議論につなげていくことにします。

注1　https://www.gartner.co.jp/press/pdf/pr20180822-01.pdf

3 仮想通貨は死んだのか？

3.1 「仮想通貨はもう買うな」

ビットコイン相場の下落に歯止めがかからず、「マイニング事業者の損益分岐点を割り込んでいる」との報道が相次いでいます。「1ビットコインを稼ぐための全世界の加重平均コストは、2018年10－12月（第4四半期）に4,060ドル（約44万6,000円）前後だった」とJPモルガンが推測値を公表し[注2]、2018年10月時点の6,500ドルという水準から公表時点の3,600ドル前後までビットコイン相場が下がっていることから、電力など原価の安い一部の地域を除いて、採算のとれない状況に陥っていることが示されています。

また、マイニングブームで巨額の売り上げを達成したGPUメーカーNVIDIA社のHuang CEOが、CES 2019において「仮想通貨はもう買うな」と発言したことも話題を呼びました[注3]（ただし続けて「Or buy Bitcoin, don't buy Ethereum.」とも発言しています）。

2017年の特に下半期から2018年初頭にかけての狂乱的とも言えるマイニングブームを支えたGPUメーカーのCEOからの決定的とも言えるこの発言は、仮想通貨ブームの退潮を象徴すると言ってよいでしょう。

それでは、ビットコインを始めとする仮想通貨は「死んだ」のでしょうか。

3.2 採算ラインとハッシュレート

振り返れば、旧版執筆当時のビットコイン価格は今よりはるかに低く、半減期直前の2016年6月には500～600ドル台程度の価格で推移していましたが、それでも過去1年間に600億円近くにのぼるマイニング報酬を得ており、その相場なりにしっかり採算はとれていたようです。

その後、ビットコイン価格が上昇の一途を辿るかたわら、マイニング事業への参入により競争が激化。ビットコインに採用されているPoWというコンセンサスアルゴリズムは「計算力」勝負ですので、各マイナーは少しでも多くの報酬を得るべく巨額の投資をして専用のデータセンタ建設、専用の機器開発を行います。結果、マイナーの計算力は鰻登りに上昇するわけですが、ここでビットコインに起こったのが、予想をはるかに上回る高騰と短期間での暴落、そしてその動きに追随できない巨大な慣性で増え続けた計算力（ハッシュレート）という状況です（図2）。

注2 「ビットコイン採掘、世界の大半でもはや採算とれず」
https://www.bloomberg.co.jp/news/articles/2019-01-25/PLW4TK6VDKHV01

注3 「Nvidia CEO Jensen Huang unplugged ? The blockchain bubble and car autopilots」
https://venturebeat.com/2019/01/14/nvidia-ceo-jensen-huang-unplugged-the-blockchain-bubble-and-car-autopilots/view-all/

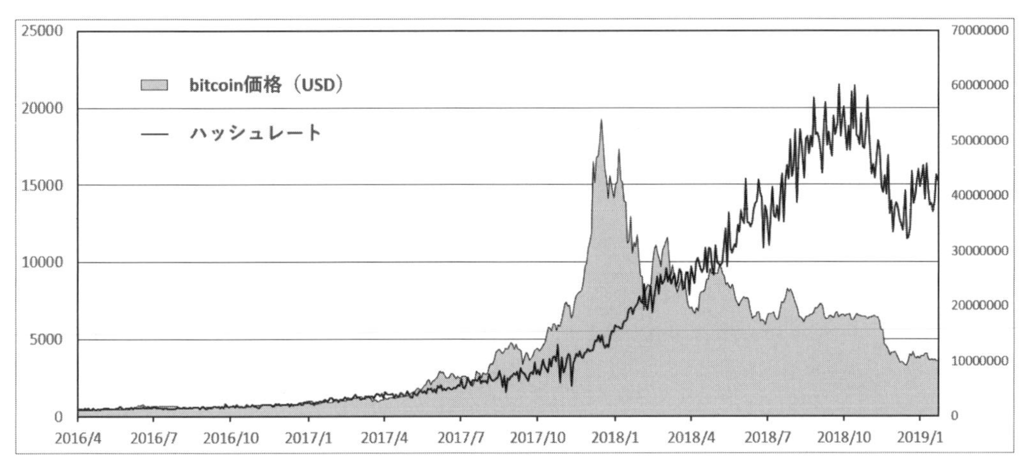

図2　bitcoin価格（USドル）とハッシュレートの推移（source : Blockchain.info）

図2からは、ビットコインの価格が採算ラインを割り込むまでは、激しい計算力競争が続いていたことがうかがえます。「暴落しても戻る」という確信のもとに投資を続けたのか、すでに投資してしまったので投入せざるを得なかったのかはわかりません。結局2018年10月以降、計算力競争を続ける体力が損耗して撤退するマイニング事業者が続出する中、ハッシュレートの減少に続いてビットコイン価格も一段と大きく下落して、ますます採算のとれない状況に突入したわけです。

2年前の水準まで計算力の減量調整が進めば、現状の相場でも採算がとれて問題がないように思われますが、マイナー間でそのような調整をするスキームがない以上、難しいのでしょう。ハッシュレートが大きい＝攻撃に要する計算力も大きくなる、つまり、セキュリティが確保されているので、信頼性とともに価値が高まるのだから悪いことではないという言説が一部に見受けられますが、残念ながら半分間違っています。現在起こっているのは、電力料金が安く採算ラインが低い一部の地域のマイニング事業者への寡占が、より促進されるという動きであり、寡占事業者の結託による改ざんという潜在的リスクは、むしろ強化される方向です。非常に数多くの独立したマイナーの存在、多様性こそが信頼性向上に寄与するのであって、ただ単にハッシュレートが高ければよいというわけではありません。ハッシュレートの高止まりにより、投資体力のないマイナーが数多く市場から退場して寡占化が進むようであれば、むしろ価値が下がると考える方が自然です。

3.3　ビットコインの価値

仮想通貨が「死んだのかどうか？」と問うことは、つまるところ「価値がなくなったのかどうか」を問うことと同義です。ここ3年近くの仮想通貨を巡る毀誉褒貶（きよほうへん）を見ていて感じるのは、「仮想通貨の価値」というものを巡る考え方のギャップの大きさです。残念ながら、巷間での議論にせよマスコミでの取り上げ方にせよ、その多くは、つまるところ「仮想通貨は儲かるかどうか」を価値判断において議論していると言っても過言ではないでしょう。「儲かるから価値がある」「もう上がらないから終わり」というのは、本質的な価値とは無縁の話です。

そもそも仮想通貨の価値は、何によって裏打ちされるのでしょうか。「マイニングに要した電力が仮想通貨の価値を生み出す」というような言説を見かけますが、これも間違いです。非常に高価なメインフレームサーバを使って構築されたシステムであっても、提供されるサービスの利便性や品質が低ければ価値は低いのと同じです。つぎ込んだ原価がそのまま価値に転換されるのであれば、世の中こんなに幸せなことはありません。結局、利用者にとっての価値がどれだけあるかがすべてです。

そうした面から仮想通貨の価値を表す指標として、「メトカーフ指数」というものが1つ参考になります。これは元々インターネットやメール、SNS等、ネットワークの価値を表す指標として、古くから使われてきました。「ネットワーク通信の価値は接続されているシステムのユーザ数の二乗に比例する」とするものです。2017年、これを元JPモルガンのTom Lee氏が、ビットコインの価格を表すために応用したところ、現実の価格変動との相関が非常に高かったことから注目を浴びることとなりました。そこではアクティブなユニークアドレスの二乗だけでなく、さらに取引金額を乗算して算出されています。「少額取引だけでなく、高額の取引に使われるようになれば、通貨としての価値が上がる」という考えを加味したものです（図3）。

指数を見ると、だいたい2017年春先くらいの指標に戻ってきていることがわかります。ピーク前後で実勢価格と指標との乖離が大きく広がっているのは、「原価割れしないように、マイニング事業者等から買い支えが入っていたのかもしれない」という推測が一部にはあります。「電力の安い地域であれば3,000ドルでも採算がとれる」ということですので、当面その辺りをベースラインとして、長期にわたって買い支えることもできそうです。

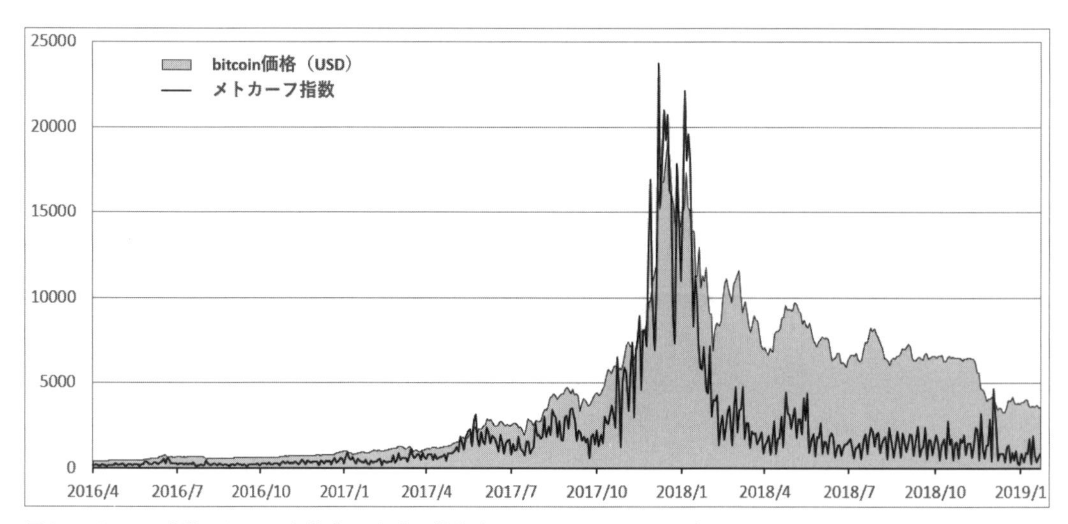

図3　メトカーフ指数とbitcoin価格（USドル）の推移（source：Blockchain.info）

1
2
3
4
5
6
7
8
9
10

ただ、2016年の400ドルを超えた頃と比較すると、それでもなお10倍近い価格であり、利用者にとってそれだけの価値があるのかは、別の視点からも検証が必要です。

例えばビットコインを使うことのできる実店舗の数は、というと、2016年4月頭時点で7,149店だったのが、2019年1月末時点で1万4,273店とほぼ倍増しています（coinmap登録数）。クレジットカードの店舗数と数千倍の開きがあることは置いておいても、コンスタントに増えているとは言えます。2年にもわたる熱狂的な仮想通貨ブームを経て、この程度の伸びというのは少し意外ですが。

ここで指摘したいのは、「だから実は仮想通貨に価値がないのだ」ということではありません。異常に高い実勢価格変動の前には消し飛んでしまいそうではあっても、「着実に成長している側面はある」ということが1つ。もう1つは、2016年春時点の相場に戻ったとしても、ユーザの享受できるメリット、すなわち、「仮想通貨としての機能はなんら変わらない」ということです。送金システムとしての性能も何も変わりません。一貫して毎秒3〜4トランザクション程度を維持しています（図4）。逆に言うと、性能は変わらないのに、莫大なシステムコストや消費電力を天井知らずに注ぎ込み続けてきたわけです。無駄をはるかに通り越して、「地球の敵」レベルの話です。

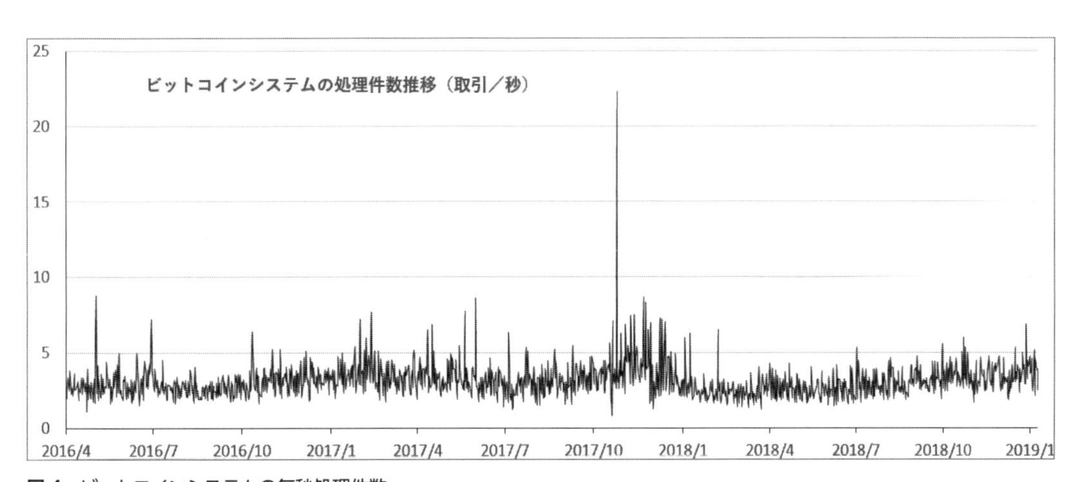

図4　ビットコインシステムの毎秒処理件数

つまるところ、「金儲けのツールとしての仮想通貨」は死んだかもしれませんが、仮想通貨というユースケース自体の価値は、熱狂的な期待とは関係なく存在するのではないか、ということです。そのことを示すために、もう一度メトカーフ指数の話をします。

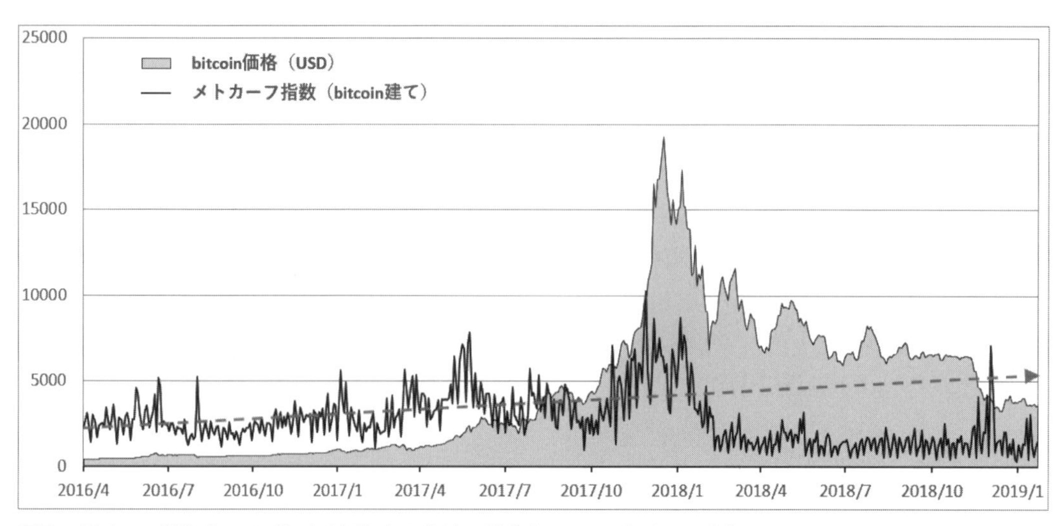

図5 メトカーフ指数（bitcoin建て）と価格（USドル）の推移（source : Blochain.info）

図5は、ビットコイン価格の乱高下の影響を排除した、ビットコイン建てのメトカーフ指数です。図3の指数の算出にあたっては、取引金額をドル建てで計算していました。ですがこれは、ビットコインのユースケースとしての価値と、法定通貨に換算したらいくらになるかという価格を混同してしまっています。仮想通貨に閉じた検証とするため、図5ではビットコイン建ての指数としています。

図3と比較すると、実に穏やかにメトカーフ指数が推移していることが見てとれます。暴落が始まる直前までのメトカーフ指数グラフに近似線を入れると、もしもそのまま順調に推移していれば、約3年で2倍程度の価値（価格ではなく）上昇が見込まれるような状況だった、ということもわかります。先ほどの仮想通貨を使える実店舗の増加の速度と平仄（ひょうそく）は合っているようにも見えます。これは何を意味しているのでしょうか。

3.4 サトシ・ナカモトの見ていたもの

冒頭に触れたように、ビットコインの仕組みは4年ごと（10分×21万ブロック≒4年、正確にはブロックの生成速度で決まる）にマイニング報酬の半減期を設けています。これはどういうことかというと、ビットコインはインフレを避けるために発行量の上限（約2,100万ビットコイン）が決まっており、上限に向けて半減期ごとに発行量（＝マイニング報酬として新たに生み出される量）が2分の1になるので、ビットコインの価値は希少性を増して緩やかに上昇していく設定となっているのです。要は、4年かけてだいたい2倍程度の価値上昇を目論んでいたわけです。ここで大事なのは、あくまでも「仮想通貨としての価値」であって、いくらで売れるかという「価格」とは別の話です。

サトシ・ナカモトの視点からすると、図5で見た緩やかな価値上昇の近似線は、実に目論見に近いものだったと言えます。暴騰騒ぎにもかかわらず、2017年末までは順調に成長していたのです。

ですが2018年頭の暴落以降、価格だけでなくこの価値までもが毀損され、2015年以前の水準に逆戻りしてしまったのでした。これこそが、仮想通貨としてのビットコインに起こった本当の意味での悲劇です。ASICメーカー等、欲にかられた様々なプレイヤーが金儲けの手段として参入し、好き放題した挙句がこの状態です。先に紹介した、マイニング事業者にGPUを売りまくって大儲けをしたメーカーのCEOの発言は、まさに「どの口で言うのか」と返すべきものです。「もう買うな」も「まだ上がる」の類も、仮想通貨そのものには興味がない、という点においては同列の発言であり、正常化の妨げでしかありません。速やかな退場を願うばかりです。

4　正しい理解のために

これまで見てきたように、一部では数多くの実証実験を通じて知見が蓄積され、地に足の着いた検討が可能となり、幻滅期を越え安定期に向けて、生き残るユースケース作りが行われています。その一方で、仮想通貨で起こっている表層的な混乱に目を奪われて、ブロックチェーン技術そのものまでが何かしら危ういものであるかのような印象を纏っていることが、幻滅期に入った1つの要因であるようにも思われます。

本書旧版では幻想を乗り越えるため、今回は幻滅を乗り越えるために、ブロックチェーン技術の本質について説明をしていきます。今後この技術とどのように向き合うかを検討するにあたり、参考となれば幸いです。

第2章

ブロックチェーンに至る流れ

本章ではビットコインがどのようにして誕生し、全世界に普及していったのか、その毀誉褒貶の歴史を解説します。その中で、ビットコインを実現するために生まれたブロックチェーン技術が、ビットコインから離れて独自の領域として確立していく経緯についても述べていきます。非中央集権的なシステムとして誕生したブロックチェーン技術が、メインフレームに代表されるような、これまでの主流だった中央集権型のシステムに、本当にとって代わるのでしょうか？　システム開発の歴史から、その位置付けを考察したいと思います。

1 起点はビットコイン

1.1 ビットコインの誕生

ブロックチェーン技術はビットコインを実現するために生み出されたので、両者は同時に誕生し、同じ道を辿ってきたと言えるでしょう。そのブロックチェーン技術はどのようにして、ビットコインから切り離され、独自の技術として発展しようとしているのでしょうか？

ビットコインは2008年10月に暗号技術のメーリングリストにおいて、サトシ・ナカモトという謎の人物が発表した論文から始まりました。P2Pネットワーク（第7章で詳述します）の上で実現した初めての仮想通貨です。概念的にはそれ以前から様々な試み[注1]が存在していましたが、実際に実用可能なレベルまで到達したのはビットコインが最初と言えるでしょう。

2009年1月には論文をもとにしたビットコインのソフトウェアが配布され、運用が開始されました。2009年1月3日に最初のブロック（genesis block）が作成されて以降、現在に至るまで、この仕組みは稼動し続けています。プログラムのバグによる障害が何度か発生しているものの、完全なシステム停止に陥ったことはありません。

1.2 ビットコインの毀誉褒貶

ビットコインは当初、一部のマニアが利用するに留まっていましたが、2009年10月5日に法定通貨に換金（当時1BTC = 0.00076ドル）できるようになったことで普及が加速し、翌年には初めて商品購入における決済[注2]が行われるようになりました。また、2010年7月にはMt.Gox（マウントゴックス）がサービスを開始しました。

非中央集権的であり、運用主体が存在しないビットコインは国境を越えて広がり、キャピタルフライト（資本逃避）の格好の実現手段となりました。2013年3月に発生したキプロス危機においては、EUはキプロスへの支援条件として、キプロス国内の銀行口座に対するマイナス金利の設定を要求しました。結局、キプロス政府はこの条件に応じることとなるのですが、このときに預金の退避先としてビットコインが注目を集め利用されたのです。また、自国の通貨に不安を抱えていた中国でも同様のケースが起こり、ビットコインの価格は一時1BTC = 1,200ドル台にまで跳ね上がりました。

しかし2013年12月、中国の中央銀行である中国人民銀行が国内の金融機関に対し、ビットコインの取引を禁止するように通達を出したため、ビットコインの価格は急落することになります。さらにその

注1　「Blind Signeture」1983年 David Chaum　https://en.wikipedia.org/wiki/Blind_signature
「Bマネー」1998年 Wei Dai　https://en.bitcoin.it/wiki/B-money
「Bitgold」2005年 Nick Szabo　http://unenumerated.blogspot.jp/2005/12/bit-gold.html

注2　ピザ2枚（約25ドル）が10,000BTCで決済されました。現在の価格に換算すると約60億から90億円です。

翌年の2014年初頭には、当時世界最大のビットコイン取引所であったMt.Goxが破綻したため、ビットコインは一時1BTC = 500ドル台になりました。

Mt.Gox利用者は海外が多かったものの、拠点は日本であったため、日本の報道機関が大きく取り上げました。実際には、Mt.Goxの破綻の原因はビットコインそのものではなく、運用面・管理面の問題にありました。しかし、ブロックチェーンの仕組みの理解が浸透していなかった日本においては、「怪しい詐欺まがいのシステム」との認識が広がり、結果的にビットコインにはネガティブなイメージが付着してしまったのです。

日本経済新聞
2016年8月29日（月）

マウントゴックス破綻　顧客のビットコインは消失
再生法申請、債務超過に
2014/2/28付

インターネット上の仮想通貨ビットコインの取引所「マウントゴックス」を運営するMTGOX（東京・渋谷）が28日、東京地裁に民事再生法の適用を申請し、同日受理されたと発表した。債務が資産を上回る債務超過に陥っていた。顧客が保有する75万ビットコインのほか、購入用の預かり金も最大28億円程度消失していたことが判明した。

MTGOXのカルプレス・ロベート社長は28日夕の記者会見で「ビットコインがなくなってしまい、本当に申し訳ない」と謝罪した。配布した資料によると、流動負債の総額は65億円で、「債務超過の状態にあると判断した」という。

民事再生法の申請に至った理由について、同社は「ビットコイン」と「預かり金」の消失で負債が急増

図1　Mt.Gox破綻を伝える報道[注3]

さらに2017年にはビットコインの分裂騒動が発生し、一部の仮想通貨取引所と開発コミュニティの対立からガバナンスの問題が浮上しました。

ビットコインの開発コミュニティは当初、トランザクション属性の抜本的解決とスケーラビリティの改善という2つの課題に対し、SegWit（Segregated Witness）の導入という機能面での解決を試みました。しかし、Bitmain社をはじめとする仮想通貨取引所陣営は、機能改善はともかく、SegWitの導入によって多くの取引所で導入しているAsicBoost[注4]が使えなくなるような改善も含まれていたため、開発コミュニティの試みに合意しませんでした。そのため開発コミュニティ陣営は、「2017年8月1日にSegWitの導入を強制的に実施する」（BIP[注5]-148と呼ばれています）との旨[注6]を発表します。対する仮想通貨取引所陣営も新方針を提案し、「それが飲めない場合には別のビットコインを作る」という対抗措

注3　http://www.nikkei.com/article/DGXNASGC28020_Y4A220C1000000/

注4　https://www.asicboost.com/　ビットコインのマイニングを約20%効率化するハードウェアです。Bitmainが開発主体であり、特許を取得済みです。

注5　Bitcoin Improvement Proposals…ビットコインの新仕様や機能拡張などの改善提案です。SegWitはBIP-141,143,147に該当します。

注6　この時点でSegWitはBitcoinのプログラムに組み込まれており、マイナーの95%の賛同により、SegWitが有効化するように作られていました。有効化することにより古い仕様で作成されたブロックは否認されることになります。

置に出るなど、本格的に分裂が危惧される状況となりました。

この騒動の結果、最終的にはBIP-91[注7]と呼ばれる提案がニューヨーク合意[注8]により採択され、危惧された分裂に至ることなく騒動は収束する見込みとなりました。しかし、依然としてSegWitの導入に賛同しない一部の取引所が、新たにビットコインの派生となる新通貨「Bitcoin Cash」を立ち上げるなど、利用者は一連の騒動に振り回される格好となりました。なお、「Bitcoin Cash」は2018年11月にハードフォークを行い、「Bitcoin Cash」と「Bitcoin SV」に分裂しています。

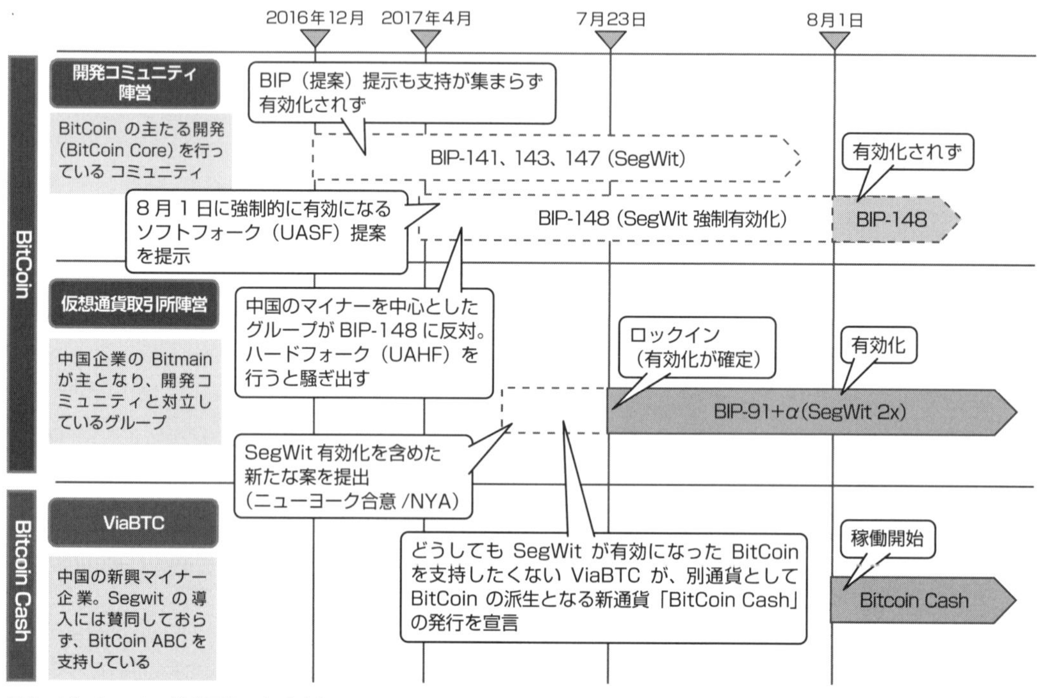

図2　ビットコイン分裂騒動の時系列整理

一方で、このようなネガティブな出来事とは裏腹に、ビットコインも含め仮想通貨に対する一般社会の注目度合いは日増しに大きくなっていきました。実際のところビットコインの価格は高騰を続け、2017年12月8日には、一時1万7,000ドル超を記録しました。

また、これら仮想通貨の高騰を受け、仮想通貨の発行によって資金を調達するイニシャル・コイン・オファリング（ICO）を実施する企業や投資家が飛躍的に増えました。昨今の仮想通貨ブームの中で、コインの値上がりを期待する投資家は多く存在しています。従来の株式公開やファンド出資に比べて、当時は特定免許や厳格な手続きが存在せず、簡易かつ迅速に資金調達ができたことから、スタートアッ

注7　BIP-91はSegWitを有効にする閾値を95%から80%に引き下げる提案です。

注8　ニューヨーク合意にはもう1つ、SegWit2Xという、ビットコインのブロックサイズを1MBから2MBに拡張するハードフォーク案が含まれていましたが、ソフトウェア品質の問題等から実現しませんでした。

プ企業の資金調達手段として、急激に人気を集めたのです。

しかしながらICOを実施する企業の中には、資金調達後に姿をくらませるなど、詐欺まがいの業者やトラブルも散見されました。事態を受け、世界各国で規制に向けた動きが活発になり、例えば中国では2017年9月4日にICOが全面禁止になりました。

2018年に入り、当局の規制の目が厳しさを増す状況下においても、ビットコインをはじめとする仮想通貨の人気は、依然として高水準を維持していました。ところが、仮想通貨交換業者であるコインチェックの仮想通貨NEM流出事件や、モナコインの51%攻撃、さらには仮想通貨取引所Zaifの仮想通貨不正流出事件が立て続けに発生したことで、人気にブレーキがかかり始めます。これらは前出のMt.Goxと同様、仮想通貨そのものの問題というよりも、鍵情報の管理等といった運用面・管理面における認識の甘さに原因がありました。それにしても、高水準を維持していた仮想通貨の人気に若干の陰りをもたらす出来事となりました。

日本経済新聞
2018年10月18日（木）
コインチェックの仮想通貨不正流出、過去最大580億円
2018/1/27 1:00
仮想通貨取引所大手のコインチェック（東京・渋谷）は26日、利用者から預かっている約580億円分の仮想通貨が外部からの不正アクセスにより流出したと発表した。2014年に日本のビットコイン取引所だった「マウントゴックス」が約470億円分を消失させて以来、過去最大の仮想通貨の

図3　コインチェックの仮想通貨不正流出を伝える報道[注9]

1.3　ブロックチェーン技術への注目

2014年から2015年にかけて、米国ではビットコインの特性を技術面から注目する気運が高まってきました。例えば、インターネット普及の原動力となったWebブラウザMosaicやNetscape Navigatorの開発者であるマーク・アンドリーセンが、「ビットコインは、情報処理分野で長年われわれを悩ましてきたビザンチン将軍問題を解決した革命的な技術である」[注10]と述べたことも契機となりました。

ビットコインが「ビザンチン将軍問題」を完全に解決しているかは諸説ありますが、分散型システムで過去有効な解法を見出せなかった問題に対して、実用的な解を示し、現在に至るまで稼動しているシステムを実現したことは事実でしょう。そして、その中核技術であるブロックチェーン技術が注目されるようになり、仮想通貨以外の分野への適用検討が増えていったのです。

注9　https://www.nikkei.com/article/DGXMZO26231090X20C18A1MM8000/

注10　「Why Bitcoin Matters」2014年1月 Mark Andreessen
http://dealbook.nytimes.com/2014/01/21/why-bitcoin-matters/?_php=true&_type=blogs&_r=1

2 「ビットコインの技術」から分散型台帳技術へ

2.1 FinTechとしてのブロックチェーン技術

「FinTech」はFinanceとTechnologyを組み合わせた造語で、新しいITを利用した革新的な金融サービスを指します。この言葉を最初に用いたのは、2003年の米国の業界紙「アメリカンバンカー」だと言われており、同紙が「FinTech 100」と題して、金融×ITで活躍する業界番付を掲載したのが起源とされています。FinTechには資産管理、融資決算、投資、仮想通貨などの領域が含まれ、近年では前述した理由から、ブロックチェーンが金融インフラに革命を起こす技術として注目され始めました。

FinTechの盛り上がりを受け、Mt.Gox事件や各国の規制で水を差された状態になっていたビットコイン関連のベンチャー企業も、「FinTechのコア技術」としてのブロックチェーンによって、息を吹き返しました。

2015年に入り、スイスに拠点を置くUBSや英国のバークレイズなど、世界有数の金融機関が、ブロックチェーン技術研究の開始を表明しました。同年９月にはニューヨークのFinTechスタートアップ企業であるR3 CEVの主導のもと、バークレイズ、UBS、JPモルガン、ゴールドマン・サックスなど９金融機関が共同プロジェクトを結成しました。その後、三菱UFJフィナンシャルグループ（MUFG）を含む13金融機関等が参画するなど、2018年２月時点では100社[注11]を超える巨大プロジェクトになっています。

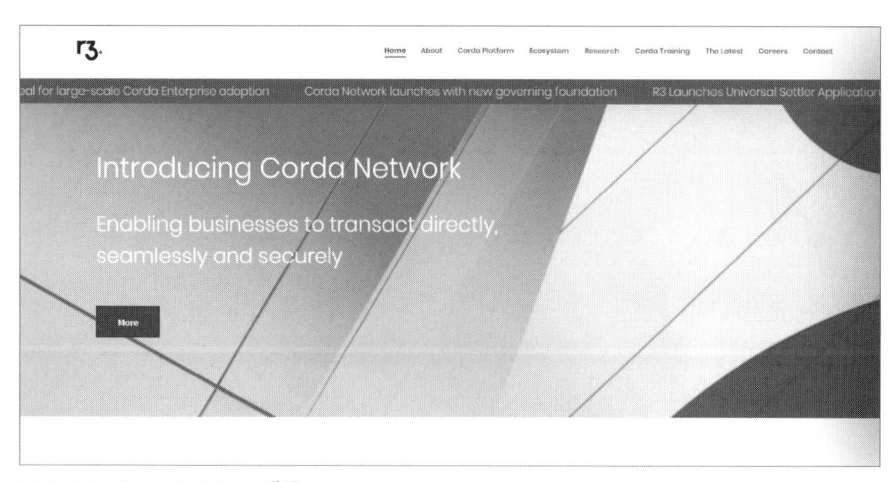

図４　R3 CEVのポータル画面[注12]

注11　http://www.kmkworld.com/re2018/corporate/wp-content/uploads/2018/02/3757a4f565facc2ac01b2c76f86c53da.pdf
注12　http://r3cev.com/

2015年前半ではまだ、「ビットコイン」的な仮想通貨の域を出ていませんでしたが、2015年後半から、ブロックチェーン技術として「分散型台帳」というキーワードが注目を浴びてきます。The Linux Foundationが設立したThe Hyperledger Projectでは、明確に「分散型台帳技術の確立」を目指すとされており、ビットコイン的ではない、ブロックチェーンの検討が始まっています。このプロジェクトには、日本からも富士通、日立製作所、NEC、NTTデータ、ソラミツなどがメンバに加わっています。

これらを契機にして、ビットコインやブロックチェーンに関する閣内でのマイナスのイメージが払拭され、FinTechのコア技術としてのブロックチェーンの認知度が高まってきたと言えるでしょう。

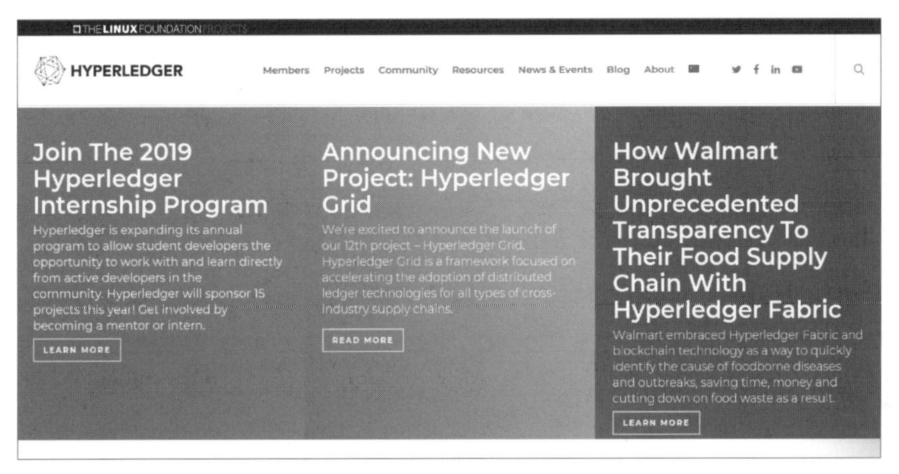

図5 The Hyperledger Projectのポータル画面[注13]

さらに2017年には、FinTechを活用したイノベーションに向けたチャレンジを加速させる観点から、金融庁が「FinTech実証実験ハブ」[注14]を設置しました。これはFinTech企業や金融機関等が、前例のない実証実験に対して抱きがちな躊躇や懸念を払拭するとともに、実験を通じて整理したい論点について継続的な支援を行う取り組み、とされています。同年には本スキームを利用した最初の支援案件である「ブロックチェーン技術を用いて、顧客の本人確認手続きを金融機関共同で実施するシステム」[注15]に11の金融機関等が参加し、検討が実施されています。

国を挙げてFinTechの取り組みを支援する、そのために生まれたスキームが、ブロックチェーンとともに幕を開けたと言えます。このような事実からも、ブロックチェーンがFinTechを代表する技術であることがよくわかるのではないでしょうか。

注13 https://www.hyperledger.org/
注14 ttps://www.fsa.go.jp/news/29/sonota/20170921/20170921.html
注15 https://www.fsa.go.jp/news/30/20180717.html

2.2 広がりを見せるブロックチェーン技術

ビットコインと共に生まれ、FinTechの中核技術として認知されてきたブロックチェーンですが、今やその利用範囲は金融分野に留まりません。ブロックチェーンが持つ特性を活かすユースケースが考案され、様々な領域で実用に向けた取り組みが始まっています。事例の詳解は第4章に譲りますが、製造業や流通業界、官公庁をはじめ多岐にわたる業界で検討が実施されています。デロイトトーマツグループが2018年に1,053人の経営者を対象に実施した調査「Deloitte: Tech and Telecom Execs Plan to Invest Millions in Blockchain」[注16]によると、84%が「今後ブロックチェーンが広く普及する」と回答していることからも、期待の高さがうかがい知れます。この機運は今後も拡大していくでしょう。

ユーザ企業のみならず、IT企業の関心も高まりを続けています。IT企業が参加するコンソーシアムとして、前出のThe Hyperledger Projectのほかにも、The Enterprise Ethereum Allianceが発足し、2018年10月末現在、参加企業[注17]427社をもって活動しています。

一方、自社単独でのサービス提供を図るIT企業もあります。Microsoft社はクラウドサービスAzureのソリューションラインナップにブロックチェーンを追加[注18]し、ブロックチェーンアプリケーションの開発からサービス提供までを支援しています。Oracle社はOracle Blockchain Cloud Service[注19]、IBM社はIBM Blockchain[注20]を立ち上げ、Amazon社はAmazon Managed Blockchain[注21]のサービスを開始しています。これらのサービスはBlockchain as a Services (BaaS) と呼ばれています。ほかにも多くのIT企業が、ブロックチェーンに関する取り組みを活性化しています。

しかし、前出のGartner社による2018年のレポートでの風向きは、少し違っています。これによると、ブロックチェーンは、ハイプサイクルにおいて「“過度な期待”のピーク期」を過ぎ、「幻滅期」に差し掛かろうとしている、とされていました。「何でもブロックチェーンで…」という風潮から、本当に導入する価値のある分野を模索する方向へと、まさに今、切り替わりつつある。同レポートはそのように分析しているのです。

またこのレポートは、「仮想通貨を除けば、画期的なビジネスモデルが生まれているとは言えない」とも述べています。ブロックチェーンが真に市場に受け入れられるには、もう少し時間がかかると言えそうです。

注16　https://www.coindesk.com/deloitte-report-outlines-potential-blockchain-use-cases-for-telecom-industry/

注17　https://entethalliance.org/members-directory/

注18　https://azure.microsoft.com/ja-jp/solutions/blockchain/

注19　https://www.oracle.com/jp/cloud/blockchain/

注20　https://www.ibm.com/jp-ja/blockchain

注21　https://aws.amazon.com/jp/managed-blockchain/

3　ブロックチェーン技術の今後

3.1　システム開発技術としてのブロックチェーン

皆さんは「Web 2.0」という言葉を覚えているでしょうか？　2005年前後に流行したバズワードとされていますが、発端は当時新興企業であったGoogle社が提供するGoogle Mapsサービスで使用されたAjax（Asynchronous JavaScript + XML）という技術でした。Ajaxは新たに考え出された技術ではなく、当時のブラウザに一般的に組み込まれていたXMLHttpRequestという機能を使って、クライアントアプリケーションと見紛うまでの操作性と軽快な速度を実現しました。Web 2.0という言葉は廃れてしまいましたが、Ajaxは今日のWebシステムに欠かすことのできない標準技術として、一般的に普及しています。

Ajaxは、分散化から中央集権化に向かったWebシステムの流れを、再び分散化に動かす原動力となりました。この流れはブロックチェーンを彷彿とさせないでしょうか？

後述しますが、ブロックチェーンも既存技術の組み合わせで構成されています。Ajaxが「Webシステムにおいてクライアントを高度化する技術」だとすると、ブロックチェーンは「サーバ機能を分散化する技術」と言えます。クラウドコンピューティングにより中央集権型に向かっていたトレンドが、ブロックチェーンによって再び分散化に向かうと思われます。

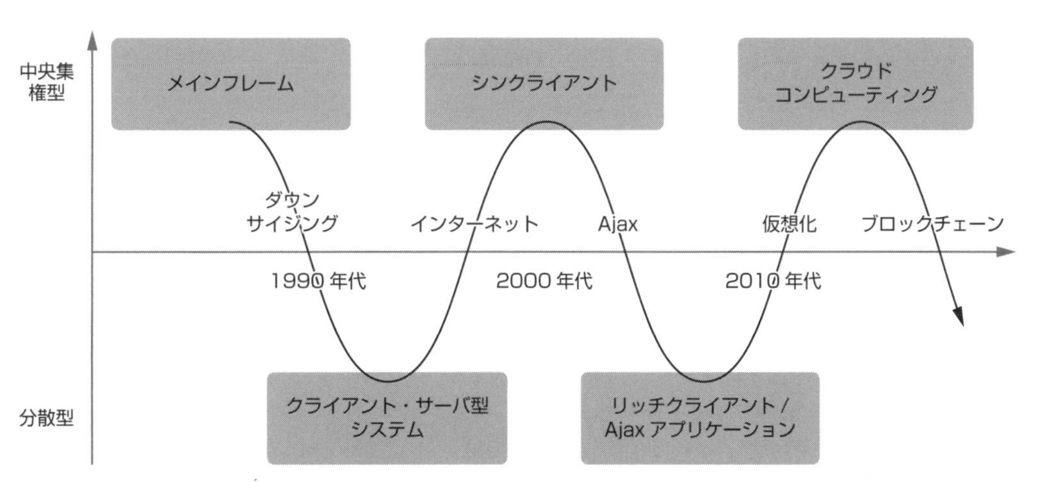

図6　システム開発における集中と分散の歴史

しかし、すべてのシステムがブロックチェーンに置き換わるようなことがあるでしょうか？　歴史を見返すと、システムのアーキテクチャは集中と分散を繰り返しながら現在に至っています。そして、初期の中央集権型システムの象徴だったメインフレームは、金融機関を中心に今も稼動しています。

ブロックチェーンという分散化の波もまた、システム開発の裾野を広げていくことは間違いないでしょう。しかしそれは、ブロックチェーン技術がすべてを置き換えてしまうという未来ではなく、これまで出てきた新技術と同じように、中央集権型と分散型の間を揺れ動きつつ、システム開発の選択肢の1つとして定着し、浸透していくものと考えます。

3.2　価値交換におけるブロックチェーン技術

「価値のインターネット」という言葉をご存知でしょうか。現在、私たちはインターネットを利用することで、場所や時間に制約を受けることなく、瞬時に情報をやり取りできるようになりました。これと同様に、金融資産をはじめとするあらゆる「価値」を、インターネットを通じて瞬時にやり取りできる状態、これが「価値のインターネット」です。

インターネットは世界中での情報共有を促進しましたが、情報の信憑性を確認する術がないために、デマや不正確な情報も多く流通することとなりました。情報の正確性が担保されない状況下においては、やり取りを可能にする手段があったとしても、改ざんされたりしては困る「価値」のやり取りは不可能です。そのため従来は、信頼できる第三者が仲介に入ることで、「価値」の交換を成立させていたわけですが、ブロックチェーンを活用すれば「価値のインターネット」を実現できる可能性があるのです。

ブロックチェーンという仕組みが、信頼できる第三者を仲介せずとも取引記録の改ざんを限りなく不可能にし、安全に「価値」のやり取りを可能にします。つまり、ブロックチェーンは「価値のインターネット」を支える根幹技術であり、「インターネット以来の革命的な技術」として期待される理由もそこにあります。既存の技術では実現できなかった「価値のインターネット」が実現された暁には、インターネットの普及が世界を大きく変えたときと同等か、それ以上に大きなインパクトをもたらすかもしれません。

第3章

ブロックチェーン技術とは？

第２章では、ビットコインを起点としてブロックチェーンという技術が考案され、様々な活用シーンへ広がっていることをお伝えました。本章ではまず、ブロックチェーン誕生の背景にあったサトシ・ナカモトの問題意識を紐解きます。そのうえで、ブロックチェーン技術の基本的な仕組みと、そのメリット・デメリットを解説していきます。

1　ブロックチェーン技術考案の背景

ブロックチェーン技術には様々な用途が検討されていますが、高い実効性を得るには、その特徴やその仕組みに対する正しい理解が不可欠です。そこで本章は、「ブロックチェーンは本来何を解決したかったのか」という原点に立ち返ることから始めたいと思います。そうすることで、ブロックチェーン技術の本質を理解する助けになれば幸いです。

1.1　サトシ・ナカモトの問題意識

前章で述べたとおり、ブロックチェーンは仮想通貨ビットコインを実現する技術として考案されました。ビットコインの生みの親であるサトシ・ナカモトの論文 "Bitcoin: A Peer-to-Peer Electronic Cash System" の冒頭には、以下のような記述があります[注1]。

"現在のインターネット上の商取引は殆ど例外なく、電子取引を処理する信用の置ける第三者の金融機関に依存している。大多数の取引はこの仕組みで問題なく執り行われるが、信頼に基づくモデルであるが故の脆弱性が問題となる。つまり、金融機関には争議仲裁という避けられない責任があるため、完全に不可逆的な取引の提供はできないのである。仲裁コストに伴う取引コストの増加により、取引規模が限定される結果、小額取引が不可能となる。

また、不可逆的サービスに対する不可逆的支払ができない事によるコストは更に多大となる。可逆的取引には一層の信用が必要であるため、販売者は購入者に対して用心深くならざるを得ず、購入者に必要以上に多くの情報を求めるのである。"

サトシ・ナカモトは、インターネットでの商取引に「信頼できる第三者（銀行やクレジットカード会社）による仲介」が必須になっていることを問題として取り上げ、それを解決する手段としてビットコインを提案したのです。取引を仲介する第三者は、取引上の争いを仲裁しなければなりません。仲裁の結果、取引を「なかったことにする」ことも想定しなければなりません。こうした対応には相応のコストがかかり、コストは「手数料」等の形で取引の当事者が支払うことになります。銀行振込の振込手数料などが典型例でしょう。また、第三者は、仲裁すべき事態の発生を避けるため、取引の当事者が信頼できるか見極めようとします。たとえ数千円程度の買い物しかしなくても、クレジットカードを作る際に年収を聞かれるのはこのためです。

取引を第三者が仲介する（銀行振込やクレジットカード支払等の）システムでは、取引に必要なすべてのデータを、第三者が中央集権的に保有します。取引によるお金の動きを台帳に記録したり、取引に

注1　https://bitcoin.org/files/bitcoin-paper/bitcoin_jp.pdf

不正がないかを監視したりするのは、すべて第三者の役割です。

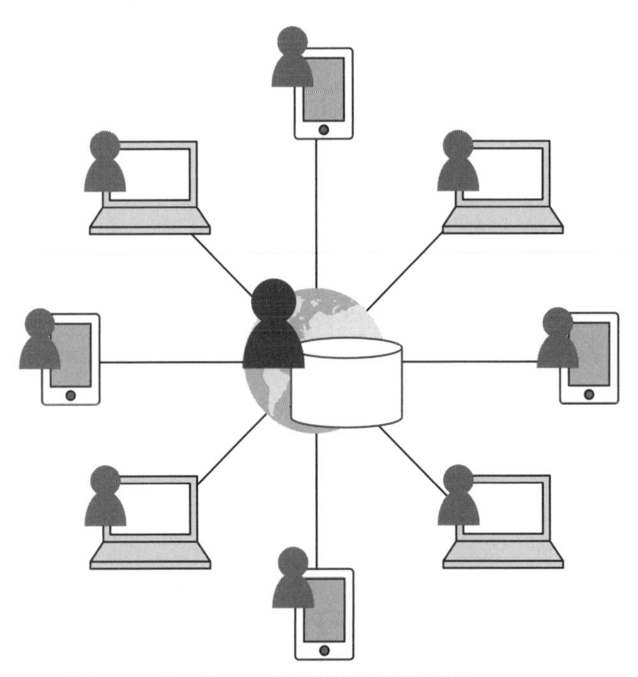

図1 信頼できる第三者による中央集権的な取引の仲介

1.2 解決策としての「分散」

では、第三者なしにお金の動きを台帳に記録したり、取引に不正がないかを監視したりするには、どうすればよいでしょうか。ブロックチェーン技術は、こうした「信頼できる第三者による仲介」なしに、当事者間で直接的に取引を行うために考案されました。

それを実現するための基本的な考え方は、「取引の参加者全員で台帳を共有し、全員で取引の内容を検証し、全員で台帳を更新すればよい」というものであり、これが、ブロックチェーン技術の基本コンセプトです（具体的に、どんな仕組みでこのコンセプトを実現しているかは、第6章以降の理論編で解説します）。

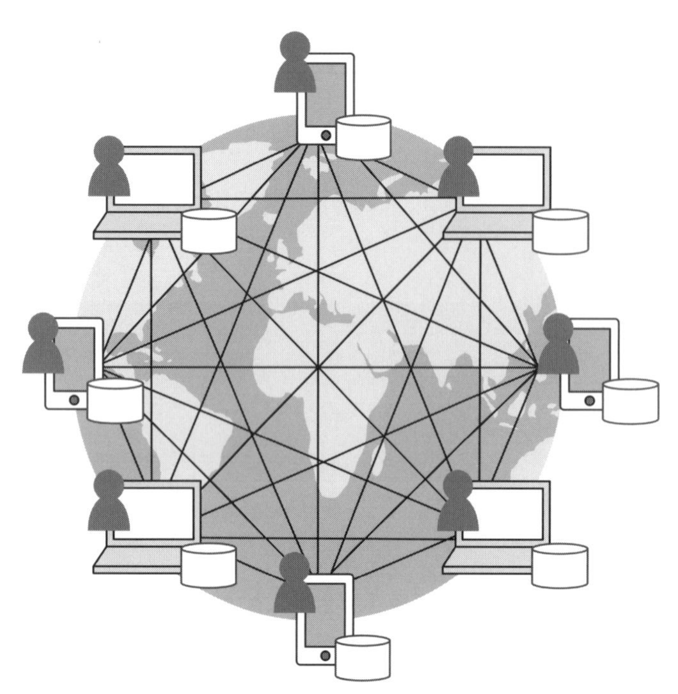

図２　参加者全員で台帳を共有（分散型台帳）

第２章で紹介したとおり、サトシ・ナカモトが考案したブロックチェーンのアイデアは、今や様々な形に発展しています。現在では、ブロックチェーンのように参加者全員で台帳を共有する仕組みは「分散型台帳」と総称されています。

ここで強調しておきたいのは、「第三者の仲介をなくしたい」という問題意識や、分散型台帳という実現手段は、電子商取引に限らず、様々な用途に適用可能であるという点です。本章ではこの後、分散型台帳の仕組みを掘り下げて解説し、そのメリット・デメリットや幅広い応用可能性を見ていきます。

2　分散型台帳を支える技術

ブロックチェーンは金融分野に留まらず、広く「分散型台帳」として各分野での応用が期待される、汎用性の高い技術です。これが意味することは、これまで各システムが個別にその中のデータベースに格納していた台帳データが、ブロックチェーン技術により、ネットワークを介して共有されるということです。

2.1　分散型台帳とは何か？

「分散型台帳」と聞いてもピンとこないと思いますので、システムに馴染みのない方にもおわかりいただけるように、身近なExcelの「共有ブック」機能を参考に説明してみます。複数の人が、同じExcelの文書ファイルを編集したり参照したりできる、あの機能です。

共有されているExcelファイルを、1人が開いて編集している分には何も問題ありません。しかし、複数の人が同じファイルを編集する場合、1人だけに編集を許可して、ほかの人には参照権限だけを与えたり、同じ箇所を編集するのでなければ複数人に同時に編集する許可を出したり、といった権限管理が必要となります。これを提供するのが共有ブック機能です。

同様にシステムにおいては、データベースに格納されたデータに対する権限管理を、「データベースサーバ」が行っています。複数のユーザから同じデータに対して書き込み要求が来ても、1人が書き込んでいる間は他のユーザが書き込めないように抑止しています。

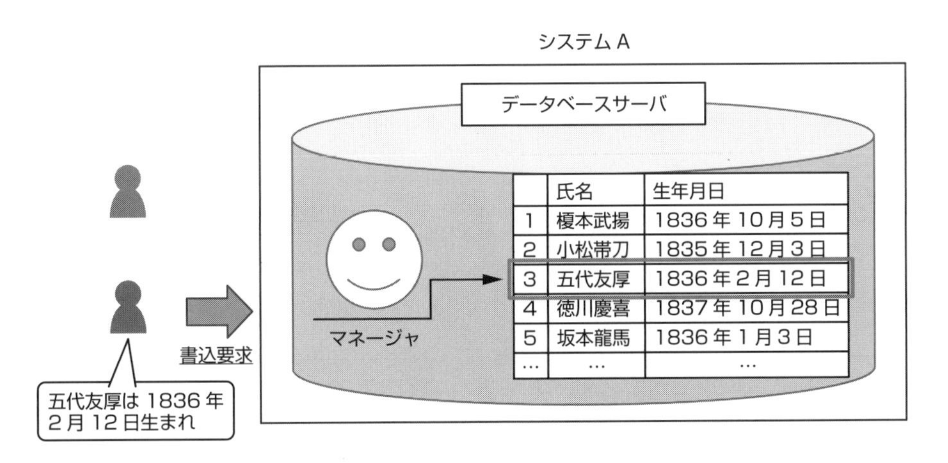

図3　データベースサーバの仕組み

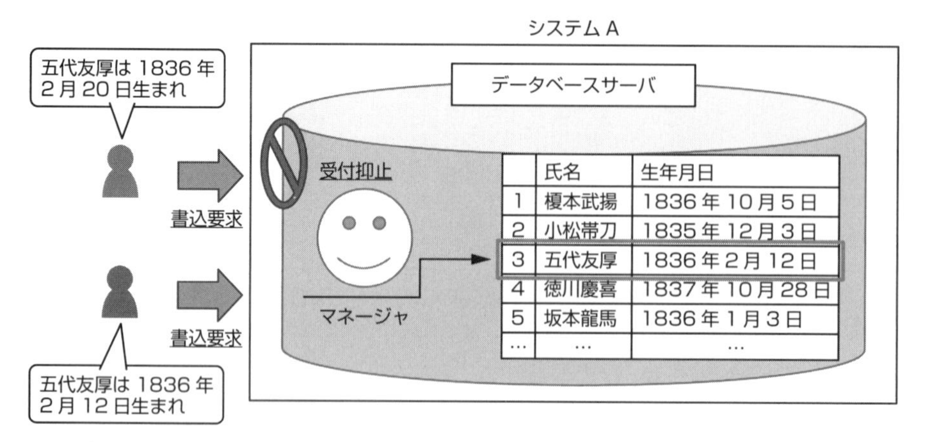

図４　データベースサーバの複数ユーザからの書込制御

分散型台帳の場合は、同じ台帳データが複数のシステムに配置されています。ユーザから書き込み要求があった場合には、その状態が全システムに共有されて、それぞれのシステムで同じように書き込むことで同期をとります。

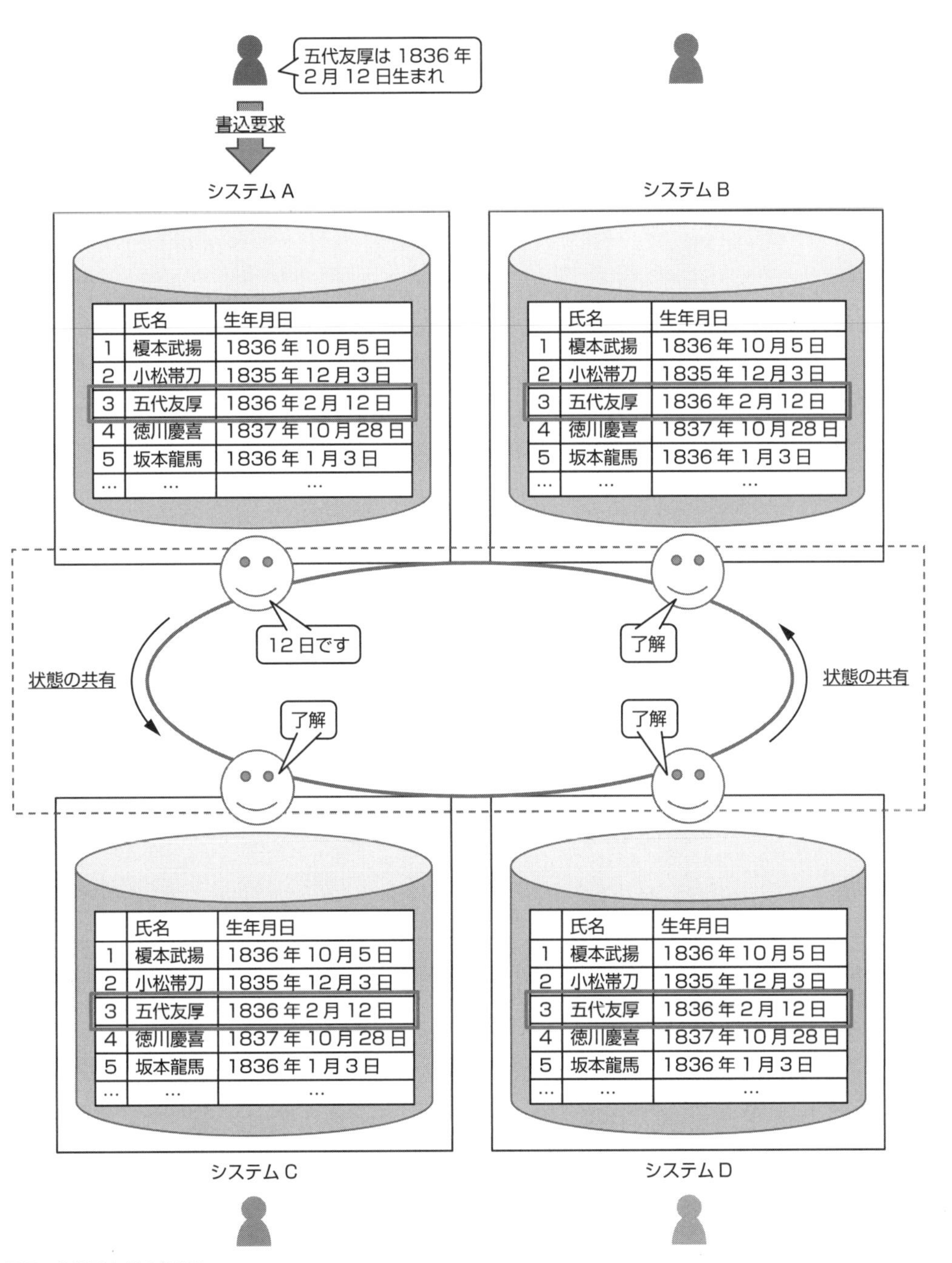

図 5 分散型台帳の仕組み

複数のユーザから同じデータに対して書き込み要求があった場合にどうするかは、各システム間で何らかの合意ルールに基づいてみんなで決めていくことになります。

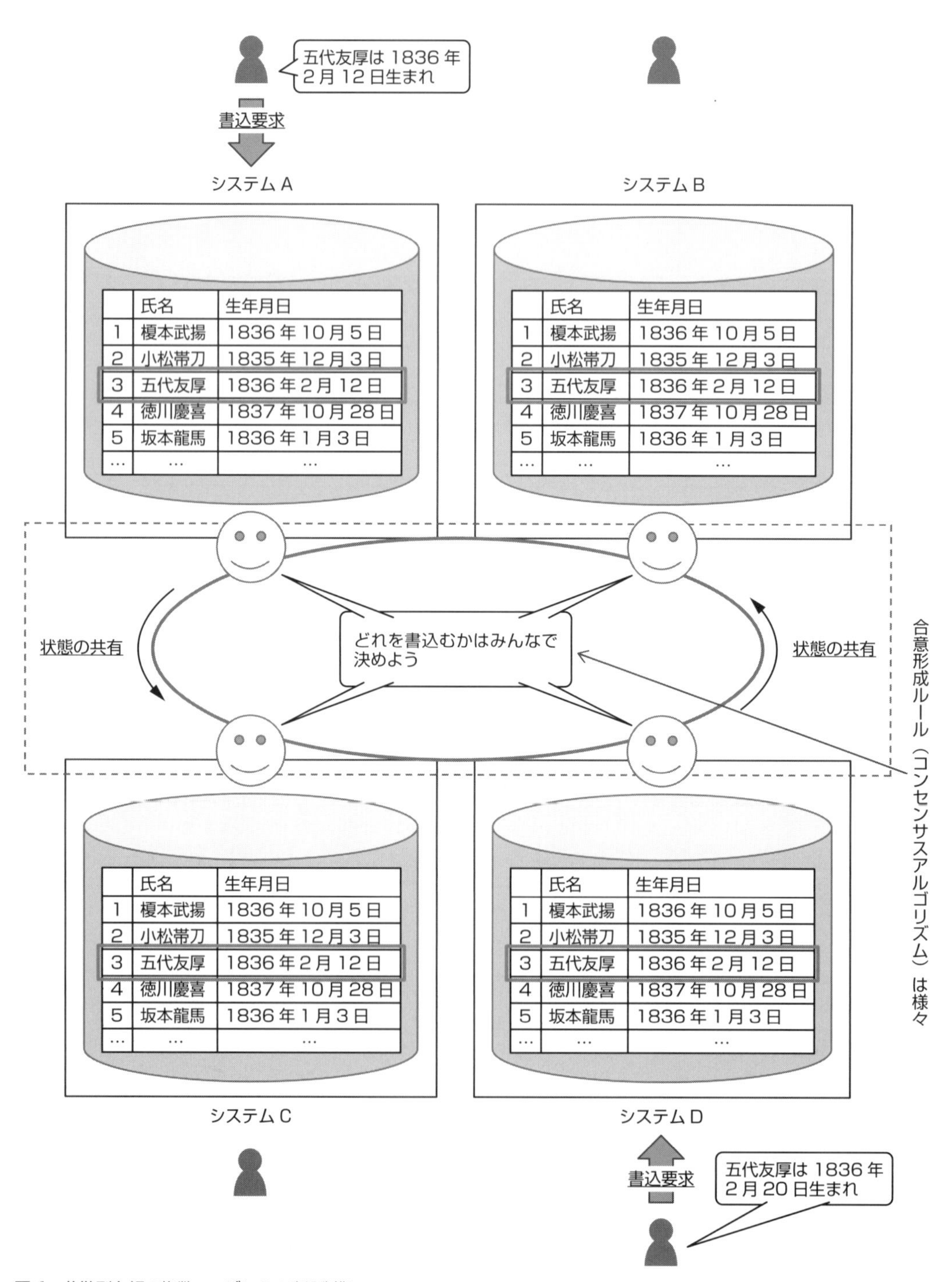

図 6　分散型台帳の複数ユーザからの書込制御

1
2
3
4
5
6
7
8
9
10

参加している全システムがそれぞれ台帳データを保有し、常に同期をとるというデータの持ち方が分散型台帳であり、これを実現するための状態の共有や合意形成の仕組みの1つがブロックチェーン技術というわけです。各システムからはブロックチェーンの中で起こっていることは見えませんから、あたかも1つの台帳に対して各システムがアクセスしているように考えることができます。

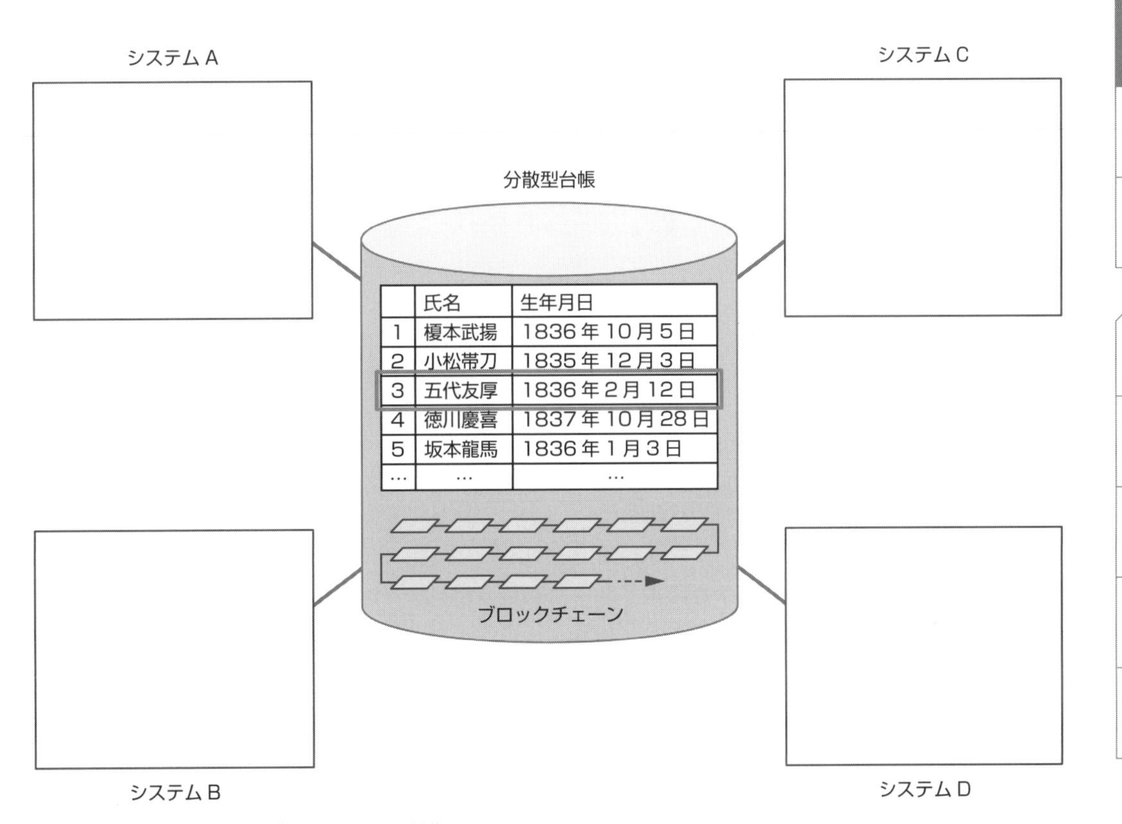

	氏名	生年月日
1	榎本武揚	1836年10月5日
2	小松帯刀	1835年12月3日
3	五代友厚	1836年2月12日
4	徳川慶喜	1837年10月28日
5	坂本龍馬	1836年1月3日
…	…	…

図7 分散型台帳を実現するブロックチェーン技術

2.2 分散型台帳のメリット

分散型台帳は参加者全員で台帳を共有し、全員が承認した合意形成ルールに従って台帳を更新していく技術です。そのため、中央集権的なデータベースサーバと比べ、以下の3つの特徴があります。

- 参加者全員が平等：保有するデータはみな同じであり、更新ルールも共有
- 取引の透明性：全員が合意した更新ルールで台帳を更新
- 改ざん耐性：共有した状態でも不正・改ざんが困難

こうした特徴には、仮想通貨以外にも様々な活用を期待できます。私たちはサプライチェーンやトレーサビリティなど、複数の組織や組織が連携する領域において、こうした特徴を活かせると考えています。複雑な組織間連携が必要な業務においては、そもそも第三者が仲介すること自体が難しい（＝システム化が困難な）ケースもあります。そうしたケースでは、これまで不可能だったシステム化による効率化を、ブロックチェーン技術で実現できる可能性があります。

ブロックチェーン技術の特徴を活かせるケースとして、しばしば取り上げられる貿易業務を例にして説明してみましょう。

貿易業務では、図に示したように、輸出者と輸入者のほかに銀行や保険会社（金融分野）、運輸会社や通関会社（流通分野）、税関や輸出入監督官庁（公共分野）等、多種多様な分野の組織が国をまたがって絡み合い、複雑に情報連携をしています。

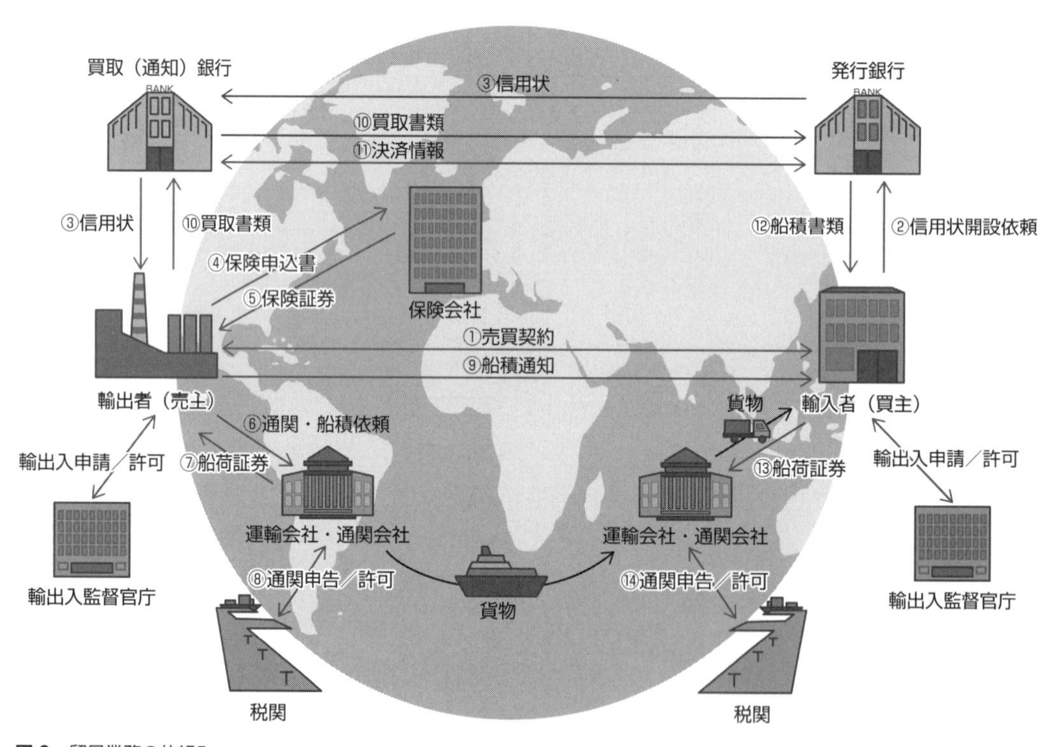

図８　貿易業務の仕組み

相手方の書類に記入ミスなどがあったりすると、銀行等複数の組織を往復するために、訂正の手続きに時間がかかり、国や業者によっては、システム化されておらずにメールやFAX等を用いていたりして、さらに時間がかかります。こういった分野でトレーサビリティを確保するために、貿易金融EDIのような標準化が進められていますが、複数の組織やシステムが連携しており、それらの間で情報をバケツリレーのように送り合っているという根本のところは変わりません。

ブロックチェーンを使って、こうした貿易取引に必要な様々な情報を分散型台帳に記録して共有することで、関係者に等しく情報が伝達され、仲介者を通さずとも直接情報の参照や修整ができるようになります。また、修正という行為に関しても、記録がブロックチェーン上に残るので、何か不正があったとしても、過去に遡って検証できるようになるのです。

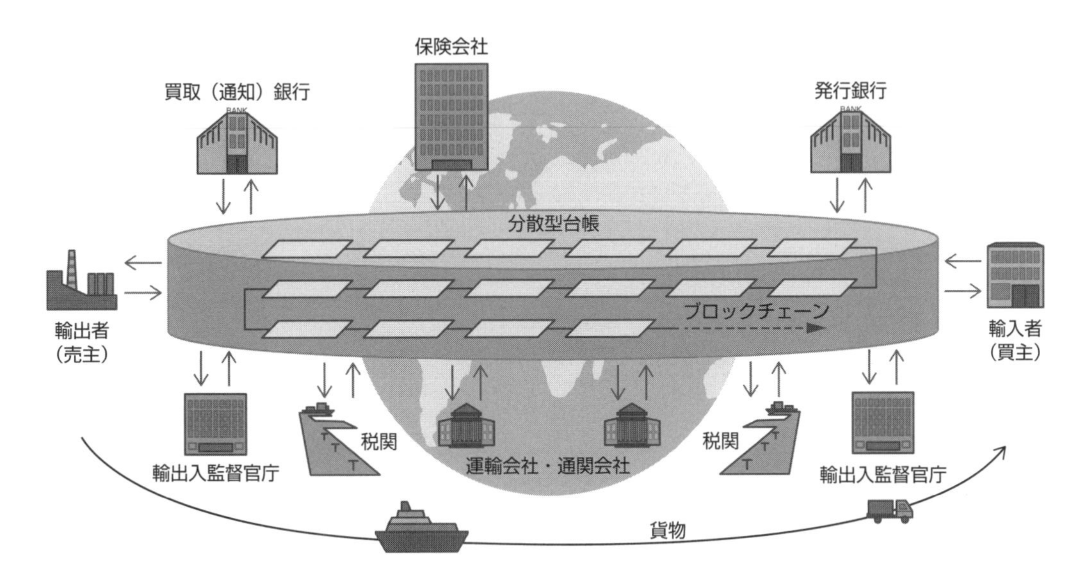

図 9　貿易業務と分散型台帳

このように、これまでトレーサビリティの実現が困難だったり、あるいはコストがかかっていたり、といった領域において、それをシンプルに分散型台帳という形で実現してしまう可能性がブロックチェーンという技術にはあるのです。そのほかにも、権利移転の管理や製品ライフサイクル管理、ワークフロー管理等、多様なユースケースが議論されています。

2.3　分散型台帳のデメリット

とはいえ、世の中、メリットだけあってデメリットのないものは存在しません。ブロックチェーンも然りです。

もともと1つのシステムの中にあったものを、分散型台帳という形で外に置くことになるわけですから、遅延等のデメリットが生じてしまいます。これは、ネットワークを経由して状態を共有したり合意をとったりという手間が加わるので、小さくすることはできても、原理的になくすことはできません。

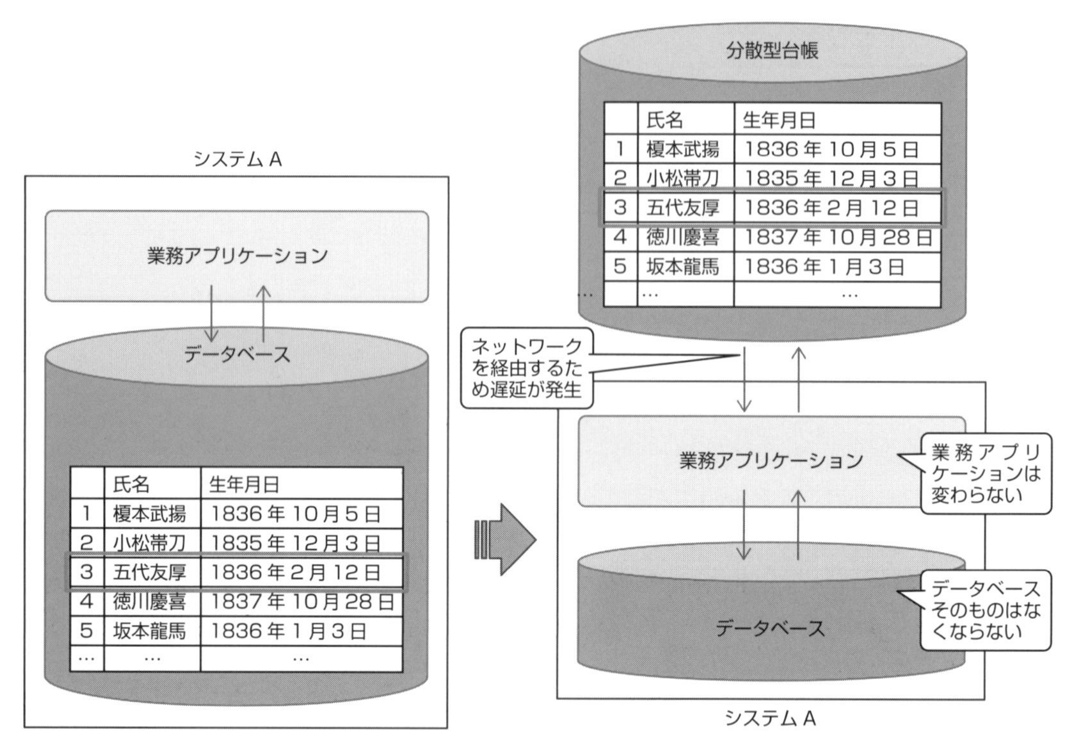

図10　既存システムAへのブロックチェーン導入

すでに稼働しているシステムにとっては、できることが同じで、デメリットだけがあるのであれば、導入する意味がありません。

「ブロックチェーンを導入するとシステム費用が劇的に安くなる」という話も一部にはありますが、ブロックチェーンですべてのデータを共有するわけではないので、データベースそのものは残りますし、膨大な業務アプリケーション、例えば担保の値洗い処理や、各口座の利息計算といったものは、分散型台帳を使ってもやることが変わるわけでもないので、やはりそのまま残ります。一方で、一部のデータを分散型台帳に移すことに伴うシステムの改変やデータの移行、それらに伴う試験等のコストがかかってしまいます。

どの部分がどの程度安くなるのか、逆にそのために増えるコストはどの程度なのか、しっかりと見極める必要があるでしょう。

3 ブロックチェーンが広げる可能性

ここまで解説してきた分散型台帳の概要や、そのメリット・デメリットを踏まえれば、ブロックチェーン技術は仮想通貨だけでなく様々な用途に応用可能だとわかります。後の第4章、第5章で見るように、実に幅広い分野で検討が進んでいます。加えて留意すべきは、社会や技術の変化に伴い、新たなブロックチェーン活用のニーズが生まれることです。

社会の変化に関しては、海外旅行が好例です。海外旅行者がまだ少なかった時代には、旅行代理店が企画したツアーに参加するのが一般的でした。旅行代理店が「信頼できる第三者による仲介」を行い、この仲介機能を利用する以外の選択肢が少なかったわけです。しかし今では、インターネットを通じて、より簡単に航空機やホテルを予約できますし、観光スポットの情報も容易に手に入ります。さらには Airbnb などにより、旅行先で民家に泊まることも一般的になってきました。

このような社会の変化に呼応するスタートアップ企業も登場しています。その企業では、ブロックチェーンを活用して家の持ち主と旅行者の取引を可能とするプラットフォームを開発しています。

技術の変化に関しては、やはり Internet of Things（IoT）のインパクトが大きいでしょう。IoT はそれだけでも巨大な可能性を秘めた技術ですが、ブロックチェーン技術はその可能性をさらに大きく広げると期待されています。従来多かったユースケースはどちらかといえば、「大量なセンサー群からデータを集めて、ビッグデータとして活用する」といったスタイルでした。昨今ではそれが徐々に変わってきました。例えば、電源コンセントやレンタカーのキー等のデバイスが自律的にブロックチェーンと連携し、課金情報から契約に基づいて自動的にサービスを執行するといった事例が見られるようになりました。すなわち、よりアクティブな IoT の活用と、それを支えるインフラとしてのブロックチェーンとが、セットで議論される状況へとシフトしつつあるのです。

4　ブロックチェーンの社会実装

2019年は、ビットコインおよびブロックチェーン技術の誕生から10年目にあたります。私たちは、「ユースケースによっては、ブロックチェーン技術の社会実装が近付いている」と考えています。ここでいう「社会実装」とは、「スタートアップ企業が、ブロックチェーン技術を活用した新サービスの事業化に成功した」というレベルから一歩進み、「より幅広い一般企業や消費者が利用するサービスに、ブロックチェーンが活用されている」……という状態になることを指します。前述の貿易業務もその１つです。

これまでのPoC（Proof of Concept：概念実証）は、どちらかというと「ブロックチェーンでもシステムが作れる」ことを検証するものが多かったように思います。今後は、「ブロックチェーンでシステムを作った方がよい」「ブロックチェーンでないと作れない」ことを検証するフェーズへと移行するでしょう。そうした検証の過程で、真に実用的なユースケースと、そうでないユースケースの選別が進んでいくでしょう。

そして、真に実用的なユースケースは、少なくとも以下の２つの条件を満たす必要があると考えます。

第一に、本章で解説してきたブロックチェーン技術の本質的な特徴、すなわち「第三者の仲介をなくしたい」、あるいは「分散型台帳」という特徴を活かせることです。サトシ・ナカモトも言及しているとおり、大多数の取引は既存のシステムで十分なのが現実です。既存の中央集権的な仕組みがよくフィットしているユースケースでは、活用は難しいでしょう。

第二に、「ブロックチェーンを使うこと」、それ自体が目的化していないことです。ブロックチェーン技術は革新的であるがゆえに、「第三者の仲介をなくすことは、いつだってよいことだ」といった思考に陥り、何でもかんでもブロックチェーンで解決したくなってしまうことがあります。「ブロックチェーン症候群」とでも呼ぶべきでしょうか。手段と目的の履き違えであり、真に価値のあるユースケースを見極めることが、できなくなってしまいます。

ブロックチェーンが秘める可能性は様々です。仮想通貨のように、全く新しい概念を作り出してしまう可能性もあれば、今ある業務やITシステムを改善してくれる可能性もあります。これまでは可能性そのものが注目されがちでしたが、これからは、どのようにしてその可能性を具体化し、どのようにしてブロックチェーンのメリットを享受するのかに、関心が集まるようになるでしょう。

第4章

ブロックチェーン技術の応用

ブロックチェーンは様々な領域で、活用の検討や実用化が進められています。
本章では、ブロックチェーンの活用事例を 11 の領域に分類して紹介します。

1　応用が期待される領域

ブロックチェーンは様々な領域での活用が検討されていますが、活用検討を進める組織は、まず「どの領域・業務にブロックチェーンを適用するか？」という問いに答える必要があります。その領域・業務の選定こそが、ビジネス適用における最も重要なプロセスであると考えます。

ブロックチェーンはどこでも効果を発揮する「万能薬」ではありません。業務・領域の選定に不可欠なのは、ブロックチェーンの特長を理解することです。以下に挙げるデータの透明性の向上や耐改ざん性などといった特長を活かせる領域・業務を見極め活用することで、はじめて効果を発揮します。

本章ではワールドワイドの活用事例を主な産業分野で分類するとともに、代表的な事例を紹介します。

ブロックチェーンの特長

1. データの透明性、トレーサビリティ
2. 関係者間の直接的な情報の共有・管理
3. 改ざんが困難な仕組み、記録の不可逆性
4. ゼロダウンタイムの可能性
5. コスト低減の可能性

1.1　ブロックチェーン市場と活用への期待

IDC Japan社の発表によると、支出額予算に基づくブロックチェーン市場の規模は、2017年から2022年に年間平均成長率73.2%で拡大し、2022年に117億ドルに達すると予測されています。地域別に見ると、米国が予測期間を通じて全世界の支出額の36%以上を占めています。一方で年間平均成長率について日本は108.7%の成長が予測されています。

このような将来予測を見据えた取り組みは、ワールドワイドで展開されています。PwC（PricewaterhouseCoopers）社によるエグゼクティブ（経営幹部）対象のインタビュー調査によると、84%の企業が「ブロックチェーンの活用に取り組んでいる」と回答していることからも、期待の高さがうかがえます。

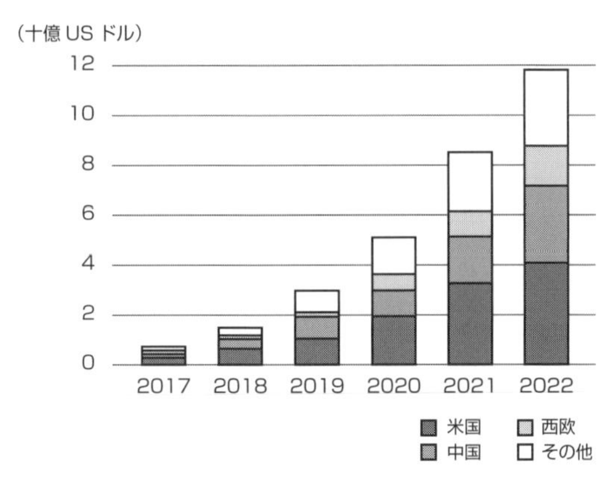

図 1　ブロックチェーン市場の支出額予測（主要地域別）2017 年～2022 年[注1]

図 2　日本国内ブロックチェーン市場の支出額予測 2017 年～2022 年[注2]

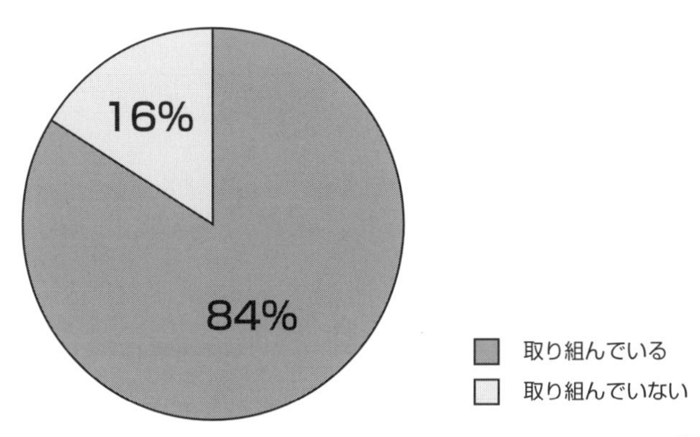

図 3　世界 600 人の経営幹部を対象としたブロックチェーン活用の調査[注3]

1.2　応用が期待される産業分野

では、どのような産業分野で取り組みが進んでいるでしょうか。FinTech の流れから、銀行業務や決済への適用が先行していることは言うまでもありませんが、直近ではヘルスケア分野や製造業の取り組みが盛んになっています。

McKinsey & Company 社では、収益やコスト面におけるブロックチェーン技術の影響を調査しており、「全産業分野の 8 割強である 11 の分野において、何らかの指標で中規模以上の影響がある」としてブロックチェーン導入の効果が高いことを示唆しています。特に影響の大きい 4 つの業界の動向を第 5 章で見ることにし、第 4 章では各産業分野の事例を紹介していきます。

注 1　https://www.idcjapan.co.jp/Press/Current/20180905Apr.html

注 2　https://www.idcjapan.co.jp/Press/Current/20180905Apr.html

注 3　http://usblogs.pwc.com/emerging-technology/2017-digital-iq-blockchain/

産業分野	収益	コスト	社会的影響	スコア
Agriculture	○	◎	◎	11
Arts and Recreation	△	×	△	5
Automotive	◎	△	△	8
Financial Service	○	◎	△	9
Healthcare	◎	◎	○	11
Insurance	△	◎	○	9
Manufacturing	-	△	-	2
Mining	-	△	×	3
Property	◎	◎	△	10
Public Service	◎	◎	○	11
Retail	△	△	○	7
Technology/Media/Telecommunications	◎	△	△	8
Transport and Logistics	×	○	△	6
Utilities	○	◎	○	10

スコアが6以上の産業分野は、他の分野と比べて、ブロックチェーンの導入効果が高い

◎：4　○：3　△：2
×：1　-：0

図4　産業分野別に見たブロックチェーン技術の影響[注4]

注4　https://www.mckinsey.com/business-functions/digital-mckinsey/our-insights/blockchain-beyond-the-hype-what-is-the-strategic-business-value

2 各産業分野の適用事例

2.1 Agriculture ～IBM Food Trust

ブロックチェーン技術を用いて、農作物や食品の安全性を確保する取り組みが本格化しています。ここでは、国内外での農作物・食品サプライチェーンへの適用事例を取り上げます。

食品サプライチェーン追跡ネットワークである「IBM Food Trust[注5]」は、2018年10月からサービスを開始しました。これは生産者から加工・流通業者を経て小売店に至るサプライチェーン情報を、ブロックチェーンを活用し関係者間で共有することにより可視性を実現します。これにより、製造・出荷日に基づく食品の新鮮さが保証され、さらに厳密かつ容易な追跡が可能となります。

33カ国で1万2,000を超える店舗を擁し業界をリードするグローバルな小売企業Carrefour社が、IBM Food Trustのブロックチェーン・ネットワークを利用して、食品の品質を高める活動を強化することをすでに発表しており、同じく大手スーパーマーケットのWalmart社も提携を発表しています。

2.2 Automotive ～自動運転車両への適用

各国の自動車メーカーはブロックチェーン技術に注目しています。実証実験の推進、ブロックチェーン技術開発企業との提携、ブロックチェーン技術の適用を目的とした共同体（Mobility Open Blockchain Initiative）の設立などが始まっています。

Toyota Research Institute社は、マサチューセッツ工科大学（MIT）のメディア・ラボと協力して、ブロックチェーン技術の自動運転車両への適用を検討しています。

安全性かつ信頼性の高い自動運転車両を実現するためには、何千億キロの運転データが必要であり、個人オーナー、企業の運行管理者、自動車メーカーとの間での情報共有が必須となります[注6]。そこで、ブロックチェーン技術の耐改ざん性があり、複数のプレーヤーで情報を共有できるという特長を活かした、自動車ユーザ向けソリューションの開発が始まっています。これにより、自動運転車の安全性、効率性、利便性が広く、早く利用されるようになると期待されています。

注5 https://www.ibm.com/jp-ja/blockchain/solutions/food-trust
注6 https://jp.techcrunch.com/2017/05/23/20170522toyota-pushes-into-blockchain-tech-to-enable-the-next-generation-of-cars/

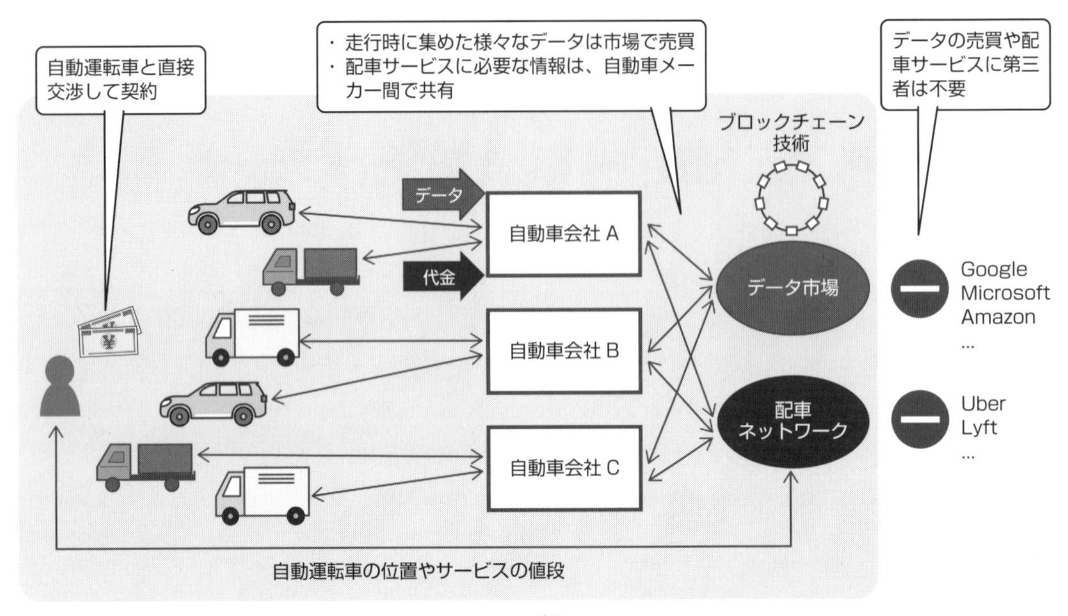

図5　ブロックチェーンを活用した配車サービスやデータの売買[注7]

2.3　Financial Service ～新たな決済ネットワークのサービス提供

FinTechの1つとして脚光を浴びてきたこともあり、ブロックチェーン技術の金融サービスへの応用は、ほかの10領域よりも先行しています。

三菱UFJフィナンシャルグループとAkamai社はキャッシュレス社会における大幅な取引件数の拡大、IoT時代の「使っただけ課金（時間単位課金）」「マイクロペイメント（少額支払い）」「シェアリングエコノミー（共有型経済）」等の多様な決済シーンをサポートすることを目指し、CDNネットワークとブロックチェーン技術を活用した新たな決済ネットワークの構築を推進しています[注8]。

現状では、クレジットカード払いで信用照会等の仕組みにコストがかかっており、手数料の増加につながっていることが課題となっていました。ビットコインはそうした金融機関の仲介なしでの取引を目的に考案されましたが、取引速度が遅いため、決済インフラとしての普及は難しいと考えられていました。そこで両社は、ブロックチェーン技術によって、フラットなファイルでセキュリティと安定性を提供可能であることに注目し、決済インフラに必要な高速・高信頼性を、より低コストで実現することを目指しています。

注7　https://tech.nikkeibp.co.jp/dm/atcl/mag/15/00160/00001/

注8　https://tech.nikkeibp.co.jp/atcl/nxt/column/18/00001/00570/

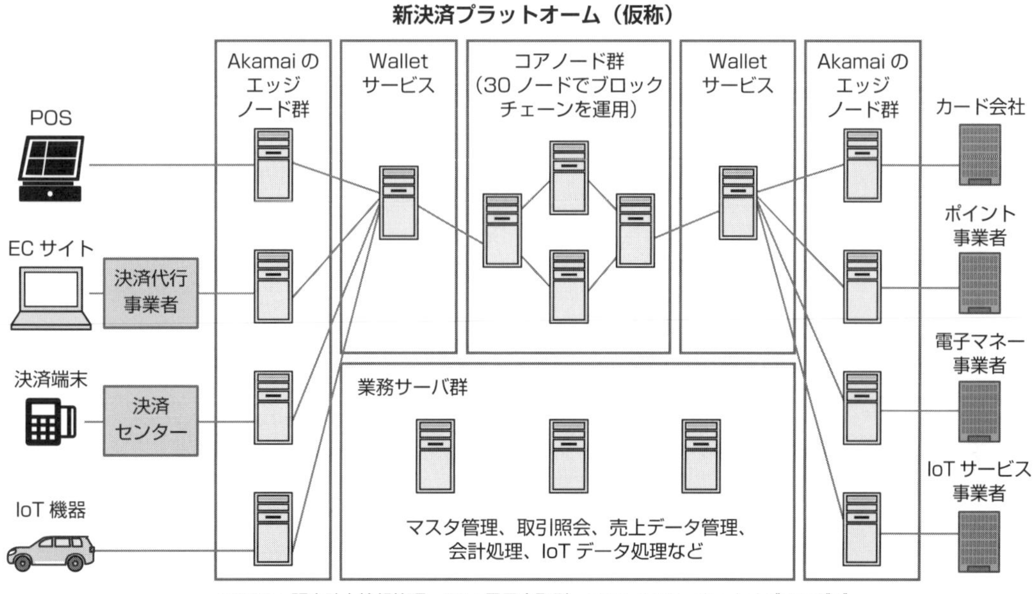

図 6　新決済プラットフォーム（仮称）のシステム構成[注8]

2.4　Healthcare ～医薬品サプライチェーンへの適用

医療・ヘルスケアにおけるブロックチェーンの活用は、2017 年に開催された世界最大のヘルスケア IT 会議「HIMSS」で一気に注目されるようになったと言われています。

ドイツの物流大手 DHL 社は、Accenture 社と提携して、医薬品改ざん防止システムのプロトタイプを開発しました[注9]。

世界では毎年 100 万人もの人が、偽造医薬品によって命を奪われていると言われています。また、新興市場で販売されている医薬品の最大 30% が偽造品であると推定され、社会問題となっています[注10]。

そこで、データの改ざん耐性と高トレーサビリティという特長を活かし、製薬会社、倉庫業者、仲介・販売業者、薬局や病院・医師などが連携。医薬品が製造されてから患者に届くまでの一連の流れを追跡できることを実証し、医薬品情報の改ざんを突き止め、偽造リスクの低減につながる可能性を確認しています。

注 9　https://www.logistics.dhl/global-en/home/press/press-archive/2018/dhl-and-accenture-unlock-the-power-of-blockchain-in-logistics.html

注 10　https://www.nikkei.com/article/DGXLRSP475443_X20C18A3000000/

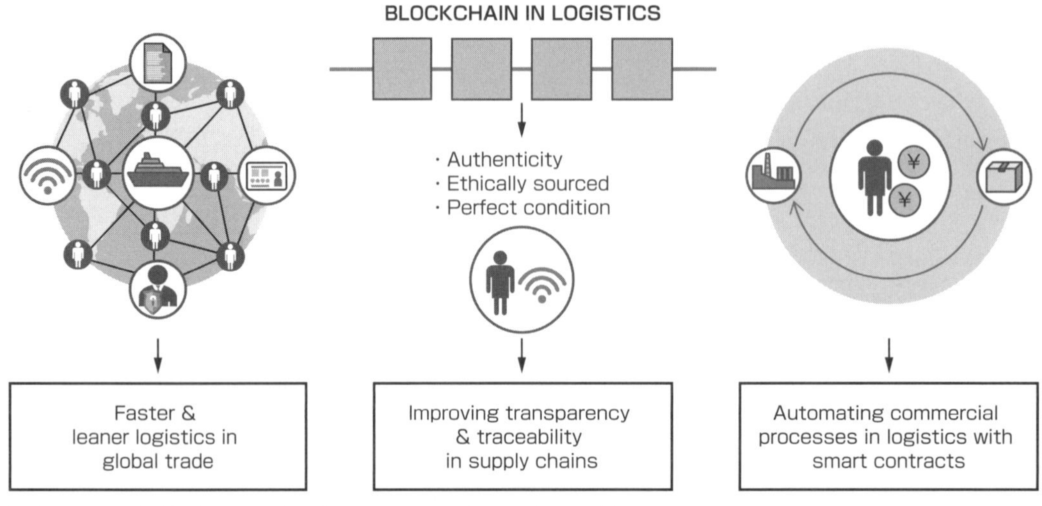

図7　医療品のサプライチェーンとロジスティクスへのブロックチェーン活用

2.5　Insurance ～外航貨物海上保険における保険金支払いへの適用

ブロックチェーンは「保険事業を変革し得る有力なテクノロジの1つ」として、国内外の保険会社に広く認識され、実用化に向けた検討が進んでいます。

東京海上日動火災保険社は、保険商品の1つである外航貨物海上保険における保険金支払いプロセスにおいて、ブロックチェーン技術を適用した実証実験[注11]を2018年8月に完了させ、2019年度中の一部の実用化を目指して、取り組みを進めていくとしています。

外航貨物海上保険における保険金請求では、保険証券が貨物とともに流通するため、必ずしも契約した保険会社が保険金支払業務を行うわけではありません。特に海外では、輸入者が現地で事故通知から保険金の受領までを行えるよう、海外クレーム代理店が保険会社と提携して、保険金支払いの手続きを行っています。

海外クレーム代理店が保険金の支払い手続きを実施する際には、紙の文書やPDFファイル等の形になっている事故報告書や貨物の損傷写真、Invoice（商業送り状）等の貿易関連書類、ならびに保険証券を収集する必要があり、さらに保険会社へ補償内容をメール等で確認する必要があります。また、海外クレーム代理店と鑑定会社との間での、事故の内容等に関する情報共有も必要となります。

このため、海外クレーム代理店が、世界中に点在する取引関連・貿易関連書類および最新の保険証券の収集、関係者との情報共有を、いかに迅速かつ正確に実施できるかが、迅速な保険金支払い手続きを実現する上での課題となっています。

注11　https://www.nttdata.com/jp/ja/news/release/2018/110100.html

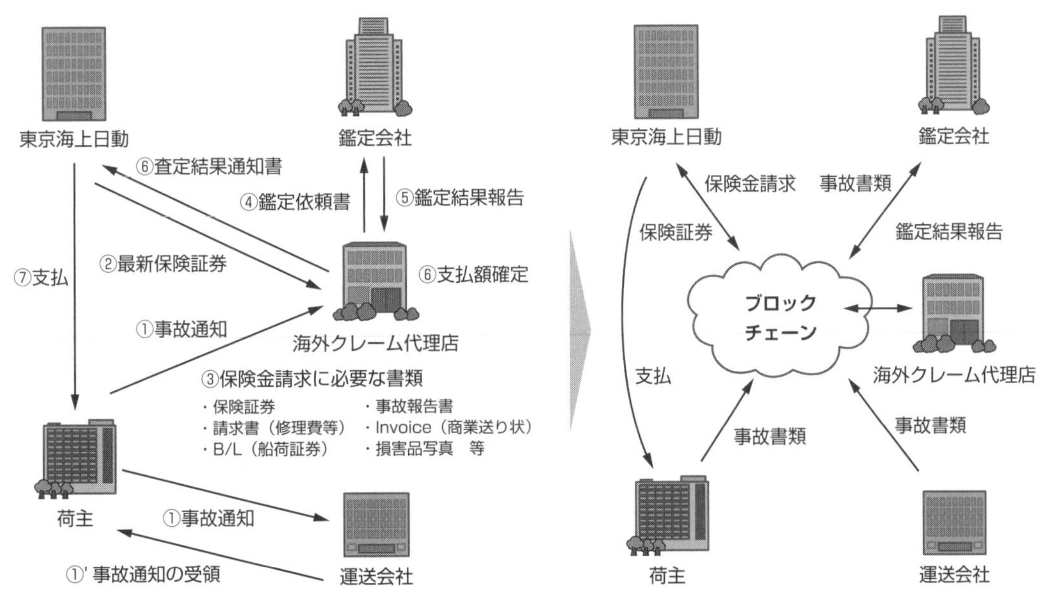

図 8　外航貨物保険における保険金支払いの現状とブロックチェーン活用における変化

そこで、データの耐改ざん性やネットワーク参加者間での情報共有というブロックチェーンの特長を活かし、保険金支払い手続きにおいて必要となる保険証券、事故報告書、貿易関連書類等を電子化してブロックチェーン上に流通させ、情報の共有をリアルタイム化し、書類ミスの低減や支払い対応の迅速化を検証しています。

検証結果として、最大1カ月超の期間を要していた保険金支払いを、1週間程度まで短縮できる等の効果を確認しています。

表 1　外航貨物海上保険における保険金支払いへのブロックチェーン適用による期待効果

	期待効果
被保険者（荷主等）	・保険金請求に必要な書類の用意や、提出にかかる業務の削減 ・保険金支払いの迅速化（最大 1 カ月超が 1 週間程度まで短縮可能）
保険会社	・海外クレーム代理店への情報共有業務の削減
海外クレーム代理店	・保険金請求に必要な書類の案内、取り付けにかかる業務の削減 ・保険会社へ保険の契約内容を確認する業務の削減（時差により確認作業が遅延する等の影響を極小化） ・鑑定会社への情報を連携する業務の削減 ・保険情報を含む必要情報の即時入手による保険金支払いの迅速化
鑑定会社	・早期の書類取り付けによる鑑定作業の迅速化 ・保険の契約内容の即時入手による鑑定作業の品質向上

2.6 Property ～転売防止機能を備えるチケット発行管理のサービス

資産管理、高額商品の管理、財産管理を行うPropertyの分野は、ブロックチェーン技術の特長である透明性や耐改ざん性との親和性が高いとされています。不動産情報への活用については、官・民の動向を含め第5章で述べます。

京都のスタートアップ企業であるLCNEM社は、ブロックチェーン技術を活用した転売防止機能を備えるチケット発行管理のサービス「Ticket Peer to Peer[注12]」を2018年9月に公開しました。

コンサートやイベントのチケットは抽選や電話、インターネットで購入されますが、大量に買い占めた人が高価格で転売し、不当な利益を得ること等が問題になっています。この問題に対してTicket Peer to Peerは、ブロックチェーン技術が持つ情報の透明性および耐改ざん性という特長を活用したサービスを提供しています。

このサービスでは、ブロックチェーン上のアドレスをチケットと見なします。トランザクションを受け取っていない状態を「有効なチケット」とし、トランザクションを受け取ると「無効なチケット」に変化します。

例えば、イベント会場でチケットを検札して入場すると、チケットのアドレスにトランザクションが送信されて「無効（使用済み）」となります。さらに有効なチケットが転売されていることを誰かが発見した場合、発見した人がそのチケットにトランザクションを送ることにより、チケットを無効化することができます。このとき、誰が、いつ無効化したかは改ざん不可能な状態であり、透明性をもってブロックチェーンに公開されることになります。また、無効化に貢献した人へ報酬を与えることで、インセンティブとすることができます。

2.7 Public Service ～ネット投票

ブロックチェーンは官公庁や地方自治体の公共サービスにも利用され始めています。また、難民支援などの分野でも活用されています。日本の官公庁の動向、公共機関による法的な対応については第5章で述べることとし、本節では公共性の高いサービスであるネット投票についての事例を取り上げます。

茨城県つくば市では2018年に、国内初となるブロックチェーンを活用したネット投票の実証実験[注13]を実施しました。

注12 https://coin7.jp/news/ticket-peer-to-peer-powered-by-nem/

注13 https://www.city.tsukuba.lg.jp/_res/projects/default_project/_page_/001/005/189/No80.pdf

1 2 3 4 5 6 7 8 9 10

選挙の際、地方自治体の行政機関は葉書などの書面で有権者に投票所入場券等を送付します。有権者はその入場券を持って投票所へ行き、受付に提示して本人確認を行い、投票記載台で記載した投票用紙を投票箱に投函します。集計には多くの職員やバイトを雇い、何時間もかけて作業しますが、間違いのない集計を行うために、コストや手間がかかっていました。

そこで同市では、投票の秘密を担保しつつ、投票データの改ざんや消失を防止する手段として、ブロックチェーン技術の特長に注目してシステムを構築しました。これにより、投票内容の改ざん防止と、作業の効率化が可能になります。さらに、有権者はマイナンバーカードをカードリーダーにかざすだけで本人確認ができ、投票もタッチパネルで完了できるため、大幅な時間短縮が可能です[注14]。

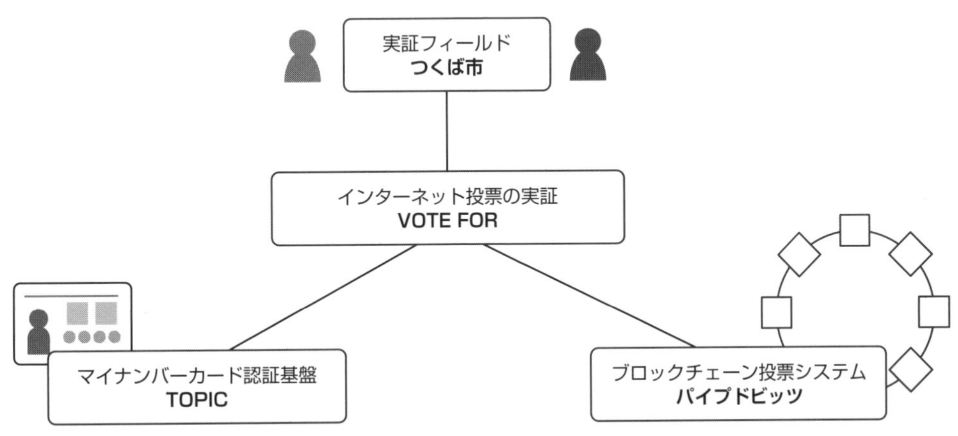

図 9　ブロックチェーンとマイナンバーカードを使ったネット投票

2.8 Retail ～携帯電話の店頭修理プロセスへの適用

Retailとは通常、一般消費者向けの「小売」を指します。一方、ブロックチェーンは複数の組織をまたぐ領域で効果を発揮します。こうしたことからここでは、ブロックチェーン技術を有効活用できるRetail領域について、「小売業者が一般消費者に向けて扱う商品・サービス・活動（他の分類で述べた作物、医薬品を除く）を訴求するためのプロセス」と定義し、その領域での事例を取り上げます。

注14　https://www.chainage.jp/interview_tukuba_block-chain_vote-system.html

KDDI社、KDDI総合研究所、クーガー社の3社は、携帯電話の店頭修理工程における情報共有や効率化を目的とした実証実験[注15]に取り組んでいます。

携帯電話の修理にはケータイショップ、メーカー、修理拠点、配送センターなど多くの関係者が介在します。顧客窓口となるケータイショップは、関係者とのリアルタイムな情報共有ができないため、正確な見積金額や返却時期を即答できず、顧客のニーズに応えるのが難しい状況でした。

そこで3社は、ブロックチェーン技術によって、契約に関する定義プログラムの改ざんを困難にし、契約の仲介者がいないことによる不正防止、コスト削減を目指しています。auショップやメーカーの修理拠点、配送センターなどでシステムを連携することで、顧客から携帯電話の修理を依頼された時点で、修理ステータスや見積り等の情報をリアルタイムに共有し、オペレーションも効率化できるとしています。

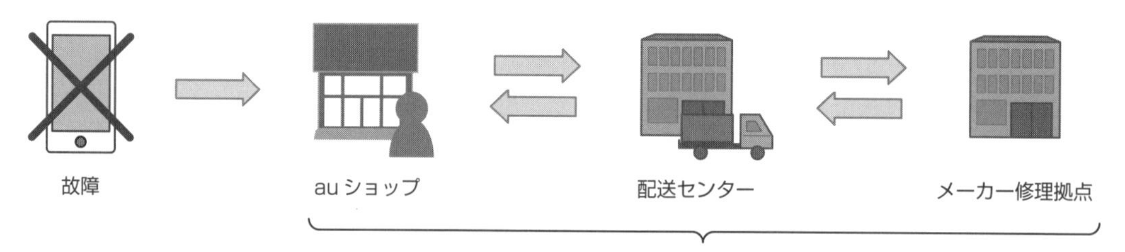

図10　ブロックチェーンを活用した携帯電話の修理オペレーション[注15]

2.9 Technology/Media/Telecommunications ～デジタルコンテンツの著作権とロイヤリティ管理への活用

メディア業界や通信業界でも、ブロックチェーンの取り組みが活発化しています。

Ernst & Young（EY）社とMicrosoft社は、メディアおよびエンターテイメント業界向けに、デジタルコンテンツの著作権管理とロイヤリティ管理用のブロックチェーンソリューション[注16]を共同開発したと2018年6月に発表しました。

デジタルコンテンツの著作権やロイヤリティを扱う業界では、著者、作詞・作曲家、プロダクション関係者、ソフトウェアデベロッパなど支払先が多数存在し、毎月数百万件、数10億ドルにのぼるロイヤリティが支払われています。そして、ロイヤリティ計算は、一般的にオフラインのデータソースを利用して、手作業で行われており、そこが課題でした。

注15　https://www.itmedia.co.jp/news/articles/1709/28/news097.html
注16　https://www.eyjapan.jp/newsroom/2018/2018-06-27.html

そこで、ブロックチェーンの特長によって、業界のプレーヤー間の信頼性と透明性を向上させ、手作業で実施される照合作業や当事者による確認プロセスをなくすことで、非効率な管理プロセスを大幅に改善することが期待できます。

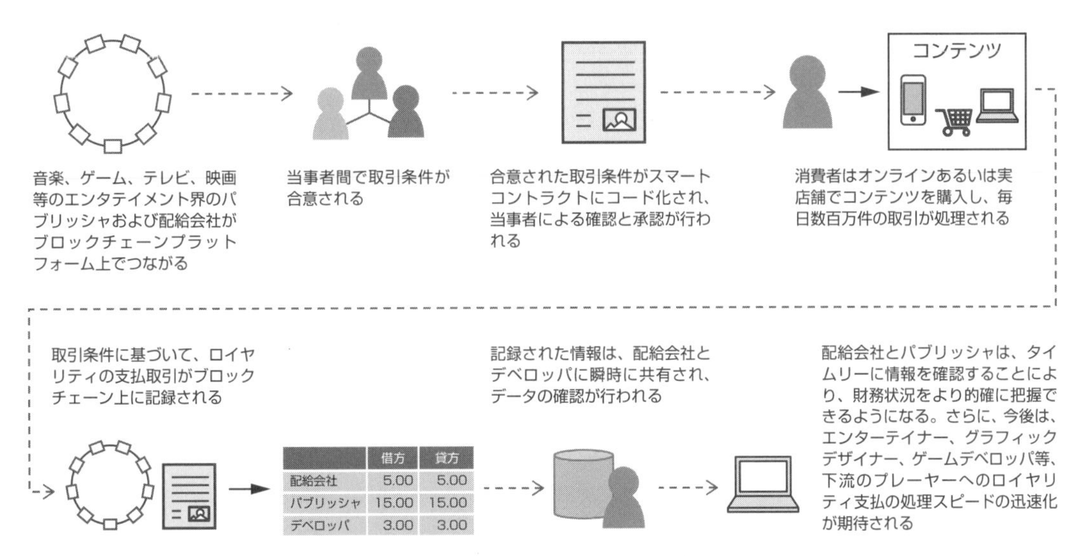

図 11　ブロックチェーンを活用したデジタルコンテンツの著作権とロイヤリティ管理

2.10　Transport and Logistics ～貿易情報連携基盤の実現に向けた取り組み

Transport and Logistics の領域では、貿易およびサプライチェーン物流への適用が考えられます。後者については、対象であるモノの観点から「Agriculture」や「Retail」で取り上げることとし、ここでは、世界中で取り組まれている貿易への応用事例を取り上げます。

日本では、貿易業務において、個社・業態ごとのシステム化は進んできていますが、それぞれが独立した状態にあります。企業や業態をまたぐ情報連携は、FAX や電子メールなど、書面による手続きが中心であり、多くの人手を介して行われることが多く、貿易業務全体の効率化が課題となっています。

NTT データ社が事務局となり、広く各業態の貿易関係者の参加を仰ぎ、ブロックチェーン技術を活用した貿易情報連携基盤の実現に向けた検討と実証実験を実施するためのコンソーシアムを 2017 年 8 月に発足させ、実現に向けた企業や業態をまたいだ課題への対応の検討を進めています。

コンソーシアム参加企業（五十音順）

伊藤忠商事、Ocean Network Express、兼松、川崎汽船、商船三井、住友商事、双日、損害保険ジャパン日本興亜、東京海上日動火災保険、豊田通商、日本通運、日本郵船、丸紅、みずほ銀行、三井住友海上火災保険、三井住友銀行、三井物産、三菱 UFJ 銀行　(2018 年 11 月時点)

さらに、2018 年 8 月には、経済産業省の外郭団体である国立研究開発法人新エネルギー・産業技術総合開発機構が実施する「IoT 技術を活用した新たなサプライチェーン情報共有システムの開発」の委託先に選定され、これまで取り組んできた貿易コンソーシアム活動と本実証事業との相乗効果により、官民連携でのグローバルサプライチェーンにおける貿易手続きの効率化に向けて、2019 年度中の貿易情報連携基盤の社会実装を目指し活動しています。

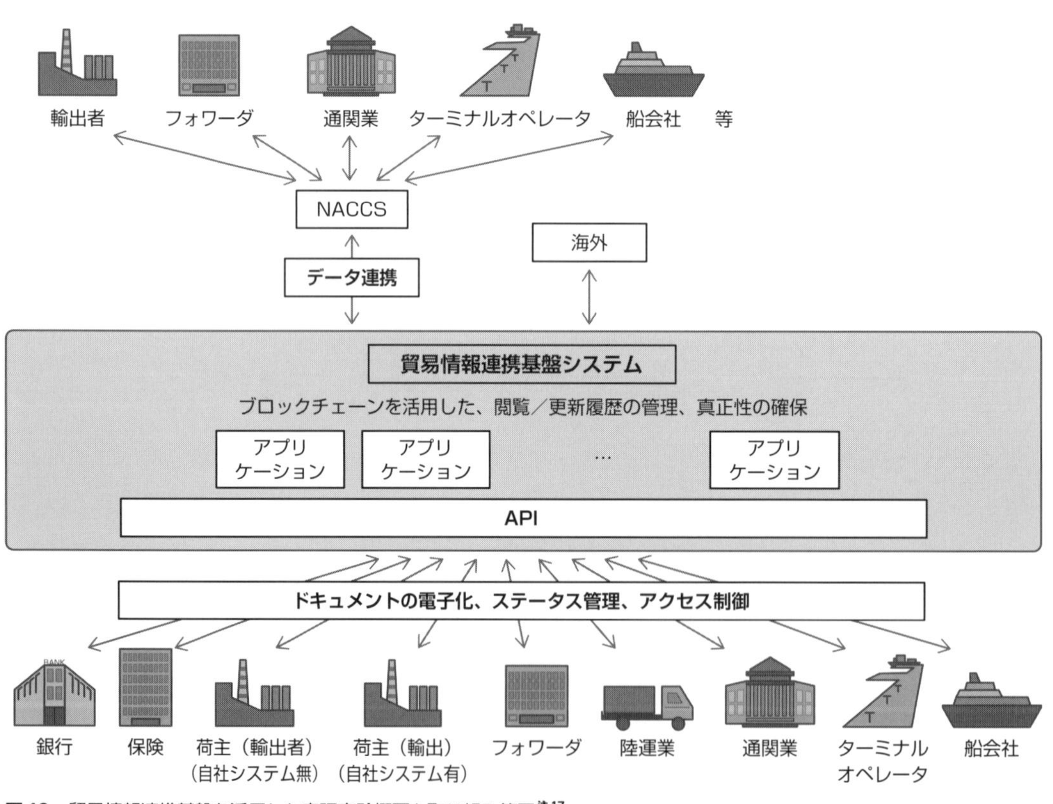

図 12　貿易情報連携基盤を活用した実証実験概要と取り組み範囲[注17]

注 17　https://www.nttdata.com/jp/ja/news/release/2018/082300.html

2.11 Utilities ～再エネ CO_2 削減価値創出モデル事業

ブロックチェーンとエネルギーをテーマにしたカンファレンスが世界各地で実施され、盛り上がりを見せています。その中でも電力取引分野では、「再エネ電源」の普及、蓄電池の低価格化、電力小売り分野の完全自由化とリンクして、ブロックチェーンが注目されています。

企業が自らの事業を再エネ（再生可能エネルギー）で100パーセント賄うことを目指す企業連合である「RE100」や、「企業版2℃目標」と言われる「Science Based Targets」等のプロジェクトが国際的な潮流となっており、再エネを自ら導入し利用することに加え、再エネが有する CO_2 削減価値の取引に対する期待が高まっています。

これまで十分な評価や活用が難しかった自家消費される再エネの CO_2 削減にかかる環境価値を創出し、当該価値を低コストかつ自由に取引できるシステムがないことが課題となっていたため、環境省は2018年度、「ブロックチェーン技術を活用した再エネ CO_2 削減価値創出モデル事業」をスタートさせました。テーマの1つである「自家消費される再エネ CO_2 削減価値の事業者向け取引・決済システム検討事業」は、デジタルグリッド社が代表となり、再エネの CO_2 削減価値（環境価値）をリアルタイムで評価し、その価値を取引・決済するシステムを構築しようとするものです。ブロックチェーンによる耐改ざん性の特長を活用し、環境価値創出から市場取引、最終消費に至るまでの全やり取りをブロックチェーンによって正確に記録することで、その取引および最終償却までに関わる公正で透明な追跡可能性の確保と可視化を実現することが可能となります。

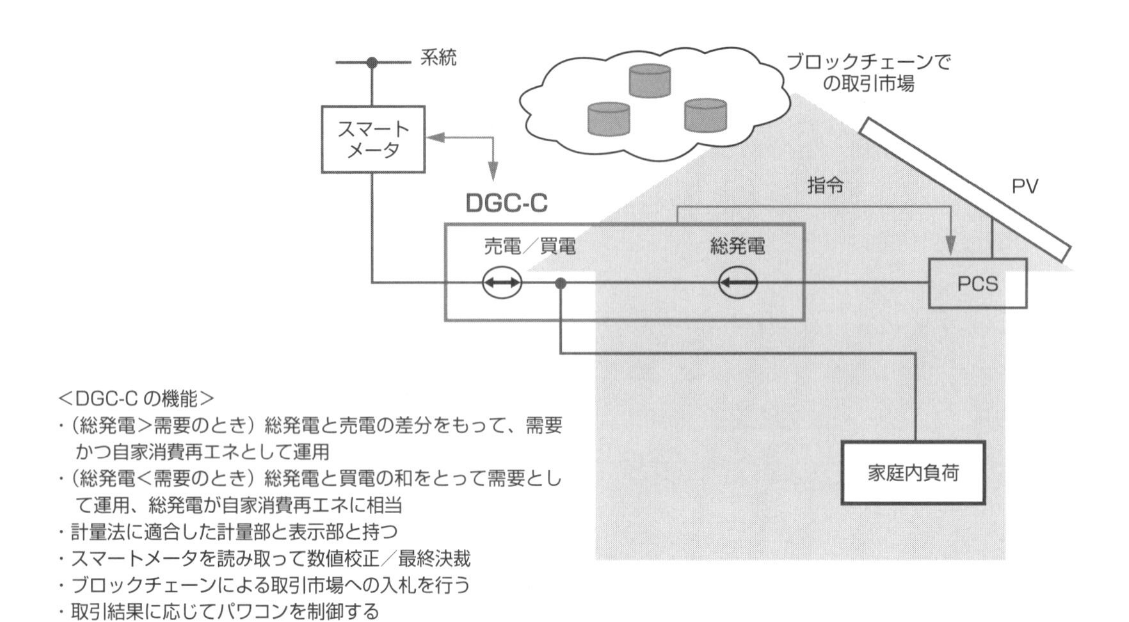
系統
ブロックチェーンで
の取引市場
スマート
メータ
DGC-C
指令
PV
売電／買電
総発電
PCS
家庭内負荷
<DGC-C の機能>
・（総発電>需要のとき）総発電と売電の差分をもって、需要かつ自家消費再エネとして運用
・（総発電<需要のとき）総発電と買電の和をとって需要として運用、総発電が自家消費再エネに相当
・計量法に適合した計量部と表示部と持つ
・スマートメータを読み取って数値校正／最終決裁
・ブロックチェーンによる取引市場への入札を行う
・取引結果に応じてパワコンを制御する

図13　再エネ CO_2 削減価値を正確に識別・計量する一体型システム[注18]

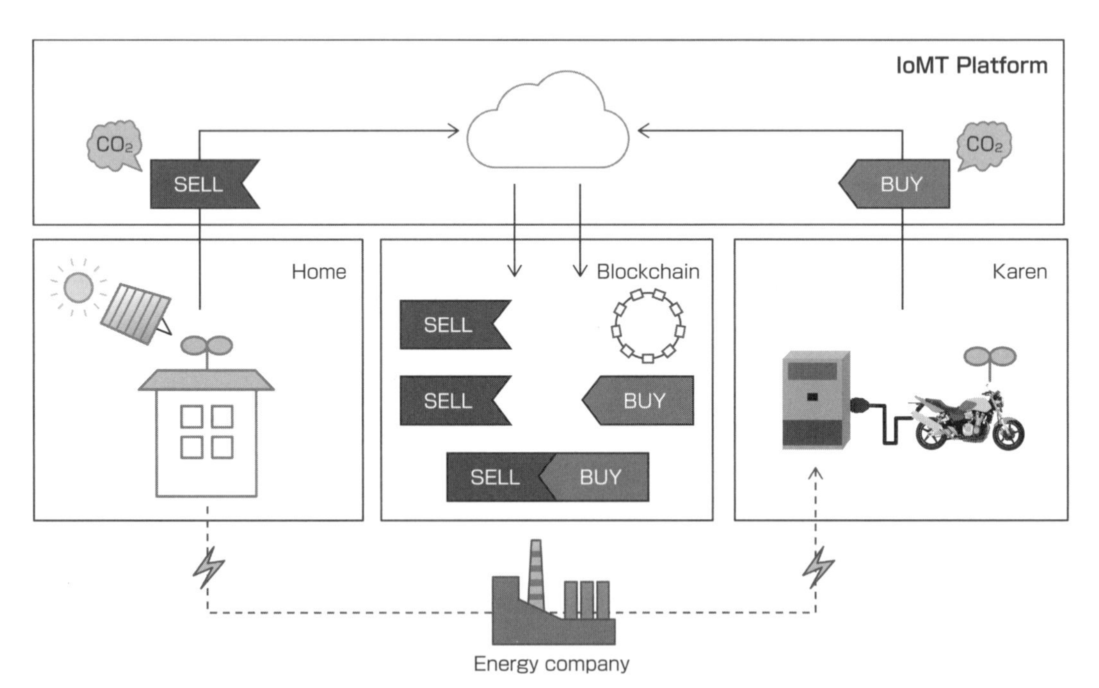
IoMT Platform
CO2
SELL
BUY
CO2
Home
Blockchain
Karen
SELL
SELL
BUY
SELL
BUY
Energy company

図14　「自家消費される再エネ CO_2 削減価値の地方部等における CtoC 取引サプライチェーン検討事業」イメージ[注18]

注18　https://www.env.go.jp/earth/ondanka/nudge/renrakukai03/mat07_1.pdf

第5章

ブロックチェーンの業界動向

本章ではまず、主だったブロックチェーン基盤の最近の動向と、注目すべき産学連携を見ていきます。その後、第4章で紹介した11の産業分類のうち、特に大きく拡大すると見られる4業界（Financial Service、Healthcare、Property、Public Service）について、それぞれの業界の特徴的な動向を述べていきます。Financial Serviceの中では、仮想通貨の動向も取り上げます。

1 ブロックチェーン基盤の動向

本節では、世の中で多く使われている主だったブロックチェーン基盤製品や業界団体の取り組み、産学連携の動きなど、注目すべきものについて簡単に紹介します。ただし情報は常に変化していますので、脚注のURLから最新動向を逐次確認するとよいでしょう。

Hyperledger Project[注1]

Hyperledger Projectは、2015年にThe Linux Foundationが立ち上げたコンソーシアムです。約150の企業・団体が所属しており、IBM社、Intel社、富士通社、日立社など主要ITベンダが参加しています。エンタープライズ利用を想定した基盤開発に力を注いでおり、2017年7月にHyperledger FabricのGA版（商用利用可）をリリースするなど活発に活動しています。Ethereumとの相互運用の取り組みやInterledger[注2]などの他基盤との連携技術の開発も並行して進めています。

The Enterprise Ethereum Alliance[注3]

The Enterprise Ethereum Alliance（以下、EEA）は、2017年にMicrosoft社、Intel社、Accenture社等がEthereumを企業向けに利用するために立ち上げたコンソーシアムです。約330の企業・団体が所属しており、2018年5月に企業間の相互運用を規定したアーキテクチャ／クライアント仕様書を公開しました。

実際に動作する基盤としては、JPモルガン社がEEAに寄贈した「Quorum」や、Amazon社とConsenSys社が提供しているBaaS（Blockchain as a Service）の「Kaleido」があります。

Ripple[注4]

ほかのコンソーシアムと異なり、仮想通貨XRPや国際送金サービスxCurrentなど、自社開発製品を利用するコンソーシアムを複数立ち上げています。日本国内ではSBI社と共同で「内外為替一元化コンソーシアム」を設立しています。同コンソーシアムには国内47銀行（2017年2月末時点[注5]）が参加し、外国為替に加えて内国為替も一元的に行う決済プラットフォームを構築し活用しています。

注1　https://www.hyperledger.org/
注2　https://interledger.org/
注3　https://entethalliance.org/
注4　https://ripple.com/ja/
注5　https://ripple.com/ja/sbi-ripple-asia/

R3 Consortium注6

R3 Consortiumは2015年に、ブロックチェーン基盤「Corda」の開発元であるR3（R3CEV LLC）社を中心にして構成されたコンソーシアムです。世界各国の200行以上もの金融機関が所属しています。近年、Goldman Sachs社やMorgan Stanley社などの主要メンバーが相次いで脱退していますが、様々な実証実験に採用され活発に活動しています。2018年7月にはR3社が開発しているCordaのエンタープライズ版がリリースされ、同年9月にはAWS（Amazon Web Services）上でも利用可能となっています。

BASE Alliance (Blockchain Academic Synergized Environment)

商用利用先行で学術的裏打ちが後追いになっているブロックチェーン技術について、議論・研究・実証により、グローバルな産学連携を推進する目的で、東京大学、慶応大学、伊藤穰一氏を中心に設立されたグループです注7。大学の教員や研究者の学術系メンバーと、ブロックチェーン技術に興味を持つ企業会員が、研究・実証実験・コミュニティ醸成を推進し、必要に応じ標準化団体と協調してフィードバックを行い、世界的な標準化活動へ貢献すると発表しています。

検証環境は、参加大学がブロックチェーンのノードを運営する学術研究用ネットワーク「BSafe.network」を活用し、世界的なブロックチェーンネットワークを構築しています。

日本経済団体連合会（経団連）

2018年11月13日に公開された提言の中で、Society 5.0注8を迎えるきっかけであるデジタル・トランスフォーメーションの技術の1つとしてブロックチェーンが取り上げられています。この中では、ブロックチェーンなどの分散台帳技術は、「効率的な取引や追跡可能性の向上に大きな影響を与え、この技術を活用した暗号通貨やトークンエコノミーの普及により新たな価値のやり取りが生まれ、従来あり得なかったような生活スタイルを可能にするとしています。

ISO/TC 307

ISO（International Organization for Standardization）/TC（Technical Committee）307「ブロックチェーンと電子分散台帳技術に係る専門委員会」では、ブロックチェーン技術の国際標準化を目指しています。

2016年4月、標準化を行う技術委員会設置の国際提案が、国際標準化機構（ISO）に対して行われました。

2016年9月、ISOに「ブロックチェーンと電子分散台帳技術に係る専門委員会」が設置されました。

注6 https://www.r3.com/

注7 https://www.kri.sfc.keio.ac.jp/ja/press_file/20170724_base.pdf

注8 Society 5.0 －ともに創造する未来－：http://www.keidanren.or.jp/policy/2018/095.html

2016年10月、日本情報経済社会推進協会（JIPDEC[注9]）が事務局となり、ISO/TC 307に対し、技術標準化の提言を行う国内標準化団体が結成されました。ブロックチェーン技術に取り組む日本国内の団体や企業などが集まり、提言の取りまとめが開始されています。

ブロックチェーン推進協会（BCCC）[注10]

2016年に設立されたブロックチェーン技術の幅広い普及推進を行う団体で、ブロックチェーンの最新情報や、基礎知識の取得技術者・企画者の育成、ネットワークの形成、意欲的な実証実験や実装の実施、ブロックチェーン関連のビジネスを広く市場に告知し、ブロックチェーンの様々なビジネスへの普及推進を目的としています。

ブロックチェーン技術の普及と、技術者の育成を推進するためブロックチェーン大学校やブロックチェーン検定、部会活動を通じて、技術の普及活動を行っています。

2019年１月、加盟企業・団体数が270社を超え、2019年12月末に加盟350社とすることを目標に掲げています[注11]。

日本ブロックチェーン協会[注12]

仮想通貨およびブロックチェーン技術を利用し事業を行う事業者の団体です。2014年に設立され、2016年に現在の名称に変更されました。

仮想通貨およびブロックチェーン技術の健全なるビジネス環境と利用者保護体制の整備を進めることで、わが国の産業発展に資すること、国内での仮想通貨ビジネス振興および課題解決の自主ガイドラインの制定および施行、ブロックチェーン技術の社会インフラへの応用、政策提言を目的としています。

2018年８月、会員数は153社になっています[注13]。

ブロックチェーン技能認定協会[注14]

ブロックチェーンおよび仮想通貨の正しい知識や利用方法の普及のためのブロックチェーン技能検定を主催する協会です。

この検定は、ブロックチェーンエンジニアの啓発・育成を目的に開発されたブロックチェーン大学校の講義プログラムに基づき、体系立てた知識の習得度合いを認証する「エンジニアの知識と技術」に特化しています。

注9　https://www.jipdec.or.jp/
注10　https://bccc.global/
注11　https://bccc.global/wp/pressrelease/20190115_01/
注12　https://jba-web.jp/
注13　https://jba-web.jp/archives/20180801_new_members
注14　https://www.bctc.global/

2 Finance Service

本節では、Finance Service での利用について紹介します。最も馴染みのある仮想通貨の動向をまず取り上げます。また、FinTech というキーワードの中にブロックチェーンも含まれ、世界各地で多くの実証実験が実施されていますので、日本国内の動向と海外での証券取引関連の動向を紹介します。

Finance Service の領域では、情報共有、耐改ざん性、耐障害性というブロックチェーンの特徴と親和性が高い事例が多いようです。

2.1 仮想通貨[注15]の動向

直近の出来事

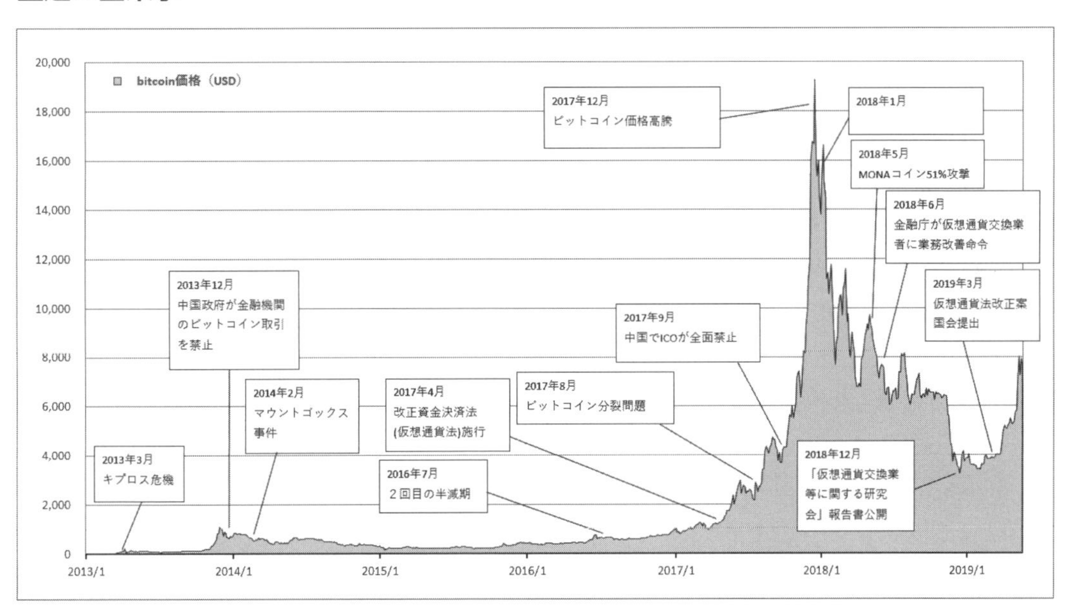

図 1　ビットコイン価格推移

仮想通貨は 2017 年 8 月のビットコイン分裂問題におけるマイナーと開発コミュニティの対立から、ガバナンスの問題が浮き彫りになりました。

注 15　2018 年 12 月に金融庁は、法定通貨との誤認防止および国際的な議論の場において、「crypto-asset（暗号資産）」との表現が用いられつつあることから、「仮想通貨」の呼称を「暗号資産」に改めると発表しました。さらに 2019 年 3 月 15 日提出の法案では、法令上の呼称を「仮想通貨」から「暗号資産」に変更する事が盛り込まれました。しかし、本章では馴染みのある「仮想通貨」の語を使うことにします。
https://www.fsa.go.jp/common/diet/198/index.html
https://www.fsa.go.jp/common/diet/198/02/setsumei.pdf

その後、2017年12月の急騰により、仮想通貨全体の時価総額は91兆円にまで達しました。さらに後のコインチェック事件やICO[注16]に関する問題等から全体的に下落基調にありますが、2017年の夏時期よりは高い状態を保っています。2018年11月末時点の全体の時価総額は15兆円程度です[注17]。

<2017～2019年の主な出来事>

- 2017年4月：改正資金決済法（仮想通貨法）施行
- 2017年8月：ビットコイン分裂問題
- 2017年9月：中国でICOが全面禁止、仮想通貨取引所が閉鎖発表
- 2017年12月：仮想通貨の価格高騰
- 2018年1月：コインチェック問題（仮想通貨NEM）
- 2018年5月：MONAコイン51%攻撃
- 2018年5月：SEC ICOに関する詐欺の事例サイトを公開
- 2018年6月：金融庁 仮想通貨交換業者に業務改善命令
- 2018年12月：「仮想通貨交換業等に関する研究会」報告書公開
- 2019年3月：仮想通貨法改正案国会提出

マウントゴックス事件

仮想通貨取引所Mt.Gox（以下、マウントゴックス）で、巨額の仮想通貨消失事件が起こりました。当時仮想通貨を所有していた人だけでなく、世界中の投資家を含む多くの人々に衝撃を与えました。この事件は仮想通貨に対する人々の不信感をさらに強めるきっかけとなりました。

マウントゴックスはビットコインの一取引所です。元々はトレーディングカードの交換所として誕生し、2010年からビットコイン事業を開始して、2011年に事件の被告人であるマルク・カルプレス氏に買収されました。その後、2013年には世界のビットコイン取引量の70%を占めるまでに成長しました。

事件は2014年に、マウントゴックスのサーバがサイバー攻撃を受け、ハッキング被害にあったことに起因して起こりました。ビットコイン約75万BTC（当時のレートで約480億円）と、顧客がビットコインの売買資金として預けていた現金28億円が消失したというものです。巨額なビットコインと預かり金の消失を受け、マウントゴックスは負債額が増加して債務超過に陥ったことから、事実上経営破綻し、同年東京地裁に民事再生法の申請を行っています。

マウンゴックス取引所では顧客の資産であるビットコインが「**危険な管理下**」にあったため、事件が発生し、その被害が大きなものとなってしまいました。この事件を受け、利用者保護の観点から、仮想通貨取り扱い事業者に対する規制を導入する改正資金決済法が2017年4月1日に施行され、仮想通貨

注16　ICOとはInitial Coin Offeringのことで、仮想通貨による（新規）事業資金調達のことです。

注17　https://coinmarketcap.com/ja/charts/

の取引や管理を行う業者には登録が義務付けられました。仮想通貨関連業務を行う場合は登録が必要で、さらに財務規制が行われ、「資本金が1,000万円以上あり、純資産額がマイナスであってはいけない」こととなっています。

マウントゴックス事件を通じて、仮想通貨の管理のあり方についての理解が深まり、各取引所は事件以前よりもセキュリティ対策を強化しています。安全性の高い取引ができる取引所を利用することは、自身の資産を守る上で非常に重要です。また、セキュリティが高くなっていると言っても、取引所がハッキングにあう可能性などを考慮すると、個人のビットコイン管理には自身の安全性が検証された信頼性の高いウォレットを利用することが望ましいでしょう。自分の資産は自分でしっかり守ることが大切です。

コインチェック（NEM）

2018年1月にNEM（NEMは通貨名であり、以下、ネムと表記。通貨記号はXEM）の不正流出事件が発生し、3月には流出したユーザに対し約460億円におよぶ補償が実施されました。また、4月にはマネックスグループがコインチェック社を36億円で買収し、サービスの全面再開と仮想通貨交換業登録について、2カ月を目途に準備を進めるとしました。

コインチェック社は6月7日、仮想通貨取引サービス「Coincheck」において取り扱いを停止していた仮想通貨ネムの出金・売却を再開すると発表しました[注18]。

- 2018年1月26日：正午頃にネムの入金を一時停止
  同日12時半頃：ネムの売買停止
  同日13時頃：ネムの出金一時停止
  同日16時半頃：日本円を含めすべての通貨の出金・送信を一時停止
  同日23時頃：「5億2,300万XEM（約580億円）が不正出金された」とコインチェック社が記者会見
- 2018年1月28日：ネムを保有しているおよそ26万人に対する被害額580億円を、コインチェック社の自社資金で返金実施すると発表
- 2018年1月29日：コインチェック社は、金融庁より、原因の追及や再発防止策の徹底を求める改善命令を受けたと発表
- 2018年2月2日：金融庁が立ち入り検査を実施
- 2018年3月24日：不正送金されたネムの大半が、ダークウェブにて売却されていることが判明
- 2018年6月7日：仮想通貨取引サービス「Coincheck」において取り扱いを停止していた仮想通貨ネムの出金・売却を再開すると発表

注18 https://corporate.coincheck.com/2018/06/07/57.html

日本国内での仮想通貨関連動向

仮想通貨に関して、国内では法律の整備と規制が実施されるようになっています。

2017年4月に施行された改正資金決済法（仮想通貨法）によると、仮想通貨交換業を営む者には内閣総理大臣の登録が必要で、2019年1月時点で17社が登録済みです[注19]。罰則はなく登録しなくても事業は可能なので、未登録業者も存在します。

また、仮想通貨について、次のように定義されました。

- 一号仮想通貨：不特定の者間で使用できる。電子的方法で移転可。通貨でないこと
- 二号仮想通貨：一号仮想通貨と交換でき、不特定の者間で使用できる。電子的方法で移転可

仮想通貨交換業者（＝取引業者）は、以下のいずれかの行為を事業として行うものと定義されています。

- 仮想通貨の売買または交換、または交換の媒介、取次ぎ、代理など
- 上記の行為に対して利用者の金銭または仮想通貨を管理すること

第198回通常国会（2019年1月28日召集）では改正資金決済法（いわゆる仮想通貨法）について、情報通信技術の進展に伴う金融取引の多様化に対応するための改正に向け、以下のような議論がなされています[注20 注21]。

- 「仮想通貨」から「暗号資産」へ呼称変更
- 顧客の暗号資産の管理方法（コールドウォレット等）
- 原資保持の義務付け
- 暗号資産の管理のみを行う業者への規制適用
- ICOトークンの金融商品取引規制の対象となることの明確化

海外での仮想通貨動向

世界各国での仮想通貨に対する取り組みを、次の表にまとめます。

注19　https://www.fsa.go.jp/menkyo/menkyoj/kasoutuka.pdf

注20　概要：https://www.fsa.go.jp/common/diet/198/02/gaiyou.pdf

注21　第198回国会における金融庁関連法律案：https://www.fsa.go.jp/common/diet/198/index.html

表 1　各国での仮想通貨に対する動向

国	取り組み状況
日本	世界に先駆けて仮想通貨法を施行。取り組みは早く比較的寛容。
米国	好意的。SEC（米証券取引委員会）が中心に議論。取引業者の登録義務化。
中国	ICO 禁止、仮想通貨取引所閉鎖。
韓国	仮想通貨取引の禁止法案を準備。
ロシア	好意的。中国からのマイナーが流れ込みマイニング大国。規制は議論中。
インド	扱いについて混乱。今後規制が強まる可能性大。
エジプト	取引禁止の宗教令（イスラム教で禁止している賭博にあたるとしている）。イスラエルでも規制検討中。
ドイツ	比較的寛容だが、連邦銀行理事が世界規模で取り締まるべきと発言。
英国	中央銀行（BOE）が日銀と実機検証を行うなどブロックチェーン全般に好意的。

2.2　日本国内の金融業界動向

後述の「4　Public」で紹介する政府発表「未来投資計画 2018」を受け、金融庁でも関連施策を発表しています[注22]。その冒頭部には次のように書かれており、これは後で紹介する KYC に関する取り組みとなります。

> **FinTech の推進**
>
> ブロックチェーン技術の実用化等イノベーションの推進
>
> - IT 技術を活用して、官民が連携して効果的・効率的に規制・監督に係る対応を行う取組 (RegTech) として、ブロックチェーン技術等を用いて金融機関が共同で本人確認手続を行うためのインフラ構築に向けた検討

また、全国銀行協会では、「ブロックチェーン連携プラットフォーム環境」というサンドボックス環境を提供し、活動を推進しています[注23]。

上記の KYC とは **"Know Your Customer"**、すなわち金融機関での本人（顧客）確認のことです。本人確認はマネーロンダリング対策やテロ資金供与対策、経済制裁対応に関係するものとして、国際的に規制強化されています。日本国内では厳格化の進展に伴い、金融機関での事務処理増大が懸念されていることから、共通利用できるインフラ整備による効率化と高度化が期待されています。

注 22　https://www.fsa.go.jp/policy/GrowthStrategy2018_Summary.pdf
注 23　https://www.zenginkyo.or.jp/news/2017/n8042/

2017年7月から2018年3月にかけて、ブロックチェーンを用い、KYCのプロトタイプの作成および効果検証が実施されたので、下記の図と表で紹介します[注24]。

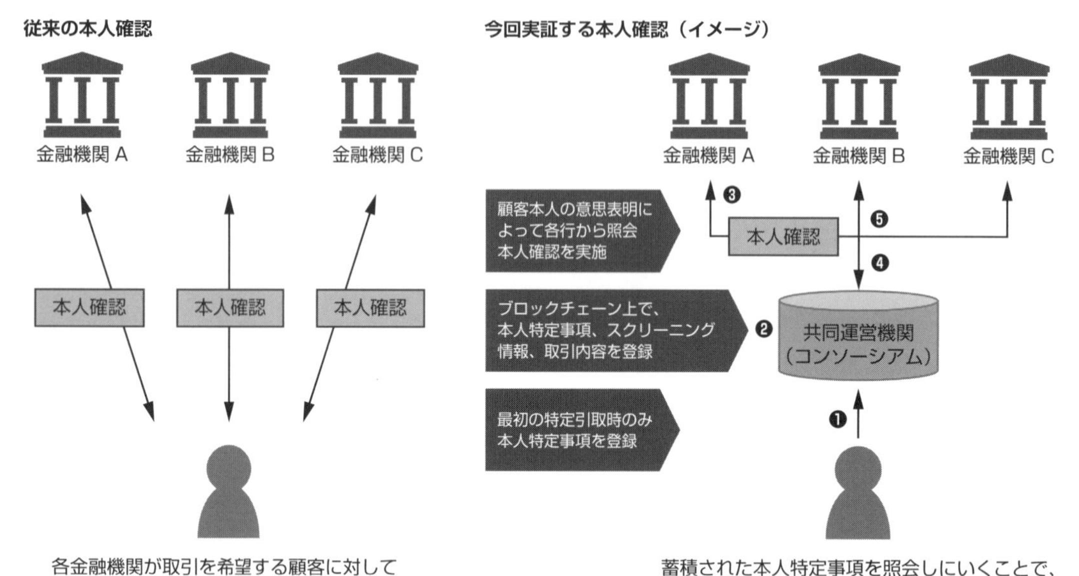

図2　従来のKYCと実証のイメージ　<出典：デロイト>

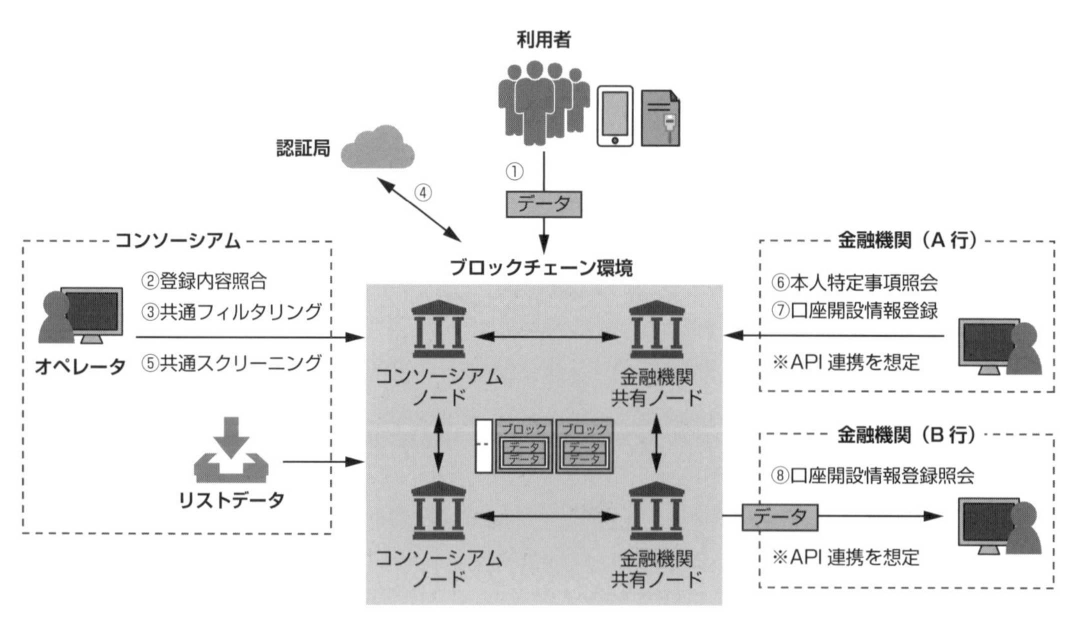

図3　実験環境イメージ　<出典：デロイト>

注24　https://www2.deloitte.com/jp/ja/pages/about-deloitte/articles/news-releases/nr20180713.html

表 2　実証で実装した主要機能概要

機能番号	機能	説明
①	本人特定事項登録	利用者は、Web 登録フォームで本人特定事項を入力し、ブロックチェーン環境へ送信。
②	登録内容照合	コンソーシアムは、ブロックチェーン環境へ登録されたデータを参照し、登録内容に関する不備等をチェックする。
③	共通フィルタリング	リストデータ（実証実験では財務省リストで実施）でフィルタリング処理し、「該当無し」「その他（完全一致 / 部分一致）」の判定および補足コメントをブロックチェーン環境へ保存する。
④	デジタル証明書発行	認証局からデジタル証明書を取得し利用者へ通知する。
⑤	共通スクリーニング	リストデータが更新されると、登録されている全件に対してスクリーニング処理を行い、結果（フィルタリング同）をブロックチェーン環境へ保存する。
⑥	本人特定事項照会	口座開設申込みを受けた金融機関（A 行）は、利用者の本人特定事項をブロックチェーン環境へ照会する。
⑦	口座開設情報登録	金融機関（A 行）は、独自フィルタリング／スクリーニング処理の結果、口座を開設した場合は、その旨の情報を登録する（結果、開設不可となった場合は他行に参照できない形式で登録する）。
⑧	口座開設情報照会	金融機関（B 行）は、他行で口座開設されている情報を確認し、独自フィルタリング／スクリーニングを銀行判断で一部省略し、口座開設事務を実施する。

報告書の詳細は省きますが、報告では、「簡易的な本人確認は十分に適用可能であると確認され、実用化を目指すためには利用者の需要性や利便性、法的な論点等、様々な課題が存在する事も認識した」としています。

本人確認へのブロックチェーンの適用検証と実用化に向けた検討を継続検討するとなっているので、近い将来に実用化されるのではないでしょうか。

2.3　証券取引に関する動向

オーストラリアでは証券取引へのブロックチェーン導入を行おうとしています。

証券取引には多くの市場関係者（業者間、対顧客、海外等）と、段階的プロセス（注文約定、照合、精算、証券振替、資金振替等）が存在します（図 4）。

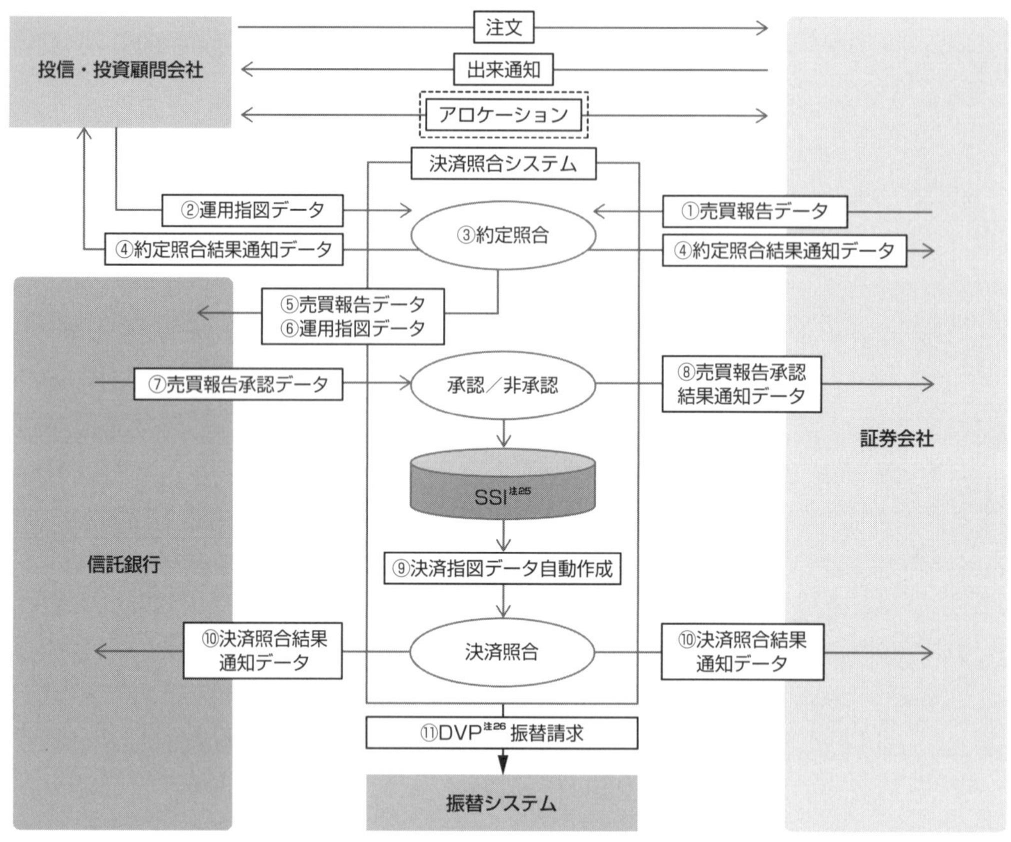

図4　証券取引処理例　<出典：証券保管振替機構注27>

このように多様な参加者がおり、多くの照合作業が発生する証券分野には、「ブロックチェーン活用のメリットがある」と言われてきました。しかし、これまでに具体化した事例では、自社とその顧客という閉じた世界での限定的な利用に留まっていました。

しかし、2017年12月、ASX（豪州証券取引所グループ）は、自らが運営する同国株式等の清算決済システムを、ブロックチェーン技術を用いて更改すると発表しました注28。これは主要国初の試みとなります。

証券取引は複雑な世界なので、分散台帳に適している領域と言っても、次の表3のように、どのような範囲で利用するかにより、効果や影響は大きく変わります。

注25　SSI（Standing Settlement Instruction）とは、ファンドごとに、決済を行う口座等の決済条件を一括して事前登録しておくためのデー タベースのことです。

注26　DVP（Delivery Versus Payment）とは、証券と資金の授受をリンクさせる決済方法です。代金の支払いが行われることを条件に証券の引渡しを行ったり、逆に、証券の引渡しが行われることを条件にして代金の支払いを行います。これにより、仮に決済不履行が生じても、取りはぐれが生じないようにします。

注27　https://www.jasdec.com/system/finance/outline/dealings/index.html

注28　https://www.asx.com.au/documents/asx-news/ASX-Selects-DLT-to-Replace-CHESS-Media-Release-7December2017.pdf

表 3　証券取引での利用範囲と効果影響

	関係者／範囲	効果／影響	事例
レベル 1	1 社／一部の参加者	小	多数
		処理が効率化される。参加者の機能は基本不変、効果や影響は限定的。	JP モルガン、BNP パリバ、シティ等
レベル 2	コアな参加者	中	希少
		ブロックチェーンに持たせる機能次第で、一部参加者の機能が不要になる可能性あり。	オーストラリア証券決済システム。ほかにもカナダ決済協会／カナダ中銀／トロント取引所／欧州中央銀行／日銀共同調査
レベル 3	発行者・投資家を含む関係者すべて →直接取引	大	？
		証券取引処理が不要	

導入には、次の表（表 4）のような障壁があるようです。

表 4　証券取引への導入障壁

外部環境	技術面	・標準化の推進（仕様乱立の回避） ・秘匿性確保 ・スループット向上
	法律面	・決済ファイナリティ ・技術仕様と密接な関係
	規制面	・既存規制との関係 ・国際的な整合性
	欧州の事情	・稼働後間もない欧州証券決済システム（T2S）との関係
内部事情	予算	・組織全体での DLT（分散台帳）の推進費用を正当化することの難しさ（部署ごとに異なる立場）
	アーキテクチャ	・経営管理にかかる組織内各モデル（データ、リスク、資本、プライシング）修正の必要性
	先行利用時の問題	・外部との互換性 ・外部での技術進歩のリスク
	組織文化	・「現状維持」の傾向（特に収益性低下や役割喪失のリスクがある場合）

＊内部事情：McKinsey & Company "Beyond the Hype: Blockchains in Capital Markets" (December 2015) 注29 の分析による。

オーストラリアでは、2018 年 4 月に参加者に向けて計画が公表され、2020 年第 4 四半期から 2021 年第 1 四半期に稼働予定となっています。ただ、2018 年 9 月には、「実装やテストに時間が必要なため、プロジェクトを 6 カ月（2021 年 3〜4 月まで）延長することを決定した」との発表がありました注30。実用までにはまだ少し時間がかかりそうです。

注 29 https://www.mckinsey.com/industries/financial-services/our-insights/beyond-the-hype-blockchains-in-capital-markets
注 30 https://www.asx.com.au/documents/public-consultations/response-to-chess-replacement-consultation-feedback.pdf

3 Property

本節ではProperty領域として、日本国内での不動産情報共有と、世界各地での不動産登記の事例を取り上げます。

この領域では、ブロックチェーン利用に関して、特定の国や地域が先行していることはなく、全世界的に実証実験が活発に実施されている状況です。裏を返すと、これまでこの領域ではシステム化されていなかった部分があり、またシステム化されていたとしてもシステム間の連携が不十分だった部分があると言え、その部分にブロックチェーンを適用していると言えます。また、利用する各種書類の管理が煩雑だと言えます。

ブロックチェーンの特徴である情報共有と耐改ざん性に加え、システム化による事務処理コストの低減が活きる領域だと思います。

3.1 不動産コンソーシアム事例

日本の不動産業界には、不動産ポータルサイトや仲介業者等多くのプレイヤーが存在し、1つの物件に多くの情報が溢れています。例えば、不動産ポータルサイトには同じ物件情報が複数掲載され、多くの掲載物件からせっかく良い物件を見つけても、「問い合わせてみると成約済みだった」などということが発生しています（読者の中にも経験した人があるでしょう）。これは、一般ユーザばかりか不動産業界にとっても不利益となっています。

ブロックチェーンを活用した共有プラットフォームを利用することで、これまで行えていなかった情報の共有管理が実現し、業務効率化、不動産情報の透明性や正確性の向上が図られます。

本件[注31]には、家賃債務保証事業者、地図会社、与信取引会社、不動産ポータルサイト運営業者という事業内容の異なる各社が参画しており、保有する情報も全く異なります。これら異業種間の情報を共有することがメリットとなります。

これまで各社は情報を囲い込むような形でビジネスを行っていましたが、コンソーシアム[注32]では、情報を共有し、不動産取引や関連産業の発展、取引活性化に向け、業界横断的なプラットフォームに育てていくことを目指し、関連する企業へ参加を呼びかけていくようです。さらには、登記簿謄本や契約書、公的証明書などの共有も視野に入れているようです。そのためには、法務局や関連省庁との協議、法整備が必要となります。

注31 https://www.keieiken.co.jp/aboutus/newsrelease/180622/index.html

注32 https://www.facebook.com/ADRE-%E4%B8%8D%E5%8B%95%E7%94%A3%E6%83%85%E5%A0%B1%E3%82%B3%E3%83%B3%E3%82%BD%E3%83%BC%E3%82%B7%E3%82%A2%E3%83%A0-Aggregate-Data-Ledger-for-Real-Estate-302408763632956/

3.2 不動産登記簿の事例

米国では、不動産の譲渡証書や採掘権申請、賃貸契約書などの土地の利用に関する記録が、3,000以上の郡庁舎および市役所に保存されています。古いものを中心に紙の書類に依存しているため、所有権者の把握も困難な場合があり、記録エラーや詐欺の可能性など多くの問題があります。

そこで、ブロックチェーンを不動産取引記録に利用することで、取引の透明性が高まり、各種問題の改善とコスト削減につながると考えられています。

米国バーモント州サウスバーリントン市

不動産登記簿等の公的書類をブロックチェーン上に記録（不動産取引の全手順をブロックチェーンベースで実施）する実証実験が、2018年1月から行われています。安全かつ効率的に登記簿と不動産を結び付ける狙いがあり、不動産取引情報をブロックチェーン上に記録して、州政府が利用できるようにします[注33]。

同様の取り組みが世界各地で行われています。例をいくつか挙げます。

米国イリノイ州シカゴ

全米第3の人口を抱えるシカゴがあるクック郡の証書記録管理局では、2016年10月から8カ月にわたり、不動産取引における権利譲渡の履歴をブロックチェーン上に記録するプロジェクトを実施しました。ブロックチェーン技術を用いた試験としては、全米の郡で初のケースとなりました[注34]。

スウェーデン

2018年3月のWall Street Journal[注35]の記事によれば、スウェーデンの国土調査庁は、「数カ月以内に政府機関として、不動産売買にブロックチェーンを導入する考えでいる」と、2018年3月に発表しました。導入により、登記や所有権移転の手続きが、従来の数カ月から数日、あるいは数時間で可能になるとしています。

ただし、同国の国内法では、登記手続きへのデジタル署名が認められていないため、本格導入には法律改正が必要となっています。

インドのアンドラ・プラデシュ州

同州の不動産取引をブロックチェーンに記録するシステムを構築したそうです。

注33 https://jp.cointelegraph.com/news/vermont-proves-blockchain-friendly-hosts-real-estate-pilot-program

注34 https://www.jetro.go.jp/ext_images/_Reports/02/2018/fd55599ca0ae4236/201805ny.pdf

注35 https://jp.wsj.com/articles/SB12481572536990603814404584090620186301410

ジョージア政府

ジョージア政府はブロックチェーンを導入し、100万件の土地所有権が登録されたそうです。

中国国内

2018年11月、湖南省の中心部に位置する婁底市は、不動産データを管理するブロックチェーンプラットフォームを発表しました。このシステムには、市の税務や不動産の管理部門が後ろ盾として付いており、すでにこのシステムを通して最初の証明書が発行されたそうです[注36]。

そのような中、日本のスタートアップ企業が、「特許取得技術を使い不動産登記を行う」と発表しました。

日本

2018年4月、ZWEISPACE JAPAN社が特許取得済みの技術により、ブロックチェーンを利用して不動産登記を行うサービスを開始したと発表しました[注37][注38]。不動産登記にはこれまで数日から1週間程度の時間が必要で、深夜や休日、祝祭日には受付ができないという課題がありました。しかし、ブロックチェーンを利用することで、ほぼ即時に登記が完了し、受付も24時間365日可能となり、さらに、直近の登記申請状況を確認できるようになるとのことです。

不動産を仮想通貨で取引する事例は世界各地で報告されていますが、不動産登記にブロックチェーンを利用する試みは、今のところほとんどが実証実験中です。ただ、実証実験は多数実施されているので、遠くない将来には実用化される見通しです。

不動産取引にブロックチェーンを全面的に導入するために越えるべきハードルの1つが法律です。この業界では必要な書類の多くが、契約書・登記簿・登録書の形で管理されており、これらに関する法整備も同時並行で行われなければ、実用は困難です。また、登記手続きにデジタル署名が認められていない点は、国内外を問わず法改正が必要です。

システムの完全な実用化には、現状の各種契約書等を電子化してデータベースに登録するだけでなく、官公庁の取引慣行を含め変える必要があります。国レベルでシステムとして運用するには、まだしばらく時間がかかると思います。

注36 https://btcnews.jp/3wsv824421172/

注37 http://zweispace.co.jp/2018/04/08/%E4%B8%96%E7%95%8C%E5%88%9D%e3%80%80%E4%B8%8D%E5%8B%95%E7%94%A3%E5%8F%96%E5%BC%95%e3%80%80%E3%83%96%E3%83%AD%E3%83%83%E3%82%AF%E3%83%81%E3%82%A7%E3%83%BC%E3%83%B3%E7%99%BB%E8%A8%98%e3%80%80%E3%82%B5/

注38 https://prtimes.jp/main/html/rd/p/000000008.000029068.html

4 Public

本節ではPublic領域として、日本国内の中央省庁の取り組み状況を紹介します。また、国や自治体が絡む選挙での利用に関し、世界での状況を紹介します。選挙はブロックチェーンの特徴である耐改ざん性が活きる領域だと言えます。

4.1 日本の中央省庁の取り組み状況

2017年度から2018年度に、各省庁のホームページに公開されたブロックチェーンに関する活動を、下の表5にまとめました。

表5 中央省庁でのブロックチェーンに関する動向（2017年度〜）

省庁	外局	実施内容
内閣官房		未来投資戦略を取りまとめ発表。
内閣府	警察庁	犯罪に利用された仮想通貨交換事業者の情報を特定するシステムを導入する方針を決定。
	金融庁	金融機関を巻き込んだKYCに関する実証実験を実施。 改正資金決済法（仮想通貨法）を施行、仮想通貨交換業者を登録制に（本章「2 Finance Service」を参照）。
	消費者庁	仮想通貨交換業者に関する入金・解約・返金などのトラブル相談と、仮想通貨交換業の導入に便乗する詐欺などについて注意喚起。
総務省		幅広い分野で応用事例をまとめている。情報技術高度利活用の推進の一環としてブロックチェーン利活用推進事業を実施。
	中央選挙管理会	選挙への活用について検討。
外務省		仮想通貨関連で外務大臣とEthereum幹部が会談。
財務省		仮想通貨の流通量や種類などの基本的知識や、仮想通貨を活用したビジネスについての研究会を実施。
	国税庁	仮想通貨の税務上の扱いおよび納税について継続検討。 仮想通貨所得者へ納税を促進。 仮想通貨所得の納税や税務上の取り扱いについて議論。
文部科学省		経済産業省と協力して学位証明でのブロックチェーン活用を促進。
	文化庁	知財管理（企業、大学、行政機関、美術館・博物館、図書館など、様々な主体が保有する多様な分野の知的資産やマンガ、アニメ、映画、音楽、ゲーム、放送番組などの著作権）への活用を検討。
厚生労働省		医療データの流通に関わるブロックチェーン活用に関し議論を実施。特定健診の情報をマイナンバーポータルで本人に還流させる仕組みを検討。
農林水産省		農産物のトレーサビリティに関するブロックチェーン活用について議論。

省庁	外局	実施内容
経済産業省		幅広い分野で応用事例をまとめ、ユースケースの検討、法制度および技術面の課題整理を実施。文部科学省と協力して、学位証明でのブロックチェーン活用を促進。
	資源エネルギー庁	電力分野（送配電・小売）におけるデジタル化とデータ活用について議論。
	特許庁	ブロックチェーン関連の出願状況を調査。
	中小企業庁	今後の金融EDIに関する取り組みについて検討。
国土交通省		公共交通分野におけるブロックチェーンの活用を検討。
	気象庁	ブロックチェーンの技術調査実施。
環境省		ブロックチェーンを活用した再エネCo2削減価値送出の公募を実施。

省庁により、取り組みの有無に若干の違いがありますが、多くの省庁が調査を行っています。第4章と第5章のように、有効活用に向けた実証実験が行われており、実現に向けては管理監督する省庁での法整備が必要となります。そこまで至っている省庁はまだないようですが、近い将来には行われるでしょう。

また、2018年6月に政府が発表した「未来投資戦略2018」では、ブロックチェーンという単語がたびたび登場しており、技術的に注目されていることがよくわかります[注39]。

本書でも取り上げている貿易手続き、不動産取引、金融機関での本人確認、加えて再生可能エネルギーに関連する分野での利用についても記載があります。さらに、下記の記載からも政府の積極性が窺えます。

- ブロックチェーン技術を活用した新たなビジネス等を創出するため、環境分野における取引やコンテンツ取引等の民間分野での活用について実証等を進める
- ブロックチェーン技術の行政や公共性の高い分野での先行的な導入に向けた実証を実施し、本年度中にアクションプランを策定する

※出典「未来投資戦略2018」

4.2　選挙への利用

電子投票は一昔前から研究されてきました。投票にブロックチェーンを活用としようという試みについて、世界各地での状況を簡単に紹介します。

注39　https://www.kantei.go.jp/jp/singi/keizaisaisei/pdf/miraitousi2018_zentai.pdf

1
2
3
4
5
6
7
8
9
10

米国ウェストバージニア州

ウェストバージニア州の一部の地域で実施されていた、ブロックチェーンを用いた投票システムの実証実験が完了しました[注40]。

このシステムでは、投票情報を暗号化してブロックチェーン上に登録します。実証実験がうまくいったことから、対象地域をウェストバージニア州全域に拡大し、各郡にこのシステムの導入可否を諮り、投票により決定する方針だそうです。

有権者にはモバイル投票アプリが公開され、海外駐留軍人が簡単に中間選挙へ投票できるようになります。2018年11月に行われた中間選挙では、30カ国に駐留する軍関係者や平和部隊のボランティア、海外にいる米国市民等144人（予備選挙のときは13人）がこのアプリを利用して投票しましたが、特段問題は発生しなかったそうです。

ただし、このシステムは有権者を認証するものではなく、アプリを（使っている人を）認証しているだけという指摘もあるようです[注41]。

ロシア政府

ロシア政府は「地方の投票システムをブロックチェーンで行う」と発表し、「そのシステムは開発できている」と2017年12月に発表しました。また、2018年3月に行われた大統領選挙の出口調査でも、「ブロックチェーンを使う」と発表しています[注42]。

スイス・ツーク市

スイスのツーク市で、ブロックチェーンを用いた投票システムの実証実験として投票実験が行われ、「the premiere was a success[注43]（初回公演は成功）」と2018年7月発表されました（ただし、投票結果は市政には反映されないとのこと）。

このシステムでは、すでに導入されブロックチェーンを用いているeID（電子ID）と連携して投票を行うとのことです。実証実験の技術面に関して、数カ月程度かけて評価を行う予定となっています。

注40 https://jp.cointelegraph.com/news/west-virginia-offers-overseas-residents-blockchain-voting-option-for-midterm-elections

注41 https://jp.cointelegraph.com/news/west-virginia-secretary-of-state-reports-successful-blockchain-voting-in-2018-midterm-elections

注42 https://bittimes.net/news/23975.html

注43 https://www.coindesk.com/crypto-valley-declares-blockchain-voting-trial-a-success

韓国

お隣の韓国でも、ブロックチェーンを用いたインターネット投票の実証実験を2018年度事業として実施しているそうです。2018年11月の発表では、年末までに開発を完了し、翌2019年からテストを実施するそうです[注44]。

日本

第4章でも紹介していますが、わが国では2018年8月につくば市が、マイナンバーカードとブロックチェーンを使ったインターネット投票の実証実験を開始しました[注45]。同市の発表によると、ブロックチェーンを利用した投票は国内初だそうです。ウェストバージニア州の実証実験で指摘されている「本人確認」という点に関しては、マイナンバーカードと暗証番号による本人確認を行っています。

以上、選挙での利用に関して、日本では、まださほど実証実験の事例が出てきていませんが、海外では国によって、小規模とはいえ実用化されつつある状況です。今後もこの傾向が強まり、利用例が増えてくるでしょう。ただ、導入には法的な根拠が必要となるため、まずは地方自治体から導入され、その後、国レベルへ展開されると思われます。

注44 https://coin-tsuushin.com/korea-12/

注45 http://www.city.tsukuba.lg.jp/shisei/oshirase/1005129.html

5 Healthcare

本節では、医療関連分野への利用について紹介します。ブロックチェーンが持つデータの透明性、情報共有、耐改ざん性といった特徴を活かす事例が多く見られます。

5.1 エストニアの健康情報システム

エストニアはバルト海に面し、人口134万人、国土は九州の1.2倍程度の小国です。しかし、旧ソ連時代にIT分野を担当する部門があったことから、ソ連からの独立後も同分野での強みがあります。IT技術を行政に活用する「電子政府」を構築し、IT産業が堅調であることから「eストニア」とも呼ばれています。

同国では、組織間のデータ流通をセキュアに実現するシステムを「X-road」と呼んで政府が一括管理しており、これが電子政府の基盤を担っています（図5）。このX-roadを介して、国レベルでEHR（Electronic Health Record：健康医療電子記録）システムが統合されました。電子カルテや電子処方箋は、日本のように病院ごとにバラバラではなく、国に1つだけです。医療提供者がシステムへ接続し、各患者の共通記録を作成し、既往歴や服薬情報を共有するようになっています。

これらの医療記録には、不正防止のためにブロックチェーンを利用し、患者は自分のデータをいつ誰が閲覧したかを確認できるようになっています。

また、このシステムは健康情報を記録しているので、傾向分析や症状の追跡といった形で、国レベルの統計データも作成しているようです。

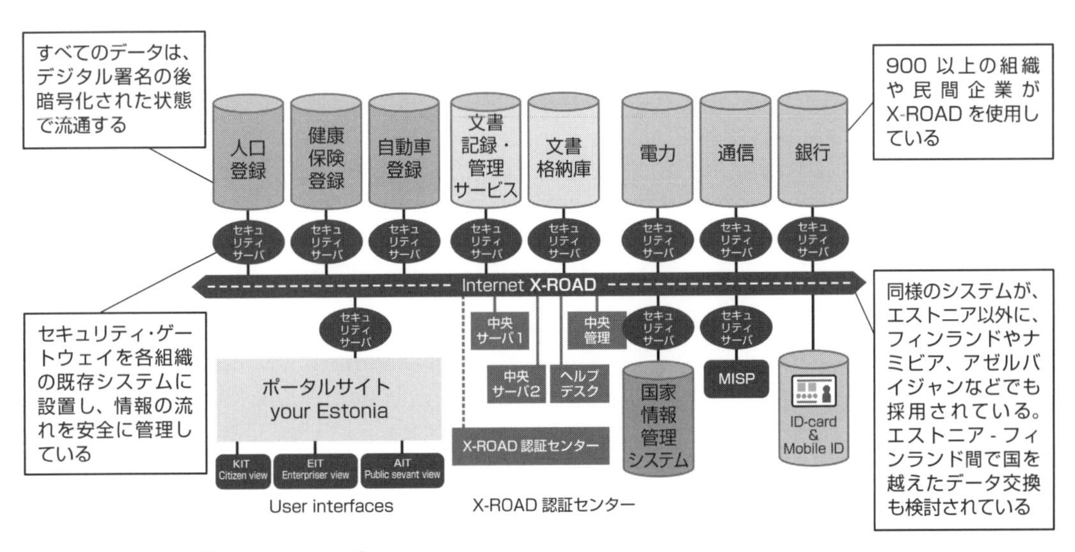

図5 エストニアの情報システムイメージ

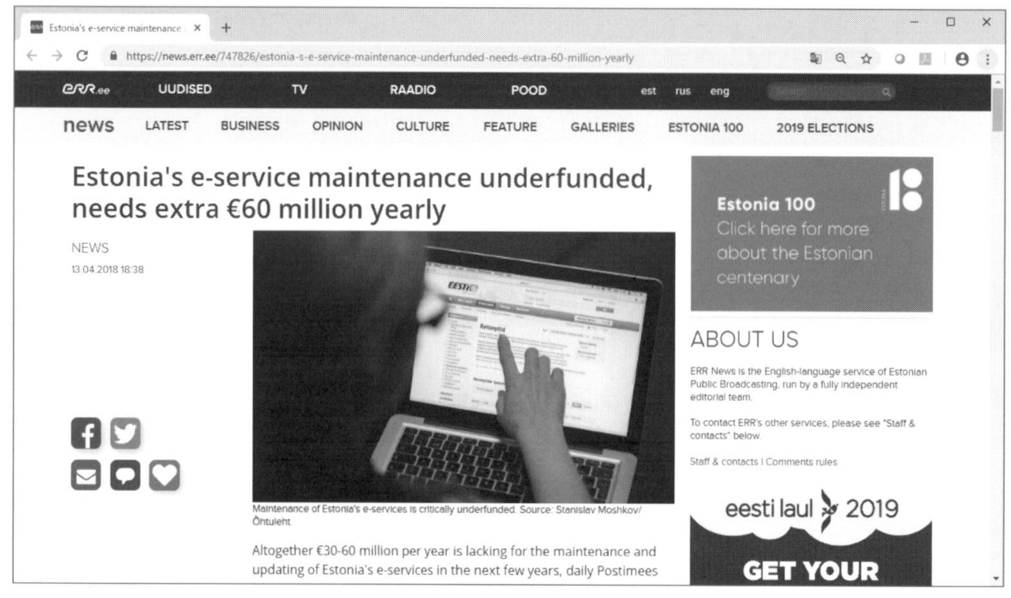

図6　エストニアのサービス運用費用のニュース

ただし報道によると、エストニアのe-serviceを運用するには、年間6000万ユーロの追加費用を必要とするそうです[注46]（図6）。

5.2　日本医師会のJ-DOME

日本では、医療機関ごとに電子カルテシステムが異なり、患者自身は診療情報を利用できない状況です。2018年7月に経産省が公表した報告では、医療ヘルスケア分野へのブロックチェーンの応用について言及されています。このような中、厚生労働省と日本医師会が研究資金を提供して実施している「日本医師会かかりつけ医糖尿病データベース研究事業」（J-DOME）について紹介します[注47]。

日本の糖尿病患者は317万人、潜在患者は1,000万人を超えるといわれ、糖尿病の外来患者の65%が診療所を受診しているそうです。J-DOMEは、「患者にとって身近なかかりつけ医が、糖尿病の診療データを収集し、治療の実態を把握し、解析結果を日常診療に役立てること」を目的としています。

注46　https://news.err.ee/747826/estonia-s-e-service-maintenance-underfunded-needs-extra-60-million-yearly

注47　https://jdome.jmari.med.or.jp/overview.html
http://www.jmari.med.or.jp/download/WP414.pdf
https://jdome.jmari.med.or.jp/doc/jdome-20180518.pdf

この取り組みは、かかりつけ医の診療データが蓄積できておらず、実態把握ができていない現状を解消するため、日本医師会主導で情報を収集しようというものです。データを蓄積することで、患者により良い医療サービスを提供し、結果として患者数を減らすとともに、重症化を防ぐことを目指しているそうです。

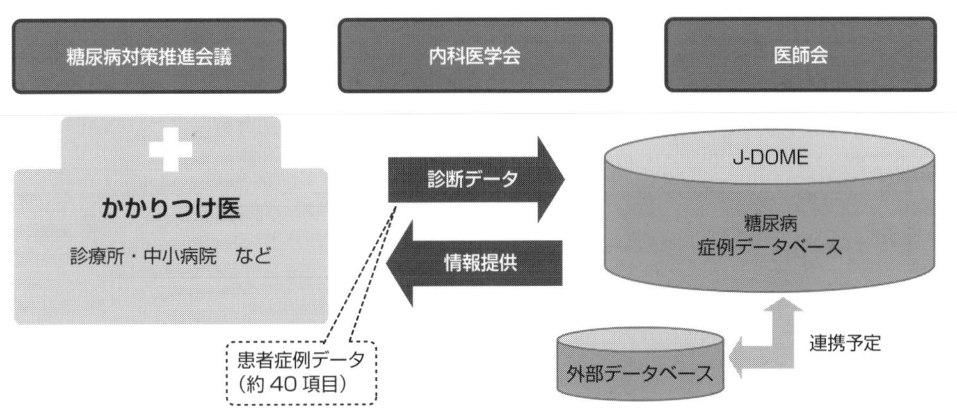

図 7　J-DOME 概要

この研究事業のデータベースには、ブロックチェーンが利用されています。J-DOME へは Web から匿名化された症例データを追記していき、履歴も残るようになっています。本取り組みには、以下のような特徴があります。

- 健診・検査結果情報の多くは緊急性を要さない
- 登録後のデータが修正されることはない
- 同一人物のデータが複数箇所から参照・更新されることはない

こうした健診検査データの管理は、ブロックチェーン技術と相性が良い領域だと言えます。

理論編

「理論編」では、ブロックチェーン技術を構成する要素技術である、P2Pネットワーク、コンセンサスアルゴリズム、電子署名およびハッシュについて解説します。
ビットコインは電子通貨のシステムとしては成功しましたが、ブロックチェーン技術を他の分野に導入する場合、ビットコインの仕組みをそのまま利用すればよいとは限りません。
理論編で説明する要素技術には、様々な形式や形態があり、それぞれ特徴も異なりますし、未解決の課題も存在します。
導入対象の領域において、ブロックチェーンをどのように利用していくべきかを見定めるには、各要素技術と長所・短所を理解した上で、最適なパーツを選択する必要があります。

第6章

ブロックチェーンの仕組み

本章では理論編の入り口として、ブロックチェーン技術の全体的な仕組みを説明します。まずはビットコインの仕組みや処理の流れを説明し、次に、「ビットコインとブロックチェーン技術は何が違うのか」を語っていきましょう。さらに、複数のブロックチェーン基盤製品について、それぞれの特徴や違いを解説していきます。ブロックチェーン技術は日々改良されており、今後変わってしまう可能性もありますが、ブロックチェーン技術を理解する一助になればと思います。

1 ビットコインの仕組み

1.1 ビットコインの目的

ビットコインの目的は、第3章でも説明しましたが、銀行のような第三者機関を経由せず、P2Pネットワーク上で1対1のやり取りができる電子通貨システムを実現することでした。この仕組みはP2Pネットワーク技術や、公開鍵暗号およびハッシュ関数などの暗号技術で実現されています。

ビットコインでは、特定の役割を集中して担うサーバは存在しません。ビットコインネットワークの参加者は、自分が所有するパソコンのCPUリソースなどのハードウェア資源を互いに提供し合い、ネットワークの中であたかも1つのシステムであるかのように機能します。このようなシステムの在り方を「分散型システム」と呼びます。ビットコインはこの分散型システムの上で実用的な電子通貨を世界で初めて実現したことで、その目的を達成したと言えるでしょう。

1.2 ビットコイン実現の手段

ビットコインが目指す「オンライン上での電子通貨のやり取り」には、解決すべき技術的な問題がいくつか存在します。電子通貨のやり取りとは、つまるところ、前の所有者から別の所有者への名義変更の取引です。そのため、オンライン上での取引を実現するための前の所有者の本人保証と、内容の非改ざん性を実現する仕組みが必要になるため、電子署名という仕組みを利用します。

しかし電子通貨では、受け取った通貨が、過去に使用済みでないかを証明することが困難です。ビットコインには銀行のような仲介する第三者機関は存在せず、通貨の発行や取引はすべてP2Pネットワーク上で行います。そのためにビットコインでは、すべての取引（トランザクション）履歴を、「ブロックチェーン」と呼ばれる台帳に記録し、ネットワーク上で共有します。過去のすべての履歴を相互検証できるようにすることで、二重使用問題を解決しています。中央集権機関が担当してきた保証行為を、ネットワークの参加者全員が担うというわけです。

しかしそれだけでは、データを全員で共有する分、改ざんのリスクが高まります。そのため、取引を「ブロック」という単位でまとめ、各ブロックに前のブロックの情報（ハッシュ値）を持たせて接続します。各ブロックは前のブロックの情報を含むため、結果的に鎖状のデータを形成します。これが「ブロックチェーン」です。

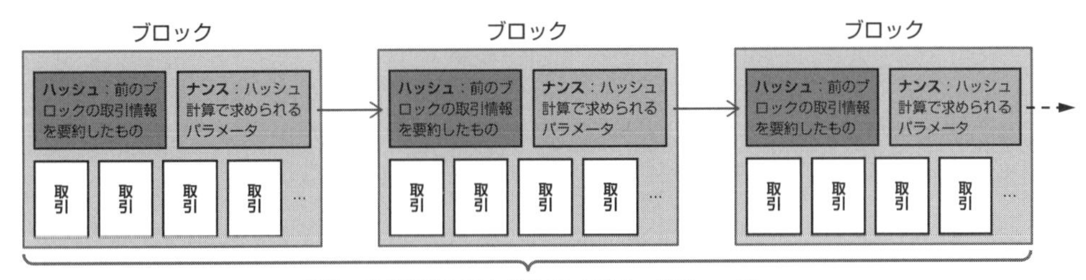

図1　ブロックチェーンの構造

しかし、まだ足りません。ブロックを簡単に作れるようでは、ブロックチェーン全体を偽造することによって、改ざんができてしまいます。そのためビットコインでは、新しいブロックを作成するために多くの計算量を必要とする問題を解く仕組みを導入しています。具体的には、ある条件に合致するナンスを求めることです。これは10分ほどで解けるように難易度の調整が自動的になされているため、後から改ざんして不正な取引を成立させようとしても、「10分間×ブロックの数」分のCPUパワーを必要とするため、事実上改ざんが困難であると言えます。

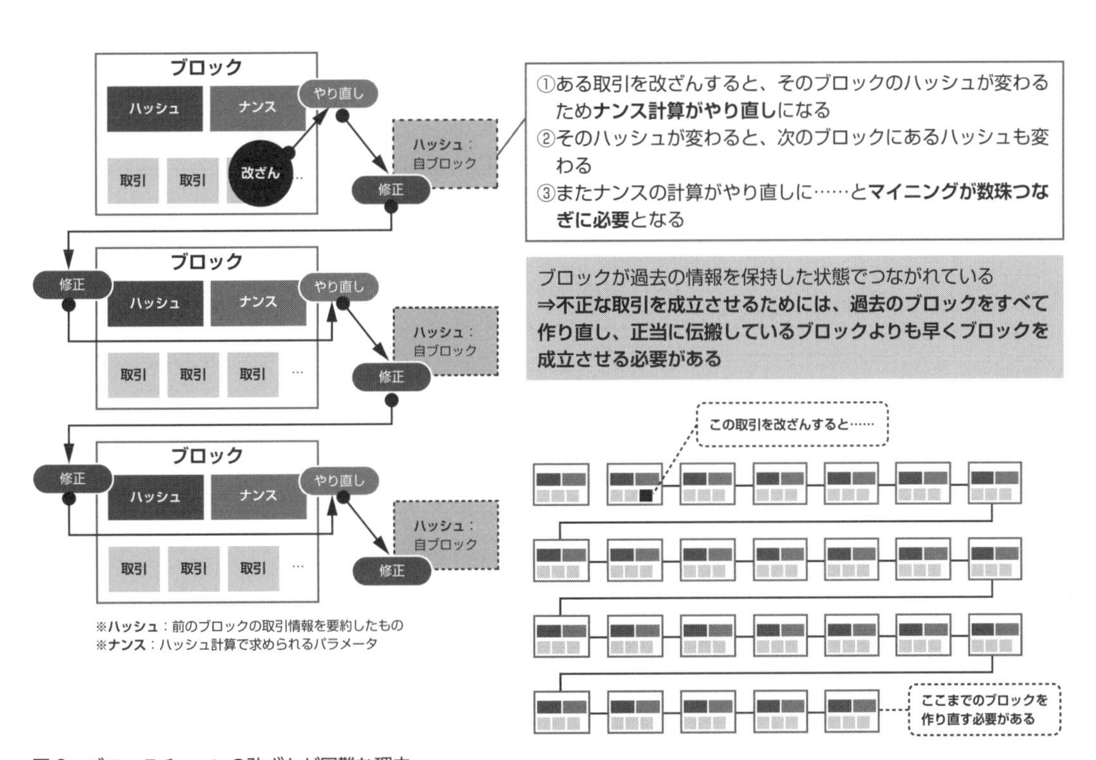

図2　ブロックチェーンの改ざんが困難な理由

ここにもまだ2点、問題があります。

1点目はブロックを作成するためには膨大なCPUパワーを必要とする点です。ビットコインでは、ブロックを作成した人に報酬として新たにコインを発行する仕組みにより、参加者がCPUパワーを提供することに対するインセンティブを与えています。

2点目は、P2Pネットワークでは、ブロック作成とネットワーク伝播のタイミングによって、ブロックチェーンが分岐してしまう状況が起こり得る点です。ビットコインではこのような不整合が発生した場合、最も長いブロックチェーンを、より多くの人が合意したものとして採用する方針としています。

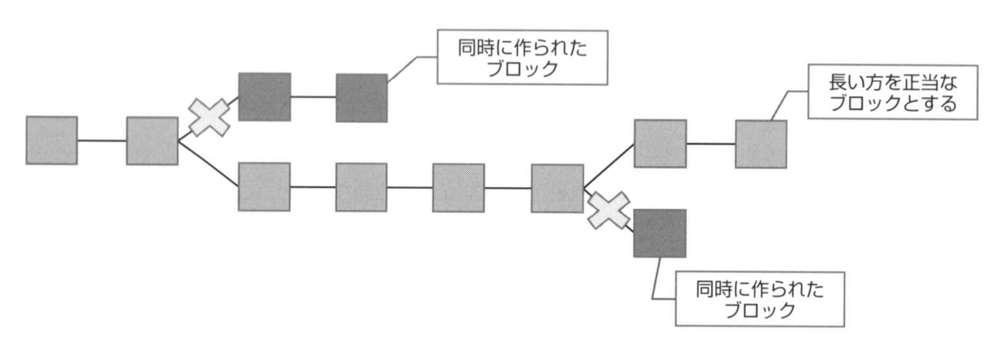

図3　ブロックチェーンの分岐

1.3　ビザンチン将軍問題

電子通貨システムをP2Pネットワークで実現しようとした場合、以下のような問題が起こる可能性があります。ビットコインより以前に、このようなP2Pネットワークを利用した電子通貨システムが存在しなかったのは、これらの問題を解消する現実的な手段が出てこなかったからと言えます。

① 悪意ある参加者による不正・改ざん：誰でも参加できるネットワークでは、悪意ある参加者が存在するリスクが考えられます。意図的に不正な取引を発行したり、取引結果を自分の都合がよいように改ざんしたりする可能性があります。

② 情報伝達の遅延による不整合：具体的には、送信された取引の伝達が遅れて、別の人が二重で処理することで、二重支払などの不整合な状態が発生する場合があります。

③ ネットワークを自律的に維持・運営するための推進力：誰でも参加できるということは、裏を返せば、責任ある管理者が不在ということなので、システム品質（耐障害性・可用性）を維持しつつ運営していくための強力な推進力が働かないことでもあります。

特に1番目の問題は「ビザンチン将軍問題」として、昔からP2Pなどの分散型ネットワークでシステムを構築する際の避けられない問題として認識されていました。ビットコインでは、前述した方法（ブロックチェーン、PoW、電子署名、報酬によるインセンティブ）により、この問題に対する実用的な解を示したというわけです。

1.4　ビットコインの処理の流れ

以上がビットコインの仕組みを実現するための概念です。これだけでは実際の処理の流れがつかみにくと思いますので、トランザクションが発行されてからブロックチェーンに反映されるまでの処理の流れを順番に説明していきます。

① 図4のように、ブロックチェーンネットワークの参加者として、AさんからFさんがいる構成を考えてみます。口座を利用する参加者とブロックを作成するマイナーは兼ねることもできますので、ここでは全員でマイニングを行う前提とし、すべての参加者（ノード）で同じブロックチェーンを所有しているとします。

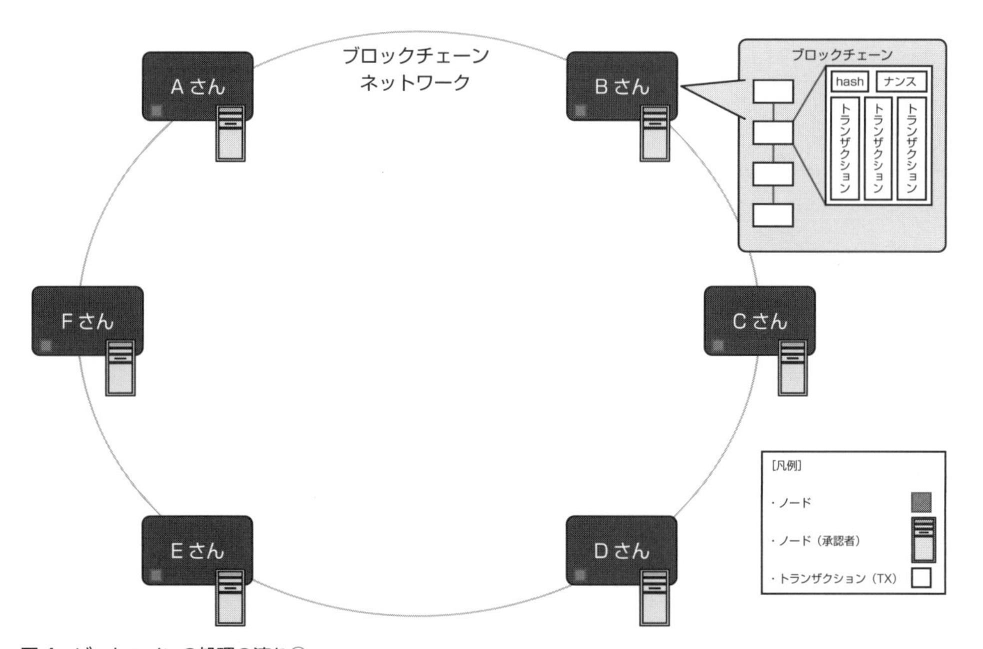

図4　ビットコインの処理の流れ①

② Aさん、Dさん、Fさんが送金依頼（トランザクション）を出します。それぞれがトランザクションを発行する際に、本人保証のため自身の秘密鍵を使って電子署名を付与します。

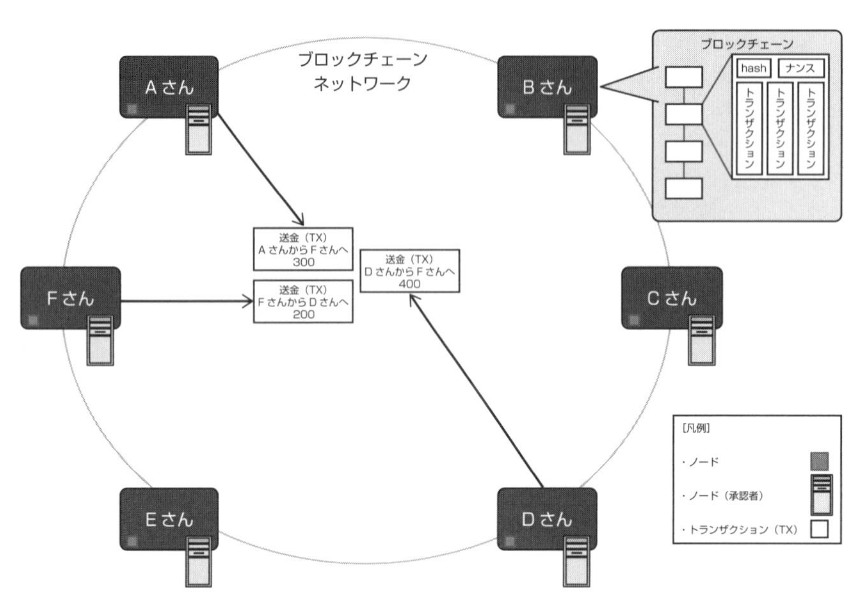

図5　ビットコインの処理の流れ②

③ 発行されたトランザクションは、P2P ネットワークを介して参加者全員にブロードキャストされます。

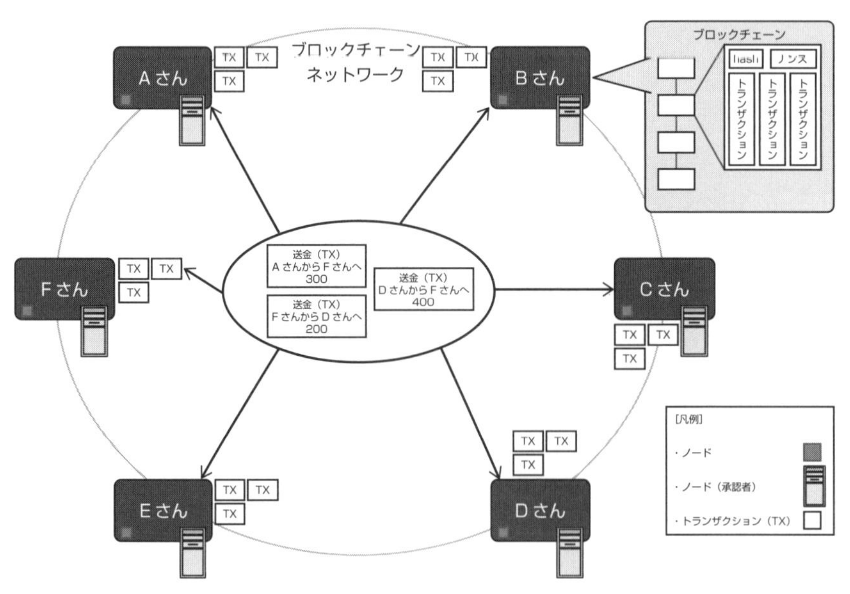

図6　ビットコインの処理の流れ③

④ トランザクションを受け取ったマイナーは内容が正しいことを確認し、ブロックを生成するための条件を満たす「ナンス」を探し始めます。

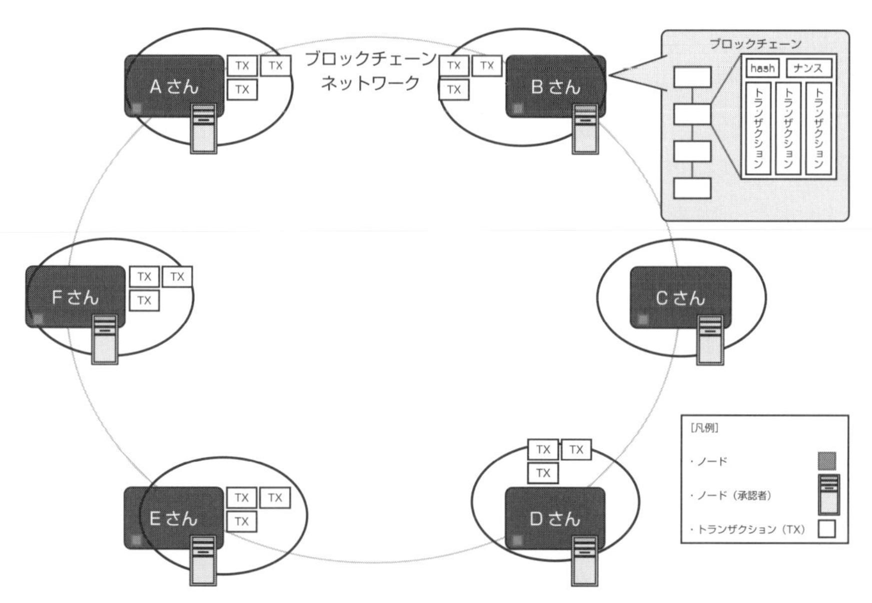

図7　ビットコインの処理の流れ④

⑤ 最初に条件を満たすナンスを見つけたマイナー（図8ではBさん）は、作成したブロックを参加者全員にブロードキャストします。このとき、ブロックを作成した報酬として、決められた額のビットコインがBさんに付与されます。

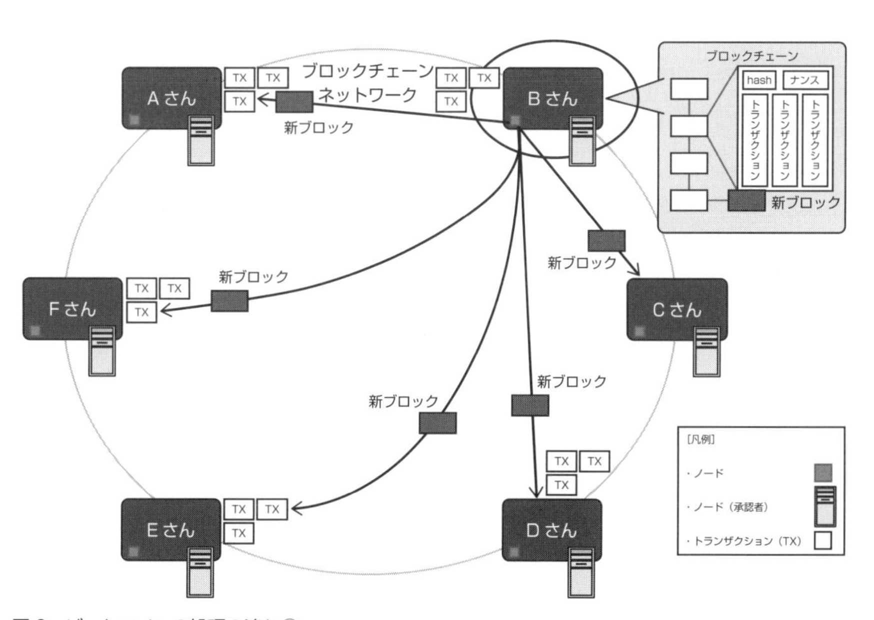

図8　ビットコインの処理の流れ⑤

⑥ ブロックを受信した各参加者は、正当なブロックであるか検証します。具体的には、正しい取引であるか、そして前のブロック情報とナンスをパラメータにしてハッシュ値を求め、条件を満たしているか確認します。条件を満たしていれば承認したことになり、受信したブロックを、ローカルディスクにある自身のブロックチェーンに追加します。不正なブロックの場合は廃棄します。

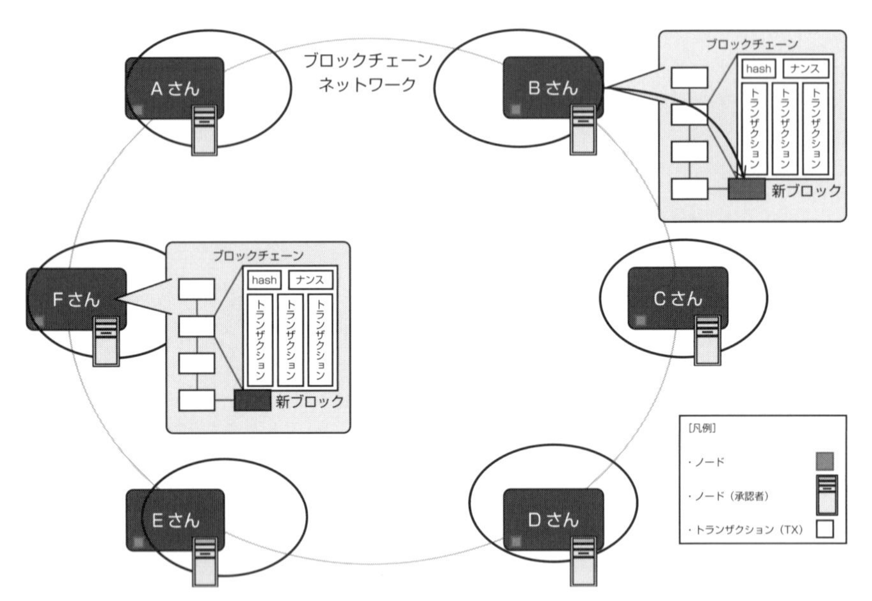

図9　ビットコインの処理の流れ⑥

⑦ 承認したブロックチェーンは、フォークしたものも含め各参加者で保有しますが、それぞれがフォークした中で一番長いものが正しい状態と判断します。したがって、図10では、Aさんはaが長いと思っていますが、実際にはbの方が過半数を占めている場合、bが正しいことになり、Aさんにおける結果が置き換わる可能性があります。

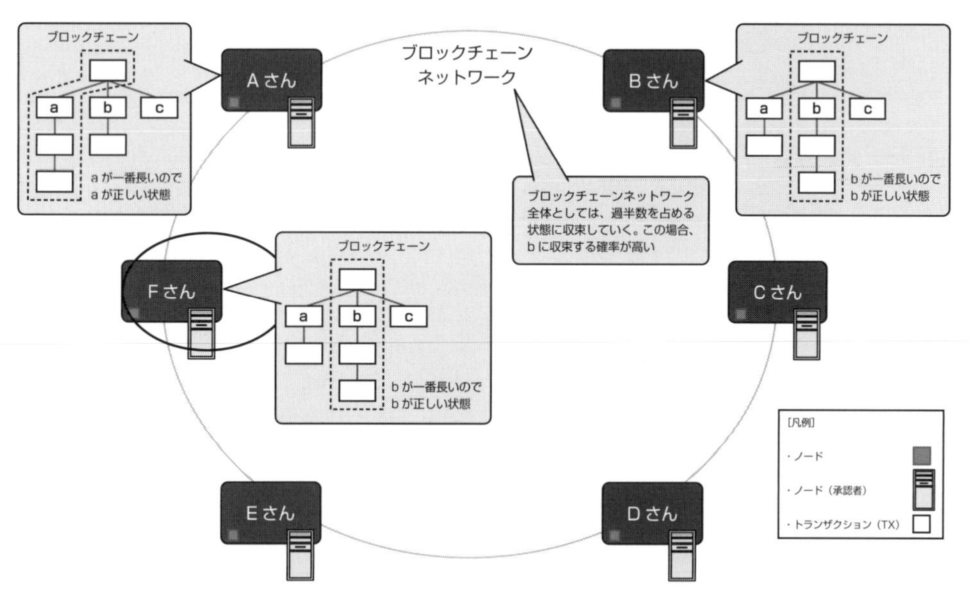

図10　ビットコインの処理の流れ⑦

以上がビットコインにおける処理の流れです。このように中央集権的な管理者が不在でも、システムが正常に稼働するような仕組みがブロックチェーンです。ただし⑦にあるように、ブロックが作成されても、それが未来永劫正しい状態として認識されるわけではなく、より長いブロックチェーンが存在すれば、状態が変わる可能性は常に起こり得ます。これが「ファイナリティが確保されない」と言われる理由です。

2 ブロックチェーン技術の構成要素と分類

2.1 ビットコイン以外のブロックチェーン基盤

ビットコインの中で使われているブロックチェーン技術は、実は通貨システムに特化した仕組みではなく、**「分散したネットワーク環境において、唯一となるような情報を共有し、その情報に基づいて何らかの処理を行う」**という極めて汎用的な概念を実用化したものと言えます。基礎編で言及したように、金融分野以外の様々な分野でブロックチェーンの実証実験が検討されているのはそのためであり、従来クライアント／サーバ型しか選択肢のなかった領域に、新たな選択肢を加えたと言えます。

しかし、ビットコインは電子通貨システムとして誕生したため、やはりそのデータ構造やプロトコルは通貨システムに特化した作りになっています。仕組みとしては汎用的でも、そこを流れるデータや処理をほかに流用するのには限界があるのです。

そのため、ほかの領域にも適用可能なように、様々な種類のブロックチェーン基盤が誕生しました。当初はビットコインを改変し、特定の業務に対応するものが多かったのですが、次第に汎用的なカスタマイズ機能を備えるものが出てくるようになりました。それが「スマートコントラクト」という概念になっていきます。

スマートコントラクトとは、直訳すると「賢い契約」という意味であり、「自動的・自立的に契約を執行する」という、一見ブロックチェーンと無関係な定義にも聞こえますが、機能面で言えば「ブロックチェーン上で動かせるプログラム」と捉えて差し支えないと思います。

代表的なブロックチェーン基盤製品としては、表1のものが挙げられます。

表1　代表的なブロックチェーン基盤

名称	開発元	内容
Bitcoin Core	Bitcoin Core	ビットコインのリファレンス実装。サトシ・ナカモトによって開発され、現在もボランティア・コミュニティで開発が続けられている。
Ethereum	Ethereum Foundation	分散型アプリケーション（Dapps）の構築プラットフォーム。チューリング完全な独自プログラミング言語でスマートコントラクトを記述できるのが特徴。
Quorum	Enterprise Ethereum Alliance (EEA)	JP モルガン主導で開発され、EEA に寄贈されたブロックチェーン基盤。Ethereum をベースとし、プライバシー機能やファイナリティを確保可能なコンセンサスアルゴリズムを採用している。
Hyperledger Fabric	HyperledgerProject	IBM 主導で開発されているエンタープライズ指向の分散台帳技術基盤。パフォーマンスや信頼性向上のために独自のコンセンサスアルゴリズムやメンバシップ管理を持つ。
Hyperledger Sawtooth		Intel 主導で開発されているブロックチェーン基盤。「Proof of Elapsed Time（PoET）」と呼ばれる Intel 製 SGX チップの機能を利用したコンセンサスアルゴリズムを採用している。近年 Raft や PDFT もラインナップに加わっている。
Hyperledger Iroha		日本のソラミツが主導で開発しているブロックチェーン基盤。独自の合意形成アルゴリズム「Yet Another Consensus」を採用している。モバイル SDK、デジタルアセット管理に重点を置いている。
Hyperledger Indy		分散型のデジタル ID を検討する Sovrin Foundation によって開発・検証されているブロックチェーン基盤。Decentralized Identifiers（DIDs）と呼ばれる分散型 ID を管理するツール・ライブラリで構成されている。
Hyperledger Burrow		Eris を開発していた Monax と Intel の共同出資で開発されているブロックチェーン基盤。Ethereum のコントラクト実行環境である EVM の仕様を満たすよう実装され、パーミッション型のブロックチェーンでスマートコントラクトを実行することができる。
Corda	R3 CEV	R3 コンソーシアム主導で開発された金融向け分散型台帳基盤。合意形成に焦点を当てており、ネットワーク参加者全員ですべてのデータを共有しないことが特徴。
IOTA	IOTA Foundation	IoT 機器同士のデータ取引の記録に最適化された暗号通貨で DAG（非循環有向グラフ）構造による分散型台帳。自分のトランザクションを依頼するために、他のユーザが発行したトランザクションを承認することで作業量を相殺し、手数料を排除したシステム維持を可能としている。
mijin	テックビューロ	仮想通貨 NEM の開発者によるパーミッション型ブロックチェーン基盤。トランザクション処理の高速化を志向しており、コンセンサスアルゴリズムに「Proof of Stake」を採用している。
miyabi	bitFlyer	日本の仮想通貨取引所である bitFlyer が開発したパーミッション型ブロックチェーン。独自の BFT を備えたコンセンサスアルゴリズムによって、秒間 2,000 件の高速パフォーマンスやファイナリティの問題を解決するよう設計されている。
BBc-1 (Beyond Blockchain One)	一般社団法人ビヨンドブロックチェーン	既存のブロックチェーン技術が抱える課題解決を目的に開発された技術およびプラットフォームの総称。秘匿範囲を分離するドメインや、耐改ざん性を担保する DAG 構造を利用した履歴交差など、様々な斬新な機能を導入している。

2.2　ブロックチェーン技術の構成要素

前項で代表的なブロックチェーン基盤を紹介しましたが、それぞれ何が違うのでしょうか？　それを明らかにするためには、「ブロックチェーン技術とは何か？」を考えてみる必要があります。下記にブロックチェーンを構成する要素技術を挙げてみました。

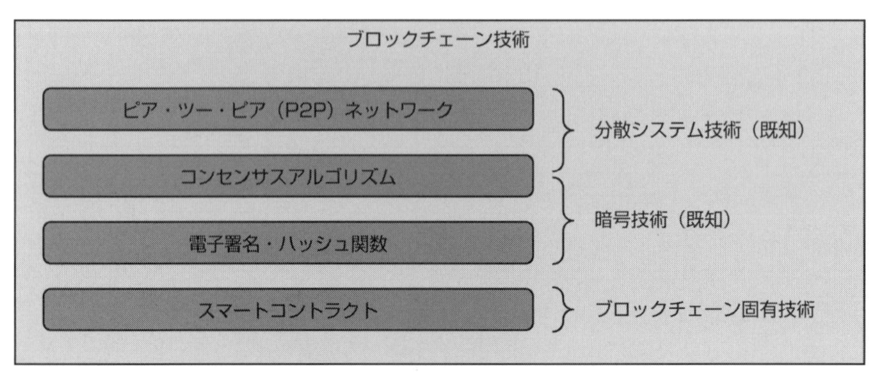

図11　ブロックチェーン技術の構成要素

ピア・ツー・ピア（P2P）ネットワーク[注1]

コンピュータ同士が同じ目的で接続し、ネットワークを形成する方式です。どのコンピュータも同じ処理を行い、1台が停止してもシステム全体に影響しないという特徴を持つ「ピュアP2P」のほか、一部の機能をセンターサーバが担当する「ハイブリッドP2P」など、複数の形態が存在します。ブロックチェーンでは、パブリック型の場合にピュアP2P、コンソーシアム／プライベート型の場合にハイブリッドP2Pを採用することが多いようです。

コンセンサスアルゴリズム[注2]

P2Pネットワークなどの分散ネットワーク上で合意形成を行うためのアルゴリズムです。ブロックチェーンを複数ノード間で、正しい状態を保持したまま共有するために最も重要な仕組みと言えます。様々な種類のアルゴリズムが存在し、特にブロックチェーンにおいては「ビザンチン将軍問題」の対応可否によって、大きく考え方が異なるほか、パフォーマンスやスケーラビリティにも多大な影響を及ぼします。

注1　P2Pネットワークについては第7章で詳しく紹介します。

注2　コンセンサスアルゴリズムについては第8章で詳しく紹介します。

電子署名・ハッシュ関数[注3]

トランザクション（取引）を発行する人の正当性を保証する仕組みや、取引・ブロックチェーンの改ざん防止やセキュリティなどの暗号技術に関する仕組みです。特に仮想通貨においては、英語でCryptocurrency（暗号通貨）と呼ばれるだけあり、システム全体の根幹を成す重要な仕組みだと言えます。ブロックチェーンでは、電子署名としてECDSA（楕円曲線デジタル署名アルゴリズム）、ハッシュ関数としてSHA-2やSHA-3が使われることが多いようです。

スマートコントラクト[注4]

ブロックチェーンネットワーク上で動作するプログラムです。一般的には、ブロックチェーンに格納されているデータの参照や更新を行うほか、管理項目やビジネスロジックなどを独自にカスタマイズできる仕組みとなっています。カスタマイズに、既存または独自のプログラミング言語を用います。スマートコントラクトのプログラムも参加者間で共有されるため、ビジネスロジック（振る舞い）の妥当性が検証可能な、透明性の高いシステムを構築することができます。

これらを技術的に見ると、スマートコントラクトの概念以外はすべて既知の技術であり、ブロックチェーンならではの革新的な技術要素というものはないことがわかります。ブロックチェーンの革新的な点は、このような既知の技術を組み合わせて、分散ネットワークで実用レベルの信頼性を担保する仕組みを確立したことだと言えるでしょう。

2.3　ブロックチェーン基盤の分類

ブロックチェーンにはその用途や適用されるネットワークの種類によって、いくつかのパターンが存在します。また、ブロックチェーン基盤はそれぞれ、どのパターンを指向しているかで、おおよそ分類できます。大枠では、誰でも参加可能（パブリック型）か、信頼する参加者のみに限定するか（プライベート型）に分かれます。これによって、ネットワークへのアクセス制御機能の有無が異なり、ブロックの作成（マイニング）やブロックチェーンの参照を制限できる等、様々です。パブリック型はアクセス制御機能がないため、「パーミッションレス型」とも呼ばれます。プライベート型はアクセス制御機能があることが多く、「パーミッション型」とも呼ばれます。また、プライベート型は企業内で使用する場合と、企業連合体を組成して個々の企業間をまたいで使用する場合があり、後者を「コンソーシアム型」と呼びます。

注3　電子署名とハッシュ関数については第9章で詳しく紹介します。

注4　スマートコントラクトについては、後述の実践編の中で、代表的なブロックチェーン基盤ごとのサンプル開発を通じて解説します。

ビットコインは誰でも参加可能な形態なので、パブリック型に分類されます。エンタープライズ領域ではプライベート型やコンソーシアム型になりますが、特に、サプライチェーンなど複数の企業間で情報を共有し、信頼するメンバのみで運営するコンソーシアム型は、エンタープライズ領域において分散型台帳の強みを活かせる可能性があると言えます。

	パブリック型	コンソーシアム型	プライベート型
	パーミッションレス型	パーミッション型	
概要	公開されたネットワークで、誰でも自由に参加でき、参加者はほぼ無制限に増やせる。	信頼された者同士でネットワークを形成するため、より安全な取引が可能。	組織内など閉じたネットワークで利用するため、導入が容易で安全性も高い。
ノードへの参加	制限なし	制限可能	制限可能
データ参照・更新	制限なし	制限可能	制限可能
BFT耐性	必須	任意	任意
マイニング報酬	必要	任意	任意
	ビットコインは パブリック型	エンタープライズ利用は コンソーシアム型が有力視	既存の仕組みとの 差別化に難航

図12　ブロックチェーンの分類

3 ブロックチェーン基盤の比較

ここからは、主要なブロックチェーン基盤製品の違いを説明していきます。ブロックチェーンと一言で言っても、基盤製品ごとにアーキテクチャやデータ構造、処理の流れなどが大きく違います。それぞれがターゲットとするビジネスマーケットやユースケースによって、設計コンセプトが異なっているからです。ここでは、OSS（オープンソースソフトウェア）として公開されている代表的な製品を比較してみましょう。

3.1 アーキテクチャの比較

まず、アーキテクチャの違いから見てみます。比較対象は、ビットコインの実装であるBitcoin Core、分散アプリケーションプラットフォームとして多くの実証実験に採用されているEthereum、The Linux Foundation主導で開発されているHyperledger Fabric、Ethereumをベースとしてエンタープライズ要素を追加したQuorum、そして金融分野に特化してR3が開発しているCordaの5製品です。

106～107ページの表2の比較表にあるように、ビットコインとEthereum以外の基盤製品では、ビットコインの象徴とも言えるPoWを採用していません。これは、ビットコインの課題ともなっているスケーラビリティ、ファイナリティの確保、信頼できる参加者によるネットワークといった点を解決しようとした結果と言えるでしょう。

3.2 データ構造の比較

次は、データ構造の観点から比較してみます（108ページの図13参照）。

ビットコインは入力と出力を時系列の履歴として記録する、まさに台帳や帳簿のような、UTXOというデータ構造を持ちます。

Ethereumのデータモデルは、ビットコインを踏襲しつつ、追加要素であるスマートコントラクトを意識した作りになっています。台帳は時系列の履歴情報としてブロックチェーンに書き込まれるほか、それに関連させる形で、スマートコントラクトや口座残高の状態も保持しています。

Hyperledger Fabricは、ブロックチェーンに相当する履歴情報であるChainと、最新時点のデータを格納するState DBに分離されており、2つを合わせてLedgerと呼んでいます。参照可能な参加者を制限した複数のLedgerを作成できるChannelも特徴的な機能です。

Quorumの大部分はEthereumと同等ですが、特定の参加者（ノード）とのみ共有するプライベートチェーンを持つ点が特徴的です。パブリックなブロックチェーンにプライベートな情報のハッシュのみを格納し、耐改ざん性を確保しているのです。

表2　代表的なブロックチェーン基盤製品の比較

	① Bitcoin Core	② Ethereum
ブロックチェーンの分類	パブリック、コンソーシアム、プライベート	パブリック、コンソーシアム、プライベート
コンセンサスアルゴリズム	Proof of Work（ビザンチン障害（BF）耐性あり）。	Proof of Work（BF耐性あり）、Proof of Authority（BF耐性あり）。今後、Proof of Stake（BFT障害耐性あり）に変更予定。
決済完了性	なし	なし（PoW）、あり（PoA）
性能	毎秒数トランザクション。ブロックの生成間隔は10分程度だが、確定されたと判断するのにある程度ブロックをつなげる必要があり、6ブロック待つのが慣例となっている（1時間程度）。	毎秒数十トランザクション。ブロックの生成間隔は12秒程度だが、確定されたと判断するのにある程度ブロックをつなげる必要があり、数分かかる。
参加者の管理	キーペアを作成することで、誰でも参加可能。	キーペアを作成することで、誰でも参加可能。
最小構成台数	1台から動作する。1台の故障に耐えるには最低2台必要。	1台から動作する。1台の故障に耐えるには最低2台必要。
情報の秘匿化	トランザクションの内容は参加者すべてに公開される。	トランザクションの内容は参加者すべてに公開される。
スマートコントラクト開発	スクリプト言語により、限定された範囲で拡張可能。	Contractと呼ばれるスマートコントラクト機能を有する。チューリング完全な開発言語に対応しており、独自言語であるSolidityが主流である。燃料（Gas）という概念により、1トランザクションで実行できる処理量に制限がある。

Cordaは他の基盤とは異なり、基本的には共有したい相手とのみ情報を交換する点が特徴的です。交換した情報を別の人に送信することも可能で、それぞれのやり取りが互いの台帳にUTXO形式で記載されていきます。共有したい情報ごとに台帳が作られていくというイメージで捉えればよいでしょう。

③ Quorum	④ Hyperledger Fabric	⑤ Corda
コンソーシアム、プライベート	コンソーシアム、プライベート	コンソーシアム、プライベート
以下の2種類から選択可能。 ・Raft-based Consensus (BF耐性なし) ・Istanbul BFT (BF耐性あり)	Endorsing-Ordering-Validation (BF耐性なし)。 ※今後、Raft/BFT実装予定	・Validityコンセンサス ・Uniquenessコンセンサス ・Raft (BF耐性なし) ・BFT Smart (BF耐性あり)
あり	あり	あり
毎秒数十～数百トランザクション(システム構成に依存)。	毎秒数百～数千トランザクション(システム構成に依存)。	未検証。コンセンサスを行うノードを当事者に絞ることで、高スループット・高性能を実現している。
ホワイトリストにて管理。現状は各nodeがホワイトリストを所持して管理しているが、今後コントラクトで管理するよう変更予定。	認証局によって管理。認証局は、分散配置することが可能である。	認証局によって管理。認証局は、分散配置することが可能である。
1台の故障に耐えるためには最低3台必要(2台だと1台故障時に過半数を割ってしまうため)。	OrdererおよびPeer各1台から動作する。Fabric CAは存在しなくても、あらかじめ証明書と秘密鍵を準備すれば動作させることが可能。OrdererとPeerについて、1台の故障に耐えるには最低2台必要となる。	ネットワークマップを実行するノードが1台と、その他の機能を実行するノードが1台(Nortary、Oracle、通常のノード機能をまとめて動かすノードが1台)の計2台から動作する。ネットワークマップノードおよびその他の機能を実行するノード、それぞれ1台の故障に耐えるには最低2台必要だが、通常のノードの復旧には同じ台帳を持つノードが必要である。
トランザクションは参加者すべてに公開されるが、プライベートを指定した場合、実データを関係者間でのみ共有することが可能。	チャネル機能によりデータの共有範囲を制限することが可能。また、v1.1から追加された暗号モジュールで実データの暗号化が可能となり、v1.2から追加されたPrivateDataで実データを関係者間でのみ共有することが可能。	取引に関係するノードとのみ情報を共有する。
Ethereumと同等。開発元から開発ツールCakeshopが提供されている。	チェーンコードと呼ばれるスマートコントラクト機能を有する。開発言語はv1.3時点でGo/JavaScript/Javaをサポートしている。	CorDappと呼ばれるスマートコントラクト機能を有する。開発言語はJVM上で稼働する言語であればよい。主にKotlin/Javaで開発が行われる。

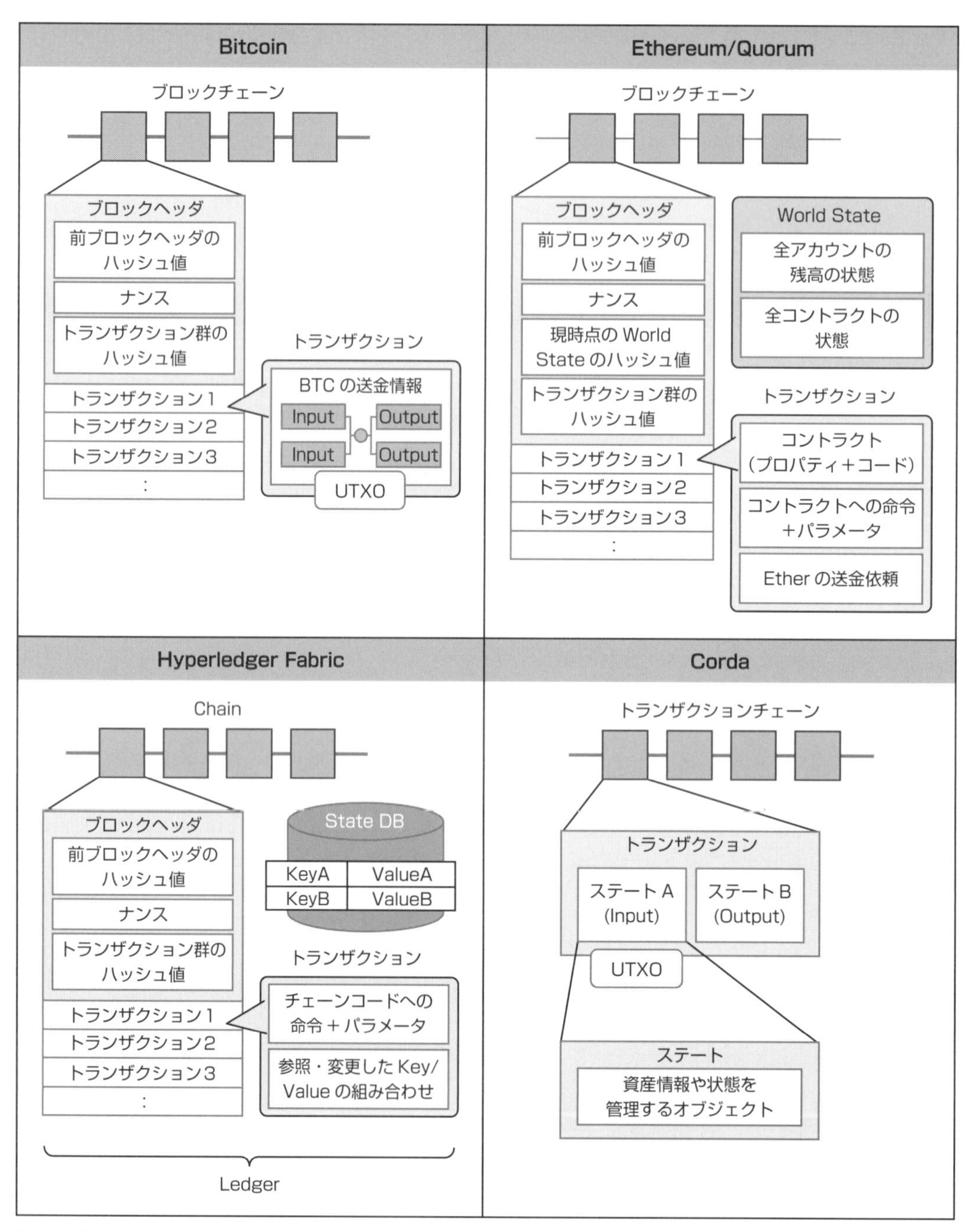

図 13　データモデルの比較

3.3　合意形成の仕組み

次は、合意形成の仕組み（コンセンサスアルゴリズム）を比較してみましょう。

ビットコインの合意形成は、前述したPoWで行います。条件を満たすナンス探索の競争によって、最初に見つけた参加者が作成したブロックを正とする仕組みです。ただし、分散ネットワークゆえに、同時に作成した場合や、作成したブロックが届かなかった場合、ブロックチェーンが分岐する状態が起こり、その場合、長いブロックチェーンを正とすることも重要な決め事の1つです。

Ethereumは、現時点ではビットコインと同じPoWを採用していますが、次のメジャーバージョンアップ時に、PoS（Proof of Stake）に変更することを表明しています。PoSは、仮想通貨を所有している参加者のナンス探索が一層有利となる仕組みです。また、ネットワークを分割し、並行的に処理可能なシャーディング（Sharding）という技術も採用される予定です。

これに対し、Hyperledger Fabric、Quorum、Cordaのコンソーシアム／プライベート型ブロックチェーンでは、アルゴリズムの違いはありますが、どれもブロックを作成する前に特定参加者間で合意形成を行い、ブロックを配る点が共通しています。パブリック型では、ブロックを作成して参加者全員に配布し、正当性を確認する順番となるため、正しい結果に「収束する」ことになります。しかし、コンソーシアム／プライベート型では、ブロックを確定させてから配布するという形に、順番を逆にすることで、ファイナリティの確定タイミングを明確化しています。このように言うと、コンソーシアム／プライベート型の方が優良のように聞こえますが、事前に参加者に聞きまわって合意を得る必要があるため、ネットワーク規模が大きく、参加者が多いと非常に時間がかかることになります。つまり、性能とネットワーク規模がトレードオフの関係にあると言ってよいでしょう。

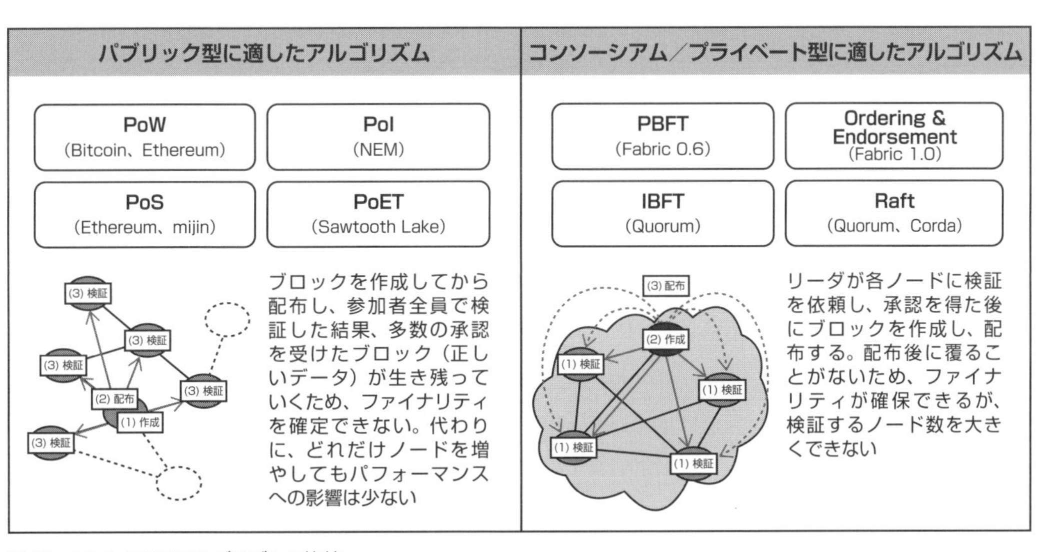

図14　コンセンサスアルゴリズムの比較

3.4 システム構成

次はシステム構成の観点です。

ビットコインやEthereumなどのパブリック型[注5]では、各参加者が持つ機能は同じです。それらがネットワークで接続され、ピュアP2Pの構成をとります。すべてが同じ機能であるため、1台が故障してもシステム全体が停止することはなく、可用性の高い、いわゆるゼロダウンタイムを実現しやすいという特徴があります。

これに対しコンソーシアム／プライベート型は、参加者それぞれに役割があります。Hyperledger Fabricであれば、要求を出すクライアントや認証局、ブロックを作成するOrdererやチェーンコードを実行するPeerが存在します。Ordererは集中的にブロック作成を行います。一方Quorumには、EthereumのノードにあたるQuorum Nodeのほかに、プライベートな情報共有を行うTxManagerとEnclaveがありますが、各参加者が持つ構成は同じです。Cordaには認証局、参加者が持つノード、監視的な役割を持つNotary、ネットワーク情報を持つネットワークマップなどがあり、Notaryが一意性を担保するための集中的な役割を担います。

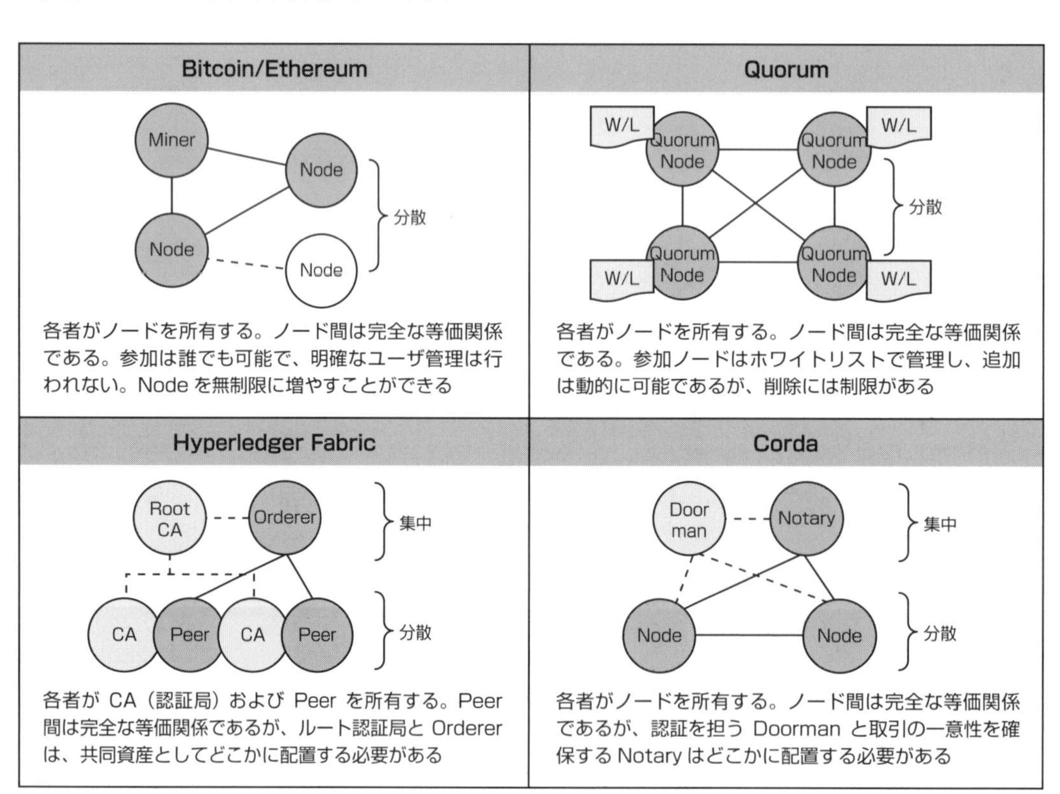

図15 システム構成の比較

注5 ビットコインとEthereumは独自のローカルネットワークで使用すれば、コンソーシアム／プライベート型として利用可能です。

3.5　プライバシー（秘匿化・情報共有範囲）

最後はプライバシーの観点です。プライバシーには複数の切り口がありますが、ここでは、ブロックチェーンに格納する情報を秘匿化する（当事者間でしか見えなくする）という面に絞ります。前述したように、結果を共有して相互検証を行うことがブロックチェーンの特徴であるため、情報の秘匿化はその特徴を打ち消しかねない諸刃の剣とも言えます。

ブロックチェーンにおいて情報を秘匿化するアプローチは複数検討されており、大きく分類すると以下があります。

① 情報を暗号化して格納する
② 情報の公開範囲を限定する
③ 情報をハッシュ化して公開し、実情報は関係者間だけで共有する
④ より高度な暗号技術を活用する

パブリック型であるビットコインやEthereumは、情報公開を基本としており、すべての送金履歴を参加者全員が確認できます。ただし、口座情報と個人情報は切り離して考えられるため、「プライバシー上の問題は別議」とすることができます。

コンソーシアム／プライベート型の場合は、前述したように基盤製品ごとに異なります。

Hyperledger Fabricは、格納した情報の暗号化と、特定範囲での共有（ChannelおよびPrivate Data Collection）があります。前者はState DBやトランザクションの内容を暗号化する機能であり、後者は特定の範囲内で情報を共有する機能です。これらにより、上記の①②③を実現します。

Quorumはパブリックチェーンとプライベートチェーンに分離しており、前者は全員で共有し、後者は関係者のみで共有します。Quorumでは、上記の②③④が可能です。

Cordaは共有したい相手に直接情報を送るので、②に該当すると言えます。

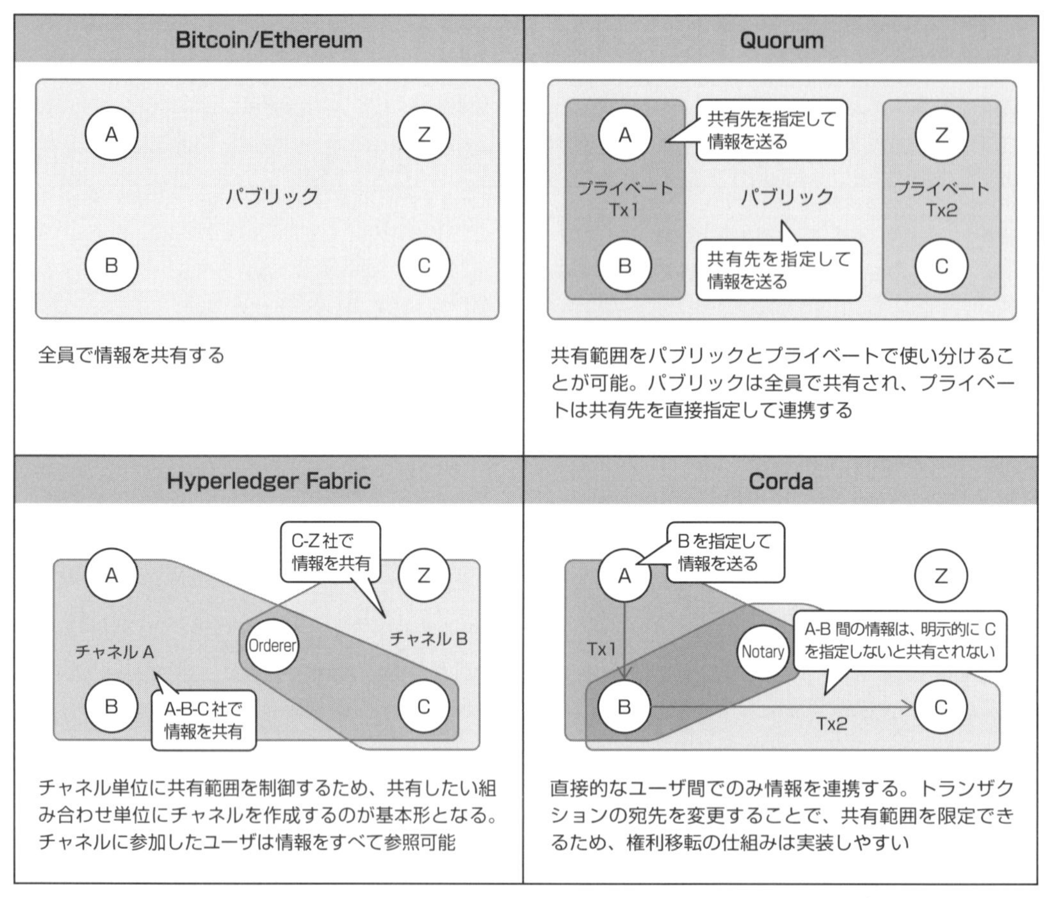

図16　データの共有範囲の比較

以上のように、基盤製品ごとに構成やコンセプトが異なるため、それぞれの特徴を認識した上で、どれが目指すユースケースに合致するのかを検証し、選定していく必要があります。その意味では、基盤選定こそ、今後ブロックチェーンをシステム化していく上で、最も重要な工程であるといってもよいでしょう。

次章からは、ブロックチェーンの要素技術であるP2Pネットワーク、コンセンサスアルゴリズム、電子署名・ハッシュ関数について、個別にフォーカスを当て、ブロックチェーンが持つ課題と現状を解説していきます。

第7章

P2Pネットワーク

本章では、ブロックチェーン技術を構成する要素技術の1つであるP2Pネットワークについて紹介していきます。まずはP2Pネットワークそのものの概要について述べた後、P2Pネットワークをもとにどのようにブロックチェーン技術が成り立っているかについて説明します。
前述したとおり、要素技術自体は既存のものなので、P2Pネットワークのメリットとデメリットはそのままブロックチェーンにも当てはまることになります。
なお本章では、実践編でも紹介している6つのうち、Lightning Networkを除く5つの基盤製品を取り上げ、P2P技術の実装方式についても確認していきます。

1 P2P ネットワークの概要

P2P ネットワークの「P2P」は「Peer-to-Peer（ピア・ツー・ピア）」の略記であり、「ピア」は「対等な者、同等な者」という意味を持ちます。つまり P2P ネットワークとは、「対等な関係のコンピュータ群が直接通信を行う、中心のないネットワーク」を意味します。

各コンピュータが対等である P2P 型のアーキテクチャに対応する概念として、クライアント・サーバ型のアーキテクチャがあります。クライアント・サーバ型では、あるサービスを実現する際の各コンピュータの役割が、サーバとクライアントに明確に区別されます。サーバはシステムの中心に位置し、データの蓄積や検索、配信などのサービスを提供する機能を一手に引き受けます。クライアントはサーバに対してサービスを要求し、そのサービスを享受します。クライアント・サーバ型のアーキテクチャでは各コンピュータの役割はあらかじめ決まっており、少数のサーバに対して多数のクライアントが接続する形のシステムが構築されます。

一方、P2P 型のシステムでは、各コンピュータ（以降ではこれをノードと呼びます）が双方の役割を同時に担います。つまり、各ノードはサービスを享受する一方で、他のノードに対してサービスを提供する機能も持ちます。P2P 型のシステムは、これに参加するノードがサービスの一端を担うことで運用されることになります。このようなシステムを実現するために、各ノードはそれぞれいくつかの他ノードと通信経路を確立し、相互にサービスを提供できるようなネットワークを構築します。これが P2P ネットワークです。

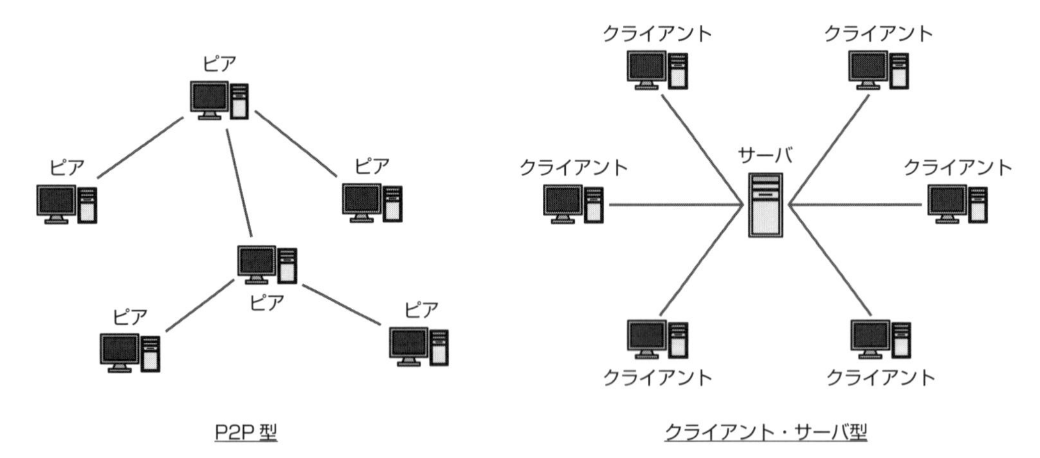

図1　P2P 型とクライアント・サーバ型の違い

クライアント・サーバ型と P2P 型の特徴を比較してみましょう。クライアント・サーバ型では、システムの中心に位置するサーバがサービスの管理を集中的に行うため、システムの設計や維持をしやすいという利点があります。一方で、サーバが単一障害点であることが問題です。また、多数のクライアントの同時接続に耐えられる高性能なサーバやネットワーク回線を用意する必要があったり、処理できるクライアント数に限界があったりすることも課題となります。

P2P 型はクライアント・サーバ型と対称的な特徴を持ちます。P2P 型では単一障害点となるサーバを用意する必要がなく、参加する各ノードのリソースやネットワーク回線を利用して負荷を分散させながら、システムの運営を行います。そのため、ノード数が増加した際にもサービスを維持できる高いスケーラビリティを持ちます。一方で、多数のノード群による P2P ネットワークの構築や、他のノードを探す機能の設計に工夫が必要です。

以降では、P2P ネットワークの構築方法や、あるノードがサービスを提供してくれる他のノードを探す機能の設計について見ていきましょう。

2 P2P ネットワークの設計

クライアント・サーバ型のシステムにおいて、クライアントは、サービスの中心に存在するサーバに対して要求をすればそのサービスを享受することができます。一方 P2P 型のシステムでは、サービスは多数のノードで分散されて提供されています。そのため、まずは自身の要求に応えてくれる他ノードを探す機能が必要となります。

2.1 ピュア P2P とハイブリッド P2P

P2P 型のシステムは、他ノードを探索する仕組みに注目すると、ノードの探索のためにインデックスサーバを用いる「ハイブリッド P2P」と、ノードの探索も含めて自律分散的に行う「ピュア P2P」に大別することができます。P2P ファイル共有を例に、これら 2 つの仕組みを考えてみましょう。

ハイブリッド P2P では、各ノードが保持するデータの情報がインデックスサーバに記録されています。ノードは、自分の求めるデータの持ち主をインデックスサーバに問い合わせ、該当データを持つノード情報を入手し、その後はノード間で直接データのやり取りを行います。各ノードが直接データの授受を行う点では P2P 型ですが、インデックスサーバが存在することによって、クライアント・サーバ型の一面も兼ね備えています。

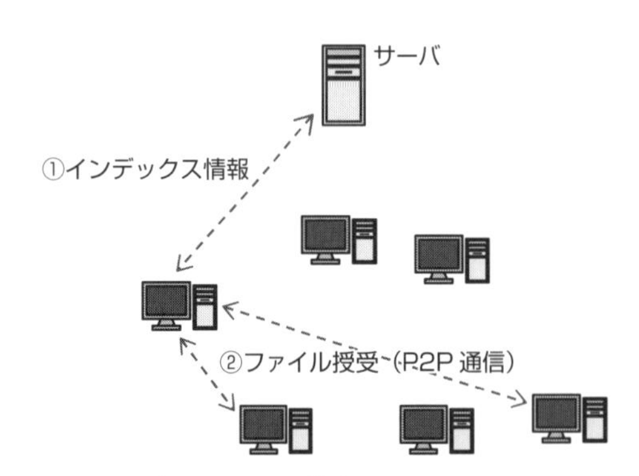

図 2 ハイブリッド P2P の構成

ピュア P2P では、先述のインデックスサーバが行っていた自身の求めるデータを検索する機能も含めて、ノード群によって自律的に行われます。データの検索は、P2P ネットワーク内でのノード間のメッセージ転送によって実現されます。

前節で、P2P 型とクライアント・サーバ型の利点と欠点を述べましたが、ハイブリッド P2P とピュア P2P に対しても同様のことが言えます。ハイブリッド P2P は、インデックスサーバがノード検索の機能を引き受けるため設計や管理が容易となりますが、耐障害性やスケーラビリティが充分に発揮されにくいという特徴を持ちます。ピュア P2P は、P2P のもたらす利点を最大限に活かし、耐障害性とスケーラビリティを高めることができますが、その一方でノード検索のためのアルゴリズムを実装することが必要です。

ここからは、P2P 型システムの中でも真に非集中な設計であるピュア P2P に注目して、P2P ネットワークの仕組みについてさらに理解を深めていきましょう。

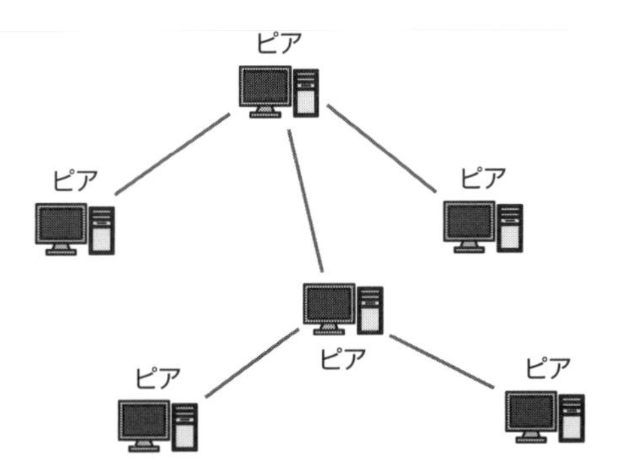

図 3　ピュア P2P の構成

2.2　非構造化オーバレイと構造化オーバレイ

ピュア P2P 型のシステムでは、集中サーバなしでノードの探索を実現するために、アプリケーションレベルのネットワークを構築します。これを「オーバレイネットワーク」と呼びます。オーバレイネットワークは、各ノードとノード間の通信経路から構成され、実ネットワークとは異なるネットワークトポロジを持ちます。さらに、オーバレイネットワークのトポロジとノードの探索手法に注目し、非構造化オーバレイと構造化オーバレイの 2 つに分類することができます。

非構造化オーバレイは、各ノードが隣接ノードを選ぶ際の制約がない設計のオーバレイネットワークです。つまり、特定のネットワークトポロジが規定されていないということです。ノードの探索は、メッセージを隣接ノードに向けて次々と伝播させ、拡散させていくことによって行われます。非構造化オーバレイの利点として、メッセージに要求するデータのメタ情報を含めて、そのメタ情報に合致するデータを持つノードを探索するなど、柔軟な探索ができることが挙げられます。その一方で、メッセージを次々に拡散させていく方式では、目当てのノードにメッセージが届くことを保証できないことや、ノード数が増加した際ネットワーク上にメッセージが溢れかえってしまうといったスケーラビリティの問題を抱えています。

非構造化オーバレイにおけるメッセージ伝播の問題を解決するために、一部のシステムでは「スーパーノード」という概念が採り入れられています。これは、一部のノードをその他の一般的なノードよりも上位のノードに任命するものです。スーパーノードは多数の一般ノードを自身の配下に置き、メッセージの伝播はスーパーノード同士で構築されたネットワーク上で行われます。

スーパーノードは、ネットワークに参加するノード数に応じて数が調整され、その任命は、ノードやネットワークの性能等によって自律的に行われます。

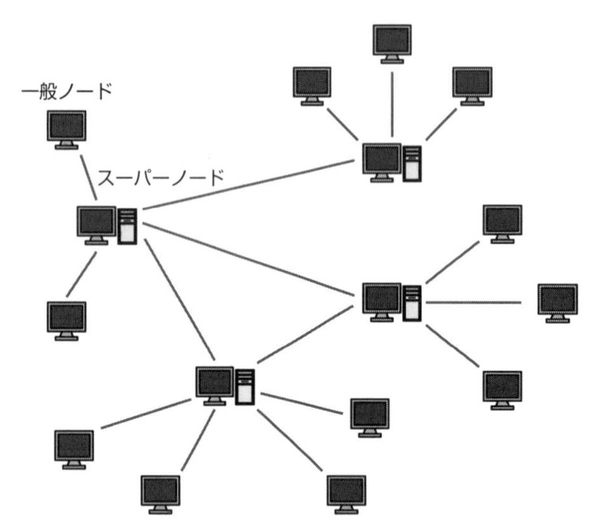

図4　スーパーノード型の構成

構造化オーバレイは、各ノードが接続する相手があらかじめ決められており、ネットワークトポロジも厳密に設計されたオーバレイネットワークです。各ノードにはIDが割り当てられ、そのIDに従って接続する相手も決定されます。その結果、リング型やツリー型などの構造を持ったオーバレイネットワークが構築されます。典型的な構造化オーバレイ上では、各データに対してもノードと同様にIDが割り当てられ、各データは自身のIDに最も近いIDを持つノードに格納されます。メッセージの転送も、IDを用いた経路選択（ルーティング）によって実現されます。メッセージには宛先IDを記載し、そのIDに向かって近づくように隣接ノードが選択され、転送が繰り返されていきます。

構造化オーバレイの利点は、メッセージの到達可能性と高スケーラビリティです。メッセージを周辺ノードに拡散させていく非構造化オーバレイでは、目当てのノードにメッセージが到達することを保証することができず、スケーラビリティにも問題がありました。これに対して構造化オーバレイでは、メッセージを拡散させることなく宛先IDに向けて効率よく近づき、対象のノードがネットワークに存在していれば必ずメッセージを届けられるように設計されています。ネットワークトポロジも厳密に設計されているため、ノード数が増加した際にもメッセージの転送回数を小さく抑えることができます。

一方で、構造化オーバレイはID等に基づいてメッセージ転送を行う都合上、非構造化オーバレイのように柔軟な探索をさせることができません。多くのアルゴリズムでは、データIDによる完全一致検索のみが行えます。

2.3 ブロックチェーン基盤の分類

ここまで、P2P ネットワークをいくつかの種類に分けて見てきましたが、ブロックチェーン技術はどのタイプに分類されるのでしょうか。

Bitcoin Core や Ethereum、Quorum では、すべてのノードが同じ役割を持ち、等価なネットワークを形成するので、ピュア P2P に分類できます。さらに、そのネットワークトポロジに制約は設けられていないため、非構造化オーバレイが構築されていると言えます。

Hyperledger Fabric は、Committing Peer / Endorsing Peer のようにノードによって役割が異なる点で、スーパーノードの概念を取り入れた非構造化オーバレイであるとの見方ができます。また、証明書の発行・管理機能を持つ Fabric CA が存在する点で、ハイブリッド P2P の側面を持ちます。Corda は、トランザクションの一意性を確保する Notary などノードに役割がある点や、認証局である Doorman Service が存在する点で、Hyperledger Fabric とほぼ同様の特徴を持ちます。

3　P2P ネットワークにおけるブロックチェーンの動き（概要）

ここまでにP2P ネットワークの設計や分類等について述べましたが、そのP2P ネットワークの上で、ブロックチェーンがどのように動作するかの概要を確認してみましょう。本節では、Bitcoin Core やEthereum といった、コンセンサスアルゴリズムにProof of Work を採用しているブロックチェーン基盤を例として取り上げます。

① ブロックチェーンを構成しているP2P ネットワークにおいて、あるノード（ノードX とします）が取引データ（トランザクション）を送信します。なお、この時点で取引自体は未実行（未成立）ということになります

② ノードX からP2P ネットワークに送付されたトランザクションは、ネットワーク上の全参加者宛に伝播されます。このように、自分が作成した取引データをブロックチェーンネットワークに送信し、全参加者に伝播させることを、「ブロードキャスト」と呼びます

③ トランザクションを受け取った全ノードがマイニングを実施し、条件に合うハッシュ値を発見すると、既存のブロックチェーンに新しいブロックを追加します（発見者をノードY とします）。これをProof of Work（PoW）と言います

④ 新しいブロックを追加したノードY は、ブロックをP2P ネットワークにブロードキャストします

⑤ ブロックを受け取った各ノードは、ブロックが正当なものであるかを検証し、正しいものであればこれを受け入れ、自らが保持するブロックチェーンを更新します。また、この時点で取引が成立します

4　P2P ネットワークにおけるブロックチェーンの動き（詳細）

前節（第 3 節）では P2P ネットワークにおけるブロックチェーンの動きの概要について述べましたが、本節では P2P ネットワークへの初期参加、他ノードとの連携、データ（ブロック）の送受信といった要素について、各ブロックチェーン基盤の特徴をより詳細に確認していくことにします。

4.1　P2P ネットワーク上の他ノードとの連携

まずは、Bitcoin Core における P2P ネットワーク上の他ノードとの連携方法を見てみましょう。

Bitcoin Core では初期参加時に、① DNS（例えば bitseed.xf2.org）による探索、②クライアントソフトウェアにあらかじめハードコーディングされている準永続的ノード一覧の参照、③コマンドラインによる IP アドレス指定の順で、ネットワーク上のノード一覧を取得しようと試みます。2 回目以降は、それまでにネットワーク上で認識したノード一覧を各クライアントの内部データベースに保持しているので、その情報をもとに他ノードとの連携を試みます。

次に、Ethereum について見てみましょう。

Ethereum の場合、起点となるノードでは、あらかじめハードコーディングされているブートストラップノード[注1]の一覧を参照し、接続を試みます。なお、このブートストラップノードは、起動時にコマンドラインから指定することもできます。その他のノードについては、ディスカバリープロトコルを使用し発見することができます。

Hyperledger Fabric では、各 Peer は、ネットワークの中心に位置する Ordering Service に接続することで互いの Peer 情報を知り、通信を開始します。Peer は組織（Organization）単位で Leader Peer と呼ばれる代表を選出し、組織内 Peer 間通信や Peer と Ordering Service の間との通信の要として機能します。また、Anchor Peer と呼ばれる Peer を設定することで、組織をまたいだ Peer 間通信を中継します。

Quorum では、Ethereum と類似したネットワーク構造をとりながらも、ノード間接続が許可制となっている点が異なります。具体的には、各ノードに接続を許可するノード一覧の設定ファイルを持たせておき、これに記載されているノードのみが Quorum ネットワークに参加できるようになっています。

Corda では、Doorman Service や Network Map Service が Corda ネットワーク内に存在し、各ノードが連携するための情報を管理しています。Doorman Service は各ノードへの ID の払い出しを行い、Network Map Service は Corda ネットワークに参加するノード一覧を管理します。新規ノードの Corda ネットワークへの参加は、これらのサービスから、自身の ID や他ノードのリストを受け取ることで実現されます。

注1　ブートストラップノードとは、P2P ネットワーク上でノードが初期参加する際に初期設定情報を提供するノードのことです。

4.2　データ（ブロック）の送受信

次にP2P ネットワーク上のデータ（ブロック）の送受信について見ていきましょう。Bitcoin Core の特徴は、ブロック本体を送信する前に、そのブロックのハッシュをinv（inventry）メッセージとして相手クライアントに送り、相手クライアントがそのブロックを持っていない場合、getdata メッセージを返すことによって、ブロックの本体を要求する点です。この手法により、P2P ネットワークを流れるデータ量を抑えることができます。

次に、Ethereum の場合を見てみましょう。

Ethereum では、ブロックチェーンのデータそのものではなく、そのハッシュがすべてのノードによって共有される空間にチェーンとして保存され、「ワークプール」として利用されます。このワークプール上で自ノードに不足しているデータを見つけ、ハッシュを利用してブロックを要求・取得します。

Hyperledger Fabric の場合、トランザクションデータはOrdering Service に集約・整列され、ブロック化されたものが各Peer に配信されます。このとき、各組織のLeader Peer が代表してOrdering Service からブロックを受領し、自組織内のPeer 群への配信を行います。

Quorum では、パブリックトランザクションとプライベートトランザクションの2種類を扱うことができ、それぞれデータ送受信の機構が異なります。パブリックトランザクションについてはEthereum と同様の機構で実現される一方、プライベートトランザクションは、Quorum の各ノードで動作するトランザクションマネージャがデータの共有先ノードを制御します。

Corda の場合、同一のスマートコントラクトがデプロイされた2ノード間およびNotary サービスのみで、データの共有が実施されます。ほかの多くのブロックチェーン基盤のように、データをネットワーク内で広く拡散させる仕組みは持っていません。スマートコントラクトごとに異なるデータの送受信を行うCorda では、トランザクションにおける相互検証の流れを独自に記載することが大きな特徴の1つです。

5　今後の課題

本章では、ブロックチェーン技術を構成する要素技術の1つであるP2Pネットワークを紹介しました。ブロックチェーン技術はまだ成熟していないため、将来的にブロックチェーン基盤を利用したシステムを運用していくにあたり、様々な課題を検討しなければなりません。本節ではその一部を簡単に紹介します。

まずは、分断耐性や耐攻撃性等、安全性に関わる課題です。ブロックチェーンについては、その高可用性が注目されていますが、P2Pの観点で見た場合、特定のネットワークトポロジを維持する仕組みを備えていないブロックチェーンは、比較的ネットワーク分断が起こりやすいと言われています。また、クエリー内容の改ざんやエクリプス攻撃等への対応も考慮する必要があります。

次に、ノードの信頼性やブロードキャスト等、確実性に関わる課題です。あるノードが長時間P2Pネットワークに参加していれば、そのノードの信頼性が高いとみなすことができますが、ネットワークへの参加と離脱を頻繁に行うノードは信頼して確実な通信を行うことが難しくなります。また、信頼性自体を測る方法についても、様々な手法があるため検討が必要です。ブロードキャストについては、ブロックチェーンネットワーク全体で同期が可能か、到達保証（受信確認）はどうするかといった課題があります。

最後に、転送回数やネットワーク遅延等、パフォーマンスに関わる課題です。P2Pネットワーク上で動作するブロックチェーンは、クライアント・サーバ型のシステムのように全てのクライアントに一斉に同じ情報を共有することができません。P2Pネットワーク上でメッセージの転送を次々と繰り返す方式では、情報が全ノードに伝達されるまでの遅延が大きいことが懸念されるため、リアルタイム性を求められる領域での適用が難しいとされています。また、様々な性能のノードや様々な帯域幅のネットワークが混在するP2Pネットワーク上で、パフォーマンスを向上させるための工夫も必要となってきます。今後、適用領域を検討、拡大していく場合に避けて通れない問題です。

これらの課題については、第10章でも触れます。

第8章

コンセンサスアルゴリズム

本章ではコンセンサスアルゴリズムを紹介します。これは中央管理者不在のP2Pネットワークにおいて、記録されたデータの正当性を承認者間で保証する合意形成の仕組みです。ビットコインやEthereumのコンセンサスアルゴリズムはProof of Work（PoW）であり、「ブロックチェーン＝PoW」という認識が一般的ですが、ブロックチェーンで利用できるアルゴリズムはほかにも数多く存在します。

本章ではPoWを含め、様々な特徴を持つコンセンサスアルゴリズムを紹介します。また、近年顕在化したPoWの問題点についても、事例を交えて紹介します。

1 コンセンサスアルゴリズムとは？

コンセンサスアルゴリズムとは、P2P ネットワークのように情報伝達のタイムラグや未到達といった事態を避けられないネットワーク上の分散処理において、参加者全員で正しい結果を共有・保証するための合意形成の仕組みです。ブロックチェーンでは、任意のノードで作成したブロックをネットワーク全体に配布する際、故意か過失かを問わず、誤った情報による記録の改ざん等を避けるために、このアルゴリズムが使用されています。

ビットコインネットワークには、インターネット上の誰もが参加できます。このようなユースケースでは、自分の利益のために情報を改ざんするような悪意ある参加者の存在を想定せざるを得ません。例えば、すでに送金済みの通貨を、あたかもまだ存在しているかのように偽装し、違う人に送金する二重取引などが考えられます。情報の伝達経路が複数ある P2P ネットワークでは、改ざんされていないかどうかを判断するのが非常に困難です。この問題は「ビザンチン将軍問題」と言われ、古くからコンピュータサイエンス上の課題とされてきました。

ビットコインは、第6章で説明したように Proof of Work（計算量による証明、以下 PoW と略）と呼ばれるコンセンサスアルゴリズムによって、P2P ネットワークによる史上初の電子通貨システムを実現しました。

こうしたことから、ブロックチェーン基盤製品の多くが、ビザンチン将軍問題の解決を重要視しています。特にパブリック型のように、誰でもノード所有者として参加可能な反面、悪意のある参加者がいるネットワークでは、ビザンチン障害耐性を備えた仕組みが導入されています。しかし、ブロックチェーンが一般に普及した昨今、利用者の爆発的な増加や仮想通貨の高騰により様々な問題が生じており、必ずしも PoW が唯一の解決策ではなくなってきています。

また、ブロックチェーンの利用範囲が拡大し、企業で使用するニーズが増えるにつれ、信頼できるメンバとのみネットワークを形成することや、PoW の問題の1つでもあるファイナリティの確保、パフォーマンスの改善などが新たな要求条件として加わり、それを解消する様々なコンセンサスアルゴリズムが試行されています。例えば、Ethereum においては次のバージョンで PoW から PoS への移行がアナウンスされていますし、Hyperledger Fabric は v0.6 で実装されていた PBFT から、性能や効率を重視した Endorsement-Ordering-Validation モデルに変更しています。

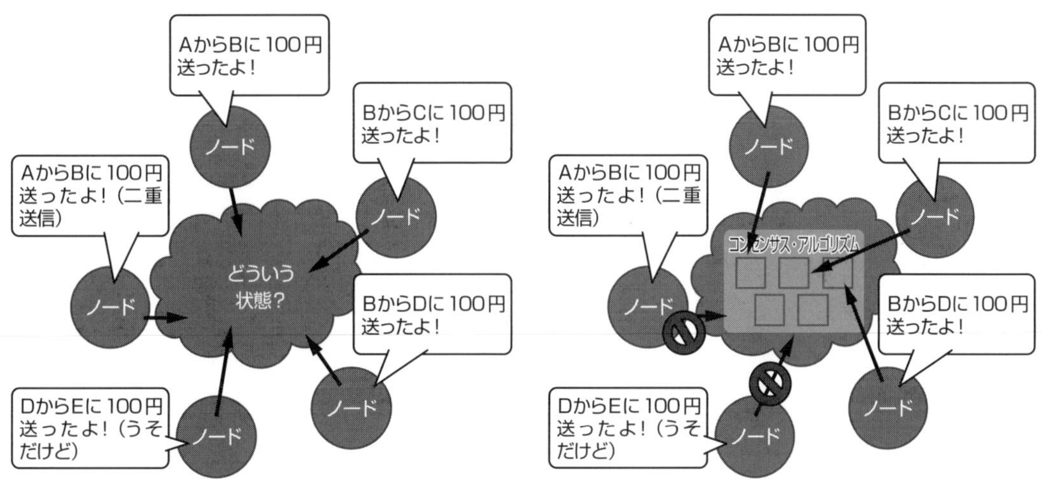

図1　コンセンサスアルゴリズムの役割

2 プルーフ・オブ・ワークの問題点

PoWでは、確率的に解答が困難な問題を一番早く解くことができた人がブロックを作成できます。そして、その人に対価としてコインを与えることで、中央集権的な管理者が不在なシステムを運用するインセンティブとしています。また、通信の断絶状態によって不整合が生じ、ブロックが分岐した場合でも、最も多くの計算量が使われた一番長いブロックチェーンを正とすることで、データの一貫性を保証しています。この仕組みの有効性は、運用開始から10年を経ても、システム停止を経験していないことから証明されていると言えるでしょう。

では、PoWの問題点とは何でしょうか？　代表的なものを以下に挙げてみます。

2.1 51%攻撃

PoWは、一番長いブロックチェーンを正とするルールです。つまり、現時点で最長のチェーンよりも長いチェーンを作成すれば、取引履歴を上書きできることになります。長いチェーンを作成するには、ネットワーク全体における計算量（ハッシュパワー）の過半数を確保すればよく、これを悪用した攻撃は「51%攻撃」と呼ばれています。

実際、2018年5月13日から15日にかけてMONAコインが51%攻撃の標的にされ、米国のLivecoin取引所が約1,000万円の被害に遭いました。また、同年5月23日には、ビットコインゴールドが同様の攻撃を受け、その被害額は約20億円を超えるとも言われています。本事例に用いられた攻撃は、マイニングしたブロックをブロードキャストせずに保有しておき、ローカルでチェーンを伸ばし、長いチェーンをブロードキャストして取引を上書きする攻撃であり、Block withholding attackとも呼ばれています。

ブロックチェーンは耐改ざん性が高いとよく言われていますが、フォークやネットワークの変化等によって前提条件が崩れると、簡単に改ざんできてしまう可能性が生じます。51%攻撃の可能性は以前から指摘されていましたが、まさか実際に攻撃されるとは想定されておらず、多額の被害をもたらす結果になりました。

51%攻撃は、現実世界においては不正な操作となりますが、PoWのルールでは正常な処理とみなされます。現状、51%攻撃への対策としては、ブロック作成時の計算難易度を適切に調整し、正常に運営する側のハッシュパワーを高める以外に方法がありません。

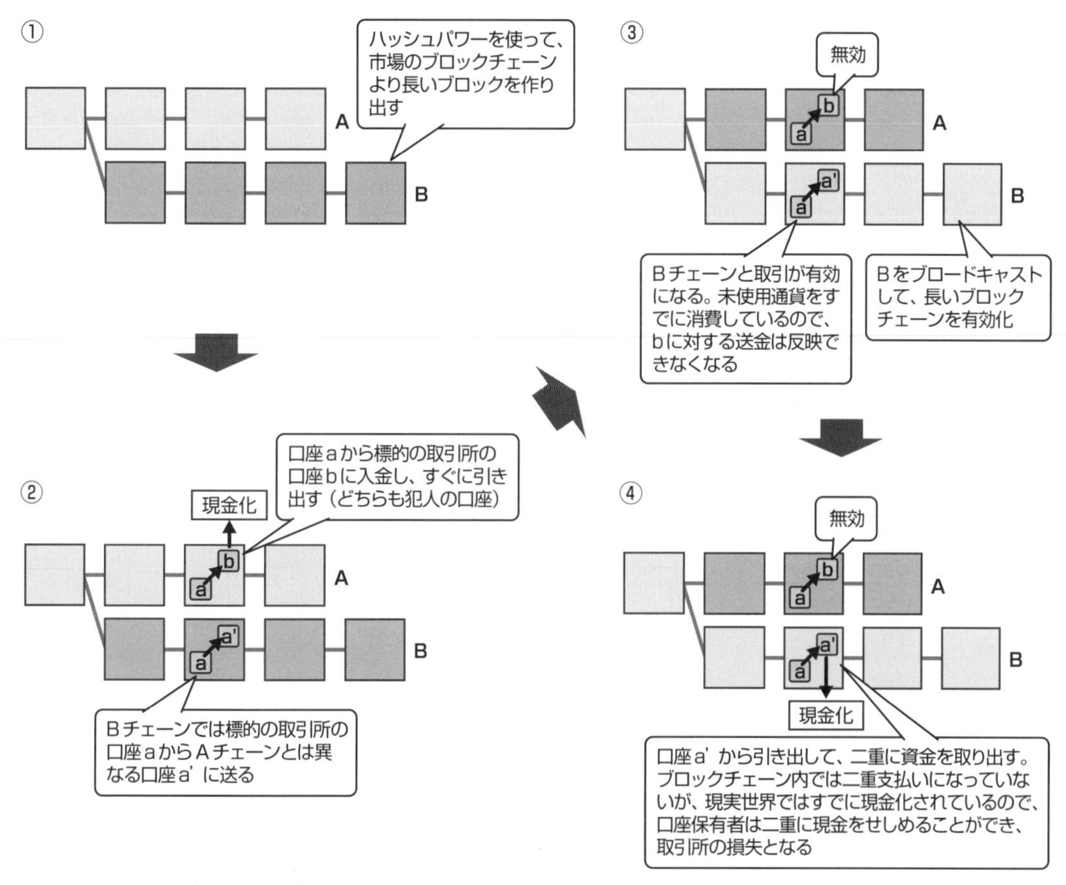

図2　モナコインとビットコインゴールドで被害をもたらしたBlock withholding attack

2.2　ファイナリティの不確実性

ブロックチェーンが分岐した場合は、一番長いチェーンが正しいと判断されます。短い方を参照していたノードが長い方を参照するように切り替わると、例えば自分の口座残高が前触れもなく変化したり、条件によっては、既存の取引が消えてしまったりするケースも発生します。ビットコインではこのような事象を回避するために、取引が確定しても「6ブロック待たないと、次の取引を実行できない」とする制限を設けているウォレットもあります。

ファイナリティ（取引完全性＝取引が確実に執行されること）がこのように不確実であることが、金融システムへの導入の壁を高くしている要因にもなっています。

2.3　性能限界

P2P ネットワーク上で単一の情報を共有する前提上、ネットワークを伝播する時間をゼロにすることは不可能です。また、複数ノード間の合意によって情報の信頼性を担保しているので、そのための時間も必要になります。したがって、性能（レスポンスタイム）やスループットを上げることが困難であり、基本的にリアルタイム性の高い業務には不向きと言えます。

2.4　ブロックチェーンの容量

参加者全員で情報を検証するため、すべてのブロック情報を各ノードが保有する必要があります。ビットコインでは、運用開始当初から蓄積されたブロックチェーン情報が 2019 年 3 月時点で 210GB に達しており、今後確実に増大していくことから、ハードディスク容量の圧迫や初回実行時間の増大が懸念されています。

以上が、PoW における代表的な問題です。これらの問題については、ビットコイン・コミュニティ等が解決案や代替案を検討していますが、完全な解決にはほど遠いのが現状です。そのため、最近リリースされた新しいブロックチェーン基盤では、別のコンセンサスアルゴリズムを採用することで、事態の解決を図っているものが多く見られます。

3 コンセンサスアルゴリズムの種類

3.1 代表的なコンセンサスアルゴリズム

不特定多数のユーザが参加するインターネットのような環境であれば、PoWは有効に働きます。しかし、信頼された参加者でコンソーシアムを組んで運用するビジネスモデルにおいて、その仕組みは多分に冗長になります。

コンソーシアム型のブロックチェーンでは、悪意ある参加者への対処を限定する代わりに、処理速度やスループット、ファイナリティの確実性確保を重要視する傾向にあります。この場合コンセンサスアルゴリズムには、あらかじめ選ばれた参加者で合意形成が可能であり、高速で動作するものが求められるでしょう。

次の表1には、ブロックチェーンで検討されている代表的なコンセンサスアルゴリズムを挙げてみました。もともとは、ブロックチェーン以前の分散データベースや分散ファイル共有システムにおいて発生し得る障害ケースに対応するために考え出されたものです。

表1　代表的なコンセンサスアルゴリズムと採用システム

コンセンサスアルゴリズム	概要	BFT（ビザンチン障害耐性）	採用システム
PoW	ハッシュ計算問題を早く解けた者が承認者になる。	BF耐性あり。	Bitcoin、Ethereum
PoS	ハッシュ計算問題の難易度は、通貨保有量が多いほど簡単になる。	BF耐性あり。	Ethereum（予定）、mijin
PoA	信頼された参加者だけが承認者になる。	BF耐性あり。	Ethereum
PBFT	信頼された複数のノードが合議制で承認する。改ざん耐性あり。	BF耐性あり。	Hyperledger Fabric v0.6、Hyperledger Sawtooth
Endorsement-Ordering-Validation	Ordererで集中的に承認し、Peerでブロックの真正性を検証し、クライアントで内容の真正性を検証する。クライアント側で複数ノードの値を参照することで、真正性を確認する。	BF耐性なし。	Hyperledger Fabric v1.0
IstanbulBFT	PBFTをブロックチェーン用に適用しやすいように改良したもの。微修正したもの。	BF耐性あり。	Quorum
Paxos	リーダを中心とした合意形成により承認する。	BF耐性なし。	Google Chubby
Raft	Paxosをブロックチェーン用に、システム実装しやすいように改良したもの。	BF耐性なし。	Corda、Quorum、Hyperledger Sawtooth

表1に示したもの以外にも、CPUの拡張命令セットを利用したProof of Elapsed Time（PoET）や、ネットワークの貢献度が高いノードに権限を与えるProof of Importance（PoI）など、様々な提案がなされています。

3.2 分散システムにおける障害モデル

コンセンサスアルゴリズムに様々な種類があるのは、それぞれが想定する障害ケースが異なるからです。P2Pネットワークで発生し得る障害モデルには、以下の3つがあります。

① FAIL STOPモデル：何らかの障害により停止したサーバは、潔く退出するモデル
② FAIL RECOVERモデル：一度停止したサーバが復活するモデル（遅延や停止を区別しない）
③ BYZANTINE FAULTモデル：任意のノードが悪意を持って間違いを起こすモデル

PaxosとRaftは①および②を、PoW、PoS、PBFTは③を考慮したモデルと言えます。分散データベースや分散ファイル共有システムなどには、基本的に人間の意志が介在しないため、各ノードの状態を見て制御することができます。ところが、ビットコインのように不特定多数の人間が参加し、自らの意思で取引を実行する仕組みの場合には、ユーザが悪意を持ってデータの改ざんや破壊などを行うケースを考慮しなければなりません。

4　各コンセンサスアルゴリズムの特徴

本節では、先に紹介したコンセンサスアルゴリズムの特徴を個別に紹介します。

4.1　PoW (Proof of Work)

PoW は、ビットコインをはじめ、多くのブロックチェーン基盤が採用しています。ブロックを作成し配布した後で、多くの参加者に取り込んでもらえたものを正当なブロックと定義するため、参加者の数に影響されず、いくらでも参加者を増やすことができます。その反面、ネットワーク状態によって、局所的に不整合が生じた場合、ファイナリティが不確実になってしまう点や、性能が出ないといったデメリットもあります。

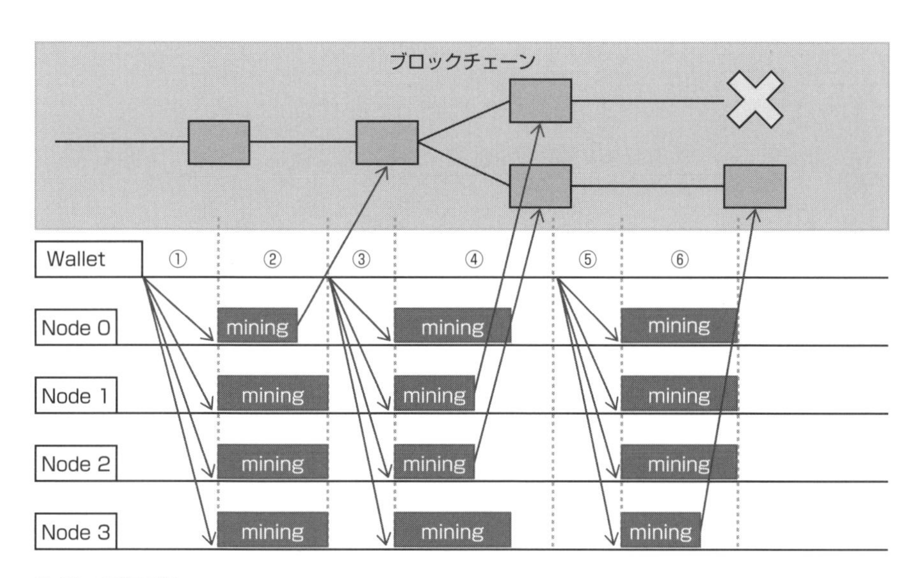

PoW の処理手順
①Wallet がトランザクションを発行し、参加者全員にブロードキャストする
②受け取った承認者がハッシュを計算する。ここでは Node0 が先に見つけたので、Node0 が作成したブロックがブロックチェーンに追加される
③Wallet が別のトランザクションを発行し、参加者全員にブロードキャストする
④受け取った承認者がハッシュを計算する。ここでは Node1 と Node2 が同時に見つけたため、ブロックチェーンが分岐する
⑤Wallet が別のトランザクションを発行し、参加者全員にブロードキャストする
⑥受け取った承認者がハッシュを計算する。ここでは Node3 が先に見つけて、Node2 のブロックの後に追加したとする。その場合、下のブロックチェーンが正になる

図 3　PoW の仕組み

4.2 PoS (Proof of Stake)

Ethereumが最終バージョン（Serenity）で採用を予定しているアルゴリズムです。貨幣量をより多く所有している承認者が、優先的にブロックを作成できるところに特徴があります。これは、「大量の通貨を所有している参加者は、その通貨価値を守るために、システムの信頼性を損なうことはしないであろう」という考え方に基づいています。また、通貨保有量が少ない参加者らによる51%攻撃が極めて困難になります。

基本的な仕組みはPoWと変わりませんが、通貨量によってハッシュ計算の難易度が下がるため、PoWと比較してリソース消費を削減できる点や、ハッシュ計算が短くなることで結果としてブロック生成が速くなり、スケーラビリティ向上につながる点などが大きなメリットになります。

反面、ブロック作成に大量の通貨が必要となるため、マイナーが通貨を抱え込むことによる流動性の低下が懸念されています。

4.3 PoA (Proof of Authority)

PoAは、Ethereumのプライベートチェーンで使用できます。PoWで動作していたテストネットワークRopstenが、参加ノードが少ないために51%攻撃を受けて機能しなくなったため、その対応としてPoAが考案されました。

PoAは、FAIL STOPモデルで動作します。身元が明らかで信頼されたノード（authority）の中から、ブロックを生成するノードを選び出し、それらのノードが生成したブロックのみを有効とするルールです。PoWのように莫大な計算量を必要とせず、少ないノードでも正常に動作するという特徴があります。

PoAは、コンソーシアム型ブロックチェーン基盤の一部で採用されています。BFT系のコンセンサスアルゴリズムと比較すると、PoAはメッセージのやり取りが少なく、ノード数が増えてもパフォーマンスが劣化しにくいという特徴があります。しかし、高いパフォーマンスとは引き換えに、ネットワークやノードの状態によっては一貫性のない状態になり得るので、プライベート型といえども注意が必要です。

PoAの中にはいくつか種類がありますが、ここでは、Ethereumで実装されているCliqueとAuraを紹介します。

Clique[注1]

geth（Go言語で実装されたEthereumのコマンドラインインタフェース）のプライベートチェーンで

注1　https://github.com/ethereum/EIPs/issues/225

利用できるコンセンサスアルゴリズムです。ブロックを生成できるアカウントを、あらかじめリストに登録しておく必要があります。ブロック番号に基づいてリストの中からリーダを決定し、そのリーダがブロックを生成します。ノード間のメッセージのやり取りがほとんど発生せず、リーダとなるノードが故障していたり、不正なブロックを生成してブロック番号が変化しない場合は、他のノードがリーダを代替してブロックを生成します。なお、ブロックを生成できるアカウントの追加や削除は、投票によって行われます。

Clique は、Ethereum のテストネットワーク Rinkeby Testnet で採用され、パブリックネットワーク上で検証が行われています。

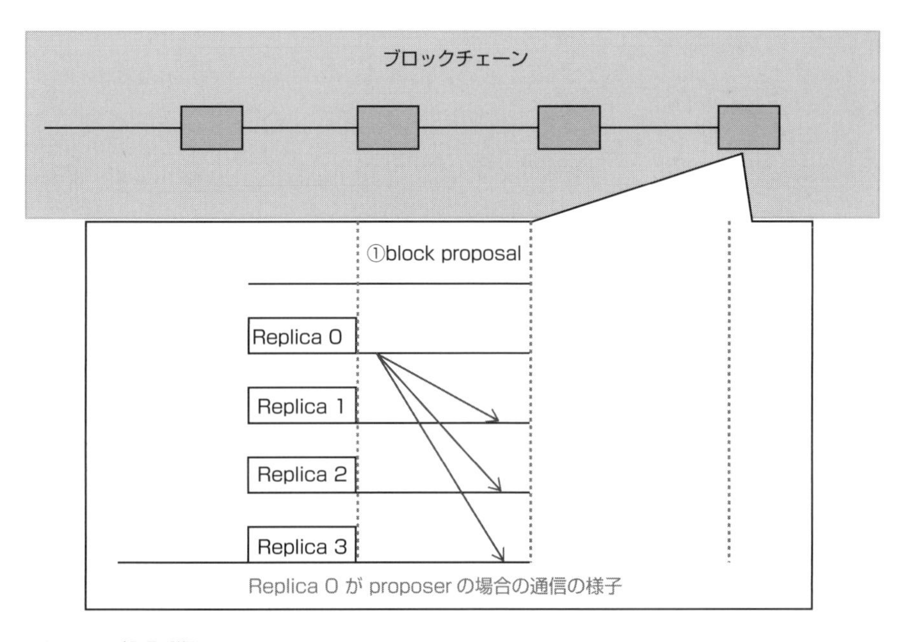

Clique の処理手順
①proposer がブロックを提案し、各ノードはブロックの有効性を確認してコミットする

図 4 Clique の仕組み

Aura[注2]

Aura は、Parity (Rust 言語で実装された Ethereum のコマンドラインインタフェース) のプライベートチェーンで利用できます。ブロックを生成するノードは、UNIX Time に基づいて決まります。またAura は、高速に動作する反面、各ノードの UNIX Time に依存するため、ノード間で地理的な時刻のずれがある場合にフォークが発生し、一貫性がなくなるという問題を抱えています。Aura はテストネットワーク Kovan に採用され、検証が行われています。

注 2 https://wiki.parity.io/Aura

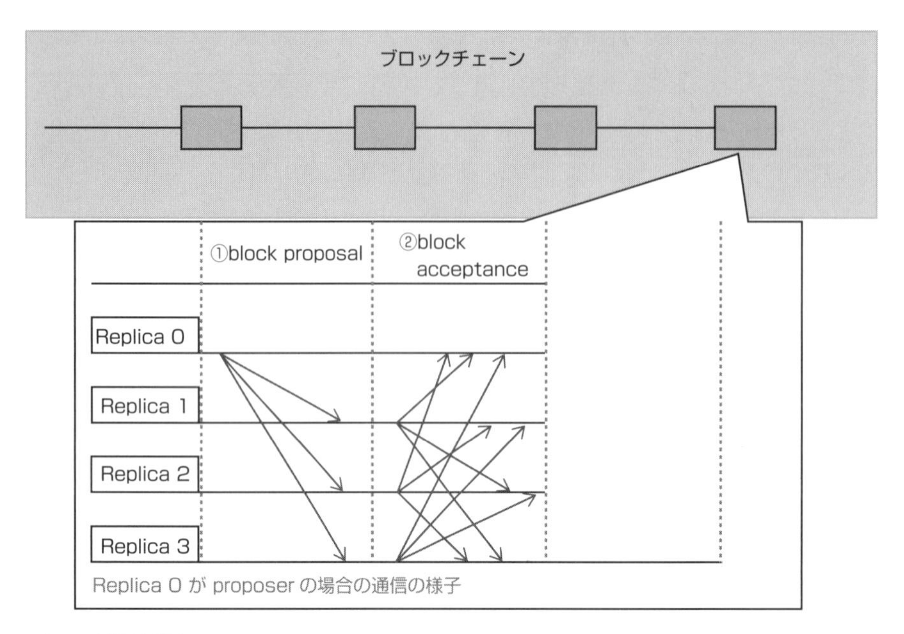

Aura の処理手順
①proposer がブロックを提案する
②各ノードはブロックの有効性を確認し、受信した合図を全ノードに送信する

図5 Aura の仕組み

4.4 PBFT (Practical Byzantine Fault Tolerance)

PBFT は、PoW や PoS と同様に BYZANTINE FAULT モデルですが、PoW と PoS のデメリットだったファイナリティの不確実性や性能問題を解消していると言えます。Hyperledger Fabric や Eris など、コンソーシアム型での利用を想定しているブロックチェーン基盤に多く採用されています。

PBFT では、ネットワークのすべての参加者をあらかじめ知っている必要があります。参加者の1人がプライマリ（リーダ）となり、自分を含む全参加者に要求を送ります。その要求に対する結果を集計し、多数を占めている値を採用することで、ブロックを確定させます。不正なノード数を f 個とすると、ノード台数は 3f + 1 個である必要があり、確定には f + 1 個以上のノードが必要です。PoW / PoS は残り1個でも動き続けますが、PBFT は必要数に満たない場合、停止します。

PoW や PoS と異なり、多数決で意思決定した後にブロックを作成するため、ブロックチェーンの分岐が発生しません。したがって、一度確定したブロックが覆らないので、ファイナリティが確保されることになります。また PoW のように、条件を満たすまで計算を繰り返すような動きをしないため、性能的にも非常に高速です。

不正をしようにも過半数を獲得する必要がありますし、仮にリーダとなるプライマリが嘘をついたとしても、全参加者がリーダの動きを監視し、嘘と判断した場合には多数決でリーダ交代を申請できるため、非常に強固な耐障害性を持っています。

その反面、常に全員と意思疎通をする必要があるため、参加者が増えると加速度的に通信量が増加し、スループットの低下につながります。PoW や PoW では数千のオーダーでノードを増やせますが、PBFT では数十ノードが限界でしょう。

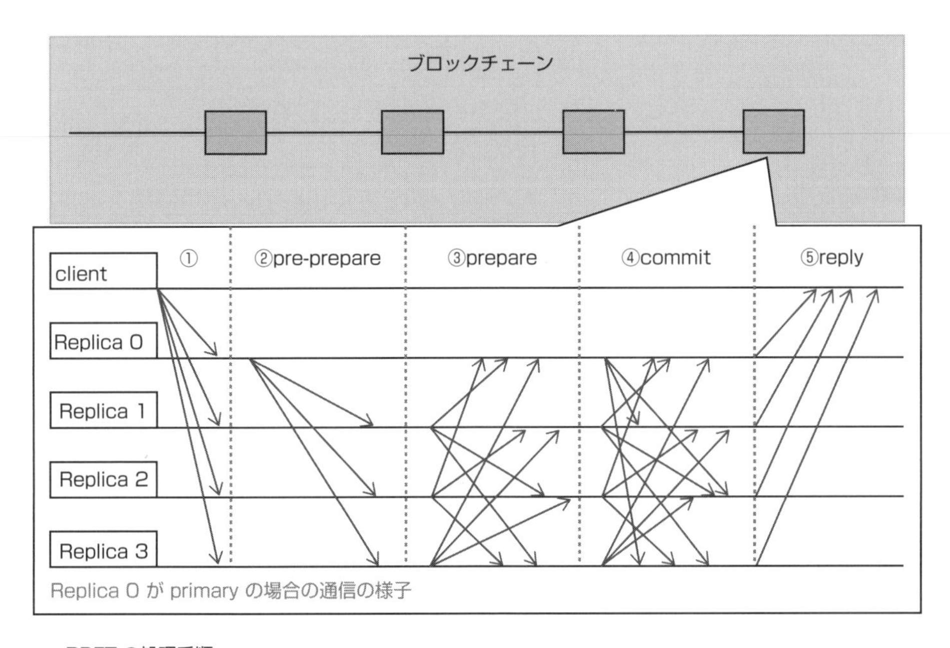

PBFT の処理手順
①Client がすべてのノードに要求をブロードキャストする
②Replica 0 が primary（リーダ）となり、順序付けた命令を他のノードに送る
③各ノードは②の命令を受信したら、primary（Replica 0）を含むすべてのノードに返信する
④各ノードは③で送信された命令を一定数以上（2f）受信すると、受信した合図を、Primary（Replica 0）を含むすべてのノードに送信する
⑤各ノードは④で送信された命令を一定数以上（2f）受信すると、命令を実行しブロックを登録して、client に reply を返す

図 6 PBFT の仕組み

4.5 Endorsement-Ordering-Validation[注3]

Endorsement-Ordering-Validation は、Hyperledger Fabric v1.0 以降に採用されています。

Hyperledger Fabric v0.6 には PBFT が採用されていましたが、ノード数の増加に従いパフォーマンスが劣化するというスケーラビリティの課題がありました。Endorsement-Ordering-Validation モデルでは、ノードの役割を Peer と Orderer に分離することでスケーラビリティの課題に対応しています。

注 3 https://hyperledger-fabric.readthedocs.io/en/release-1.4/

Peerはスマートコントラクトの実行と台帳の管理、Ordererはトランザクションの順序付けとブロック作成を担っています。Ordererが集中的にブロック作成を行うため、パフォーマンス向上とは引き換えにビザンチン耐性はなく、FAIL STOPモデルで動作します。

Endorsement-Ordering-Validationの処理フローは次のとおりです。まず、クライアントはPeerに要求を送信します。その要求に対する結果を集計し、Ordererに送信します。その後、Ordererがブロック作成を行い、Peerにブロックを送信します。ブロックを受け取ったPeerは有効性を確認してコミットし、クライアントに実行結果を通知します。

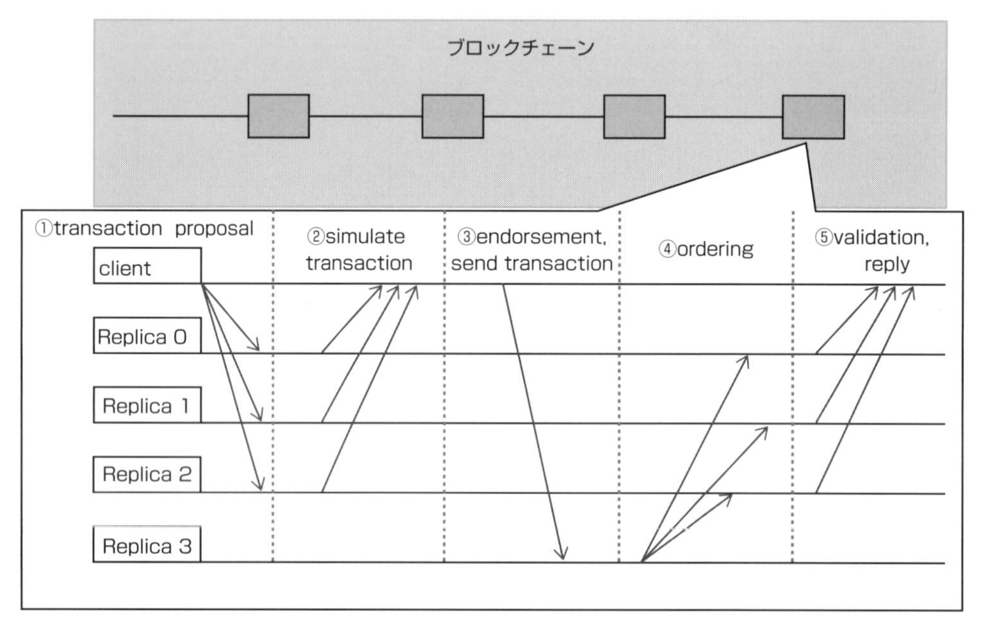

Endorsement-Ordering-Validationの処理手順

①transaction proposal：クライアントがトランザクションを生成し、複数のEndorsing Peerに送信する

②simulate transaction：Endorsing Peerがトランザクションをシミュレート実行し、トランザクション実行前後の値（ReadWriteSet）を取得する。トランザクションとReadWriteSetに署名を付与し、クライアントに返却する

③endorsement、send transaction：クライアントは、複数のEndorsing Peerから受け取った結果をまとめる。このとき、結果セットがendorsement policyを満たしているかを確認する。endorsement policyとは、トランザクションが有効であるための条件を指す。トランザクションが有効となるためには、あらかじめ決められたEndorsing Peerの署名が必要になる。クライアントは、endorsement policyとの整合性を確認した後、結果セットをOrdererに送信する

④ordering：Ordererは、クライアントから受け取ったトランザクションを順序立ててまとめ、ブロックを作成した後、Peerにブロードキャストする

⑤validation、reply：Peerはブロックの検証を行い、自身が持つブロックチェーンに追加する。次に、トランザクションの有効性を検証する。トランザクションの有効性については、(1) endorsement policyを満たしていること、(2) ReadWriteSetがシミュレート実行時と変わらないことを確認する。有効なトランザクションの実行結果を元に、台帳を更新した後、更新結果をクライアントに通知する

図7　Endorsement-Ordering-Validationの仕組み

4.6 IBFT (Istanbul BFT)[注4]

IBFTは、コンソーシアム型のブロックチェーン基盤Quorumで選択できます。こちらはPBFTをブロックチェーン用に微修正したもので、BYZANTINE FAULTモデルで動作します。基本的な挙動はPBFTと同様ですが、IBFTではClientが存在せず、ラウンドロビンでブロックの提案者(proposer)を決定します。

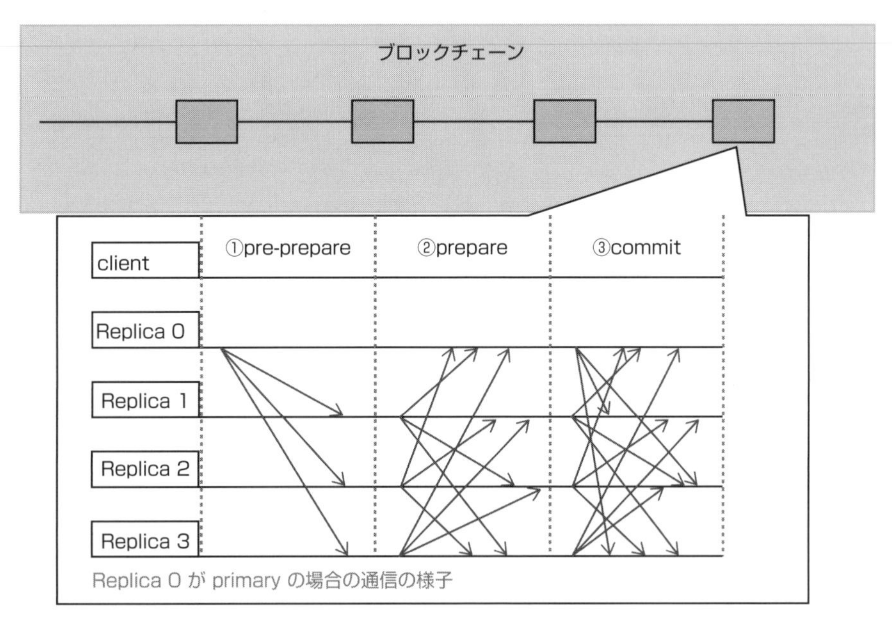

IBFTの処理手順
①Replica 0がproposerとなり、ブロックを提案する
②各ノードは①の命令を受信したら、primary(Replica 0)を含むすべてのノードに返信する
③各ノードは②で送信された命令を一定数以上(2f)受信すると、受信した旨の合図を、Primary(Replica 0)を含むすべてのノードに送信し、コミットする

図8 IBFTの仕組み

注4 https://github.com/ethereum/EIPs/issues/650

4.7 Paxos

Paxosは、最も有名なコンセンサスアルゴリズムの1つです。レプリケーションシステム等の分散システムに組み込み例がありますが、ブロックチェーンへの採用はまだありません。

一般的には「実装が非常に難しい」と言われていますが、Paxosのコア部分はシンプルです。しかし、アルゴリズムが合意形成に特化しているために、プログラムに組み込むにはシステム的に検討すべき点が多く、そこが「難しい」とされる所以だと考えられます。

Paxosの特徴は、「過半数の同意がとれていれば、その同意内容が後で覆ることはなくなる」という点です。Paxosもリーダを中心として合意形成を図りますが、BYZANTINE FAULTモデルではないため、リーダが不正をした場合には、同期がとれなくなります。また、メンバが嘘の申告をした場合も同期がとれなくなるため、悪意ある参加者がいるかもしれない環境での運用には適しません。

4.8 Raft[注5]

Raftは、Paxosのアルゴリズムを維持しつつ、システム実装を意識して、一般的に理解しやすいように改良したものです。コンソーシアム型のブロックチェーン基盤で採用されており、FAIL STOPモデルに属します。

Raftのキーコンセプトは、リーダ選出、ログレプリケーション、安全性の3つです。また、他のコンセンサスアルゴリズムと比較して、リーダに強い権限が集中しているという特徴があります。選出されたリーダはトランザクションを整列し、他のノードすべてにメッセージを直接送信します。

ただし、リーダを選出する仕組みなので、メンバが2分されても、それぞれのコミュニティで動作し続けますが、半数に満たない方のコミュニティは過半数の承認を得られず、ログが溜まるだけでコミットはされません。さらに、ネットワークが3等分された場合には、どのコミュニティもコミットできない状態が続きます。

注5　https://web.stanford.edu/~ouster/cgi-bin/papers/raft-atc14

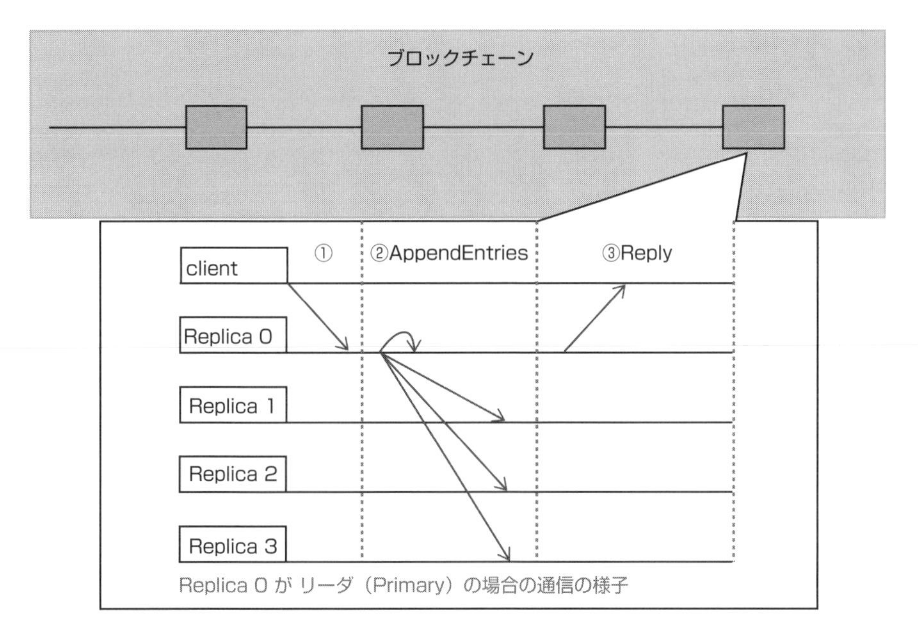

Raft の処理手順
①Client がリーダに要求（Entry）を送る
②リーダは要求に基づいて状態を更新し、要求を他のノードに共有する。他のノードが停止していた場合は、要求を送り続ける
③他のノードが受信したのを確認し、client に reply する

図 9　Raft の仕組み

5 今後の課題

本章で紹介したコンセンサスアルゴリズムは、ブロックチェーンを各ノード間で共有するための重要な機能であり、ブロックチェーン技術の中核に位置付けられます。

最初のブロックチェーンアプリケーションであるビットコインには、PoWが使われていますが、この仕組みはCPUリソースを大量に消費するだけでなく、ファイナリティが不確実であるために、コンソーシアム型やプライベート型のブロックチェーンで利用するには、適切でない部分もあります。

2015年後半から、コンソーシアム型での利用を前提としたブロックチェーン基盤が登場しており、その中ではPoW以外のコンセンサスアルゴリズムを採用しているケースが増えてきました。PBFT等のアルゴリズムは分散データベースや分散ファイルシステムなどに利用されつつありますが、ブロックチェーンでの活用事例はまだ多くありません。より多くの実証実験を行うことで、利用シーンごとの最適なコンセンサスアルゴリズムを整理する必要があります。

表2　コンセンサスアルゴリズムの比較

	Paxos/Raft	PBFT/Sieve	PoW	PoS	Endorsing-Ordering-Validation
対応している障害モデルについて	FAIL STOP、FAIL RECOVERには対応するが、BYZANTINE FAULTには対応しない	Byzantine Faultに対応	Byzantine Faultに対応	Byzantine Faultに対応	FAIL STOP、FAIL RECOVERには対応するが、BYZANTINE FAULTには対応しない（今後は対応予定）
通信コスト	リーダを中心に通信するので、PBFTよりも通信コストは低い。PoW、PoSと比較すると、全体としては同様のコストだが、リーダ1台の通信コストが高くなる	各サーバー間で通信を行うので通信コストは高い	参加サーバ全域ではなく、隣接するノードとの通信でよいため、ローカルでの通信コストは低い	参加サーバ全域ではなく、隣接するノードとの通信でよいため、ローカルでの通信コストは低い	各サーバ間で通信を行うので通信コストは高い
故障の許容台数	1/2未満の故障台数を保証する（ちょうど1/2の場合は対応不可）。PBFTよりも少ない台数でよい	1/3未満の故障台数を保証する（ちょうど1/3の場合は対応不可）	究極的には1台でも残っていればよい	究極的には1台でも残っていればよい	1台以上のOrdererとendorsement policyを満たす台数が必要
多数決の代わりとなるもの	多数決	多数決	CPU演算力	保有している貨幣量	endorsement policy

	Paxos/Raft	PBFT/Sieve	PoW	PoS	Endorsing-Ordering-Validation
CPU演算コスト	低い	低い	高い	中くらい。PoWより低いが、それなりのハッシュの計算を行う	低い
権限の分散性	リーダに強い権限があるが、交代する	参加サーバに平等	電気代の安い地域に集中する可能性が見られる	一般に貨幣保有は集中する可能性が高い	少しOrdererに集中している
参加サーバの条件	信頼されたサーバのみ参加する	信頼されたサーバのみ参加する	どのサーバでも参加可能	どのサーバでも参加可能	信頼されたサーバのみ参加する
秘密保持のための認証	特になし	前もってお互いに信用された公開暗号キーを使用する	参加時に用意した公開暗号キーを使用する	参加時に用意した公開暗号キーを使用する	CAによって発行された公開暗号キーを使用する

第9章

電子署名とハッシュ

ブロックチェーンにおける偽造や改ざんの防止は、既知の暗号技術である電子署名とハッシュを組み合わせることで実現しています。
本章では、ブロックチェーンに採用されている暗号技術の概要と、それがブロックチェーン上でどのように利用されているかについて紹介していきます。

1 電子署名による改ざん防止

1.1 電子署名の概要

電子署名は、電子データの妥当性を証明するものです。電子データの送信者が署名を生成し、受信者がその署名を検証することで、改ざんが行われていないことを確認できます。

電子署名の方式は、様々な方式が存在[注1]しますが、ここでは最も原始的な電子署名であるRSA[注2]署名を例に、署名生成から検証までの流れを説明します。

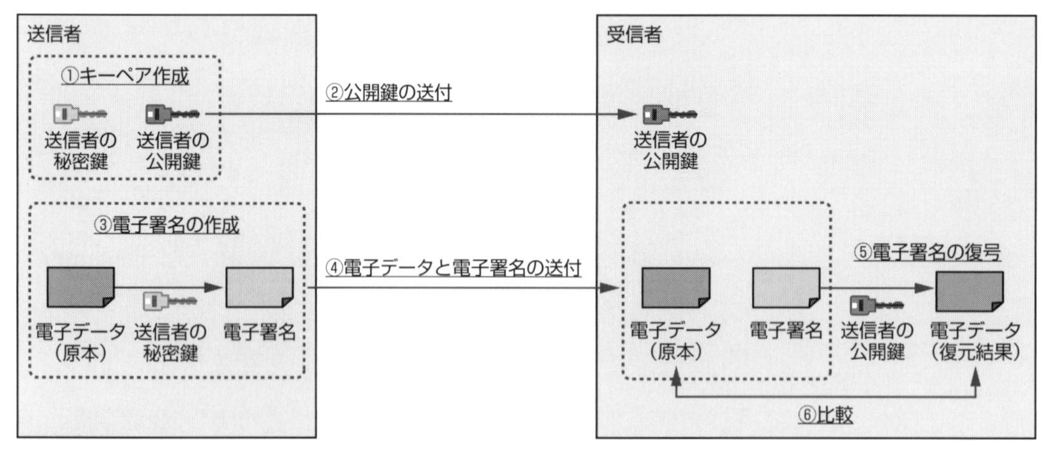

図1　電了署名の生成・検証の流れ

① 送信者は「秘密鍵」と「公開鍵」からなるキーペアを作成します。秘密鍵は署名生成用の鍵であり、公開鍵は署名検証用の鍵です

② 送信者は①で作成した公開鍵を、あらかじめ受信者へ渡します

③ 送信者は①で作成した秘密鍵を用い、電子データのハッシュ値を暗号化します。ハッシュ値を暗号化したものを「電子署名」と呼びます

④ 送信者は③で生成した電子署名を、電子データに付加して受信者へ渡します

⑤ 受信者は②で受け取った公開鍵を用い、④で受け取った電子署名を復号します。復号すると、電子データのハッシュ値が復元されます

注1　RSA署名は公開鍵と秘密鍵の対称性を利用して電子署名を行いますが、ブロックチェーンで一般的に使用されているECDSA（後述）は秘密鍵と公開鍵が非対称になっているため、図1で紹介する流れとは若干異なります。ただし、秘密鍵で署名し、公開鍵で検証する大まかな流れは同じです。

注2　1977年に開発された公開鍵暗号方式です。3人の開発者（Rivest、Shamir、Adleman）の頭文字を取って命名されています。最も広く普及している暗号方式の1つです。

⑥ 受信者は④で受け取った電子データのハッシュ値と、⑤で復号した結果を比較して、内容が同じであることを確認します。比較結果に差がなければ、電子データが改ざんされていないことが確認できます

電子署名は公開鍵暗号方式の仕組みを応用しています。公開鍵暗号方式に関する詳しい説明は割愛しますが、電子署名は公開鍵暗号の次の特性を利用しています。

- ある電子データに対して秘密鍵を用いて作成した電子署名は、元の電子データから生成された署名であることが公開鍵を用いて正しく検証されます
- 元の電子データが改ざんされたり、電子署名が偽造されたりした場合には、公開鍵による検証は成り立たず不整合を検出します
- 署名を生成する秘密鍵は他者へ公開せず、署名を検証する公開鍵は他者へ公開します

1 2 3 4 5 6 7 8 9 10

1.2 ブロックチェーンにおける電子署名の利用

ブロックチェーンでは、電子署名によってトランザクションの正当性を保証しています。ここで言う「トランザクション」とは、ビットコインであれば、例えば「花子さんから次郎さんへ 10BTC を送金する」といった取引を指します。また、スマートコントラクトを実装したブロックチェーン基盤であれば、「スマートコントラクトへの実行命令」となる取引も含みます。

ブロックチェーンでは各トランザクションに電子署名が付加されます。また、電子署名を検証するための公開鍵もセットで付加されます。これによって、トランザクションが間違いなく署名した本人から発出されたことを保証し、トランザクションが正当であることを確認できるようになります。

次の図はビットコインを例に、ブロックチェーンにおける電子署名の利用を説明しています。

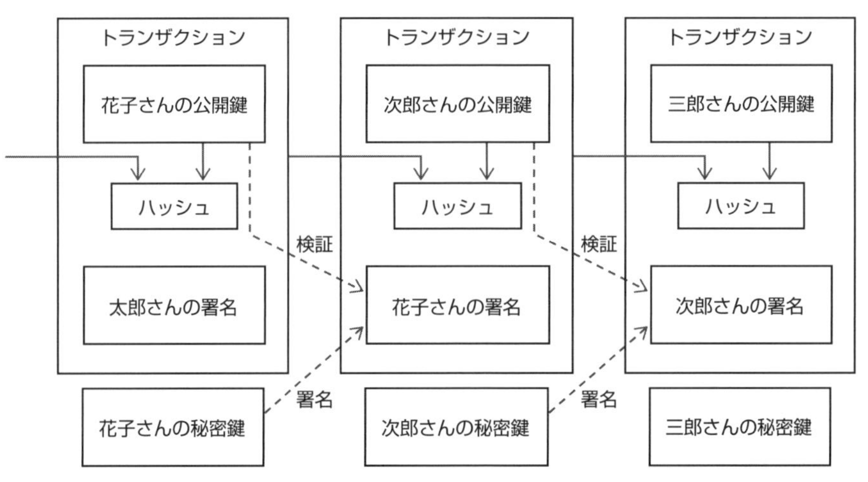

図 2 ブロックチェーンにおける電子署名

ブロックチェーンには発行されたすべてのトランザクションが格納されており、それぞれに電子署名と公開鍵がセットで付与されています。そのためビットコインネットワークの参加者は、過去にブロックチェーン上で実行されたすべてのトランザクションを検証することができます。トランザクションの電子署名を検証することで、次のことを確認できます。

- トランザクションの内容が改ざんされていないこと
- 第三者がなりすましによってトランザクションを発行していないこと
- コインの正しい所有者が確かにトランザクションを発行したこと

なお、トランザクションを発行するには公開鍵と秘密鍵のキーペアが必要になりますが、ビットコインなど多くのブロックチェーン基盤製品では、キーペアの生成に楕円曲線暗号[注3]というアルゴリズムを用いており、キー長は256ビット以上を使っています。楕円曲線暗号を用いるメリットとして、RSAなどほかの方式と比較して、同レベルの暗号強度を、より短いキー長で実現でき、結果として処理性能を向上させることができます。

注3　ビットコインでは米国標準技術局（NIST）が策定したsecp256k1というアルゴリズムを用いています。楕円曲線上の離散対数問題の困難性を安全性の根拠とする暗号方式の総称で、RSAが2,048ビット必要とする暗号強度を、224～225ビットで実現できます。

2 ハッシュによる改ざん防止

2.1 ハッシュの概要

ハッシュ値は、電子データから生成される値です。電子データからハッシュ値の生成はできますが、ハッシュ値から元の電子データを復元することはできません。

また、ハッシュ値はしばしば指紋に例えられます。人間の指紋が個人ごとにユニークなように、ハッシュ値も電子データの内容ごとにユニークです。この特性を利用し、ハッシュ値を比較することで、電子データの改ざんが行われていないことを確認することができます。

ハッシュ関数は、電子データのハッシュ値を生成する関数であり、次の特性があります。

- 電子データを逆算できないようなハッシュ値を生成する
- 電子データの長さ（ビット長）によらず、固定サイズのハッシュ値を生成する（ハッシュ値のサイズは使用するハッシュ関数で決まる）
- 電子データが１ビットでも変わると、全く異なるハッシュ値を生成する（ハッシュ値は電子データの内容によって一意に決まる）

次の図でハッシュ値の生成の流れや、ハッシュ値の比較による偽造・改ざん検証のイメージを説明します。

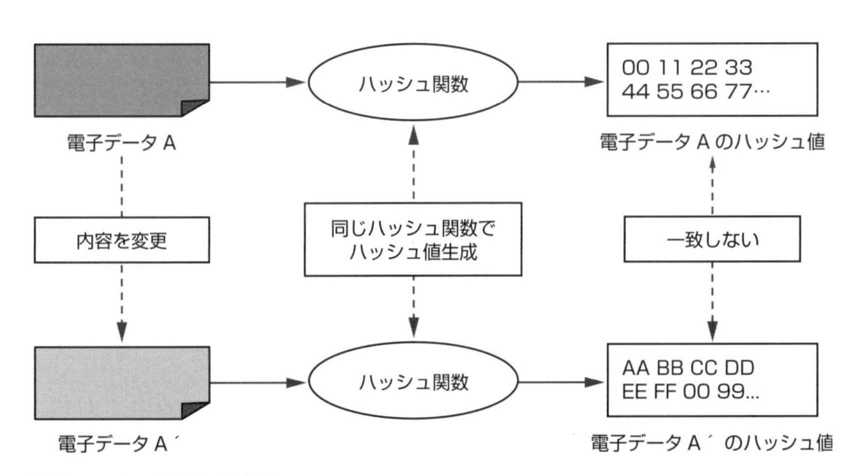

図 3　ハッシュ値の生成と比較

なお、ハッシュ値同士が衝突する確率は０ではありません。なぜなら、表現できるハッシュ値の数は、ハッシュ値のサイズ（ビット数）で決まるからです。例えば、ハッシュ値のサイズが２ビットであれば、

4種類のハッシュ値しか表現できないため、電子データが5種類以上になれば衝突してしまいます。

しかし、一般に使われるハッシュ関数は、衝突を防ぐのに十分なビット数のハッシュ値を生成するため、衝突する確率は限りなく0に近くなります。例えば、ビットコインに採用されているSHA-256[注4]というハッシュ関数は、256ビットのハッシュ値を生成します。256ビットで表現できるハッシュ値の数は天文学的数字になりますので、ハッシュ値が衝突する確率は無視できるほど小さくなります。

ところで、偽造・改ざんを検証する際、電子データではなくハッシュ値を比較する利点は何でしょうか。それは、ハッシュ値の比較に要する時間が、電子データのサイズに左右されないことです。

電子データを比較する場合、電子データのサイズが大きくなると、それに比例して比較時間も長くなります。なぜなら、電子データのすべての内容を比較する必要があるからです。一方でハッシュ値を比較する場合、電子データのサイズが大きくなっても、比較時間は変わりません。なぜなら、すでに述べたように、ハッシュ関数が常に固定サイズのハッシュ値を生成するからです。例えば、ハッシュ関数がSHA-256であれば、常に256ビットという小さなサイズを比較するだけで済みます。

2.2 ブロックチェーンにおけるハッシュの利用

ブロックチェーンでは複数のトランザクションをまとめたブロックを作り、ブロックには前のブロックのハッシュ値を付与します。また、ハッシュ値の計算に使用する「ナンス」と呼ばれる値もセットで付与されます。次の図ではビットコインを例に、ブロックチェーンにおけるハッシュの利用を説明しています。

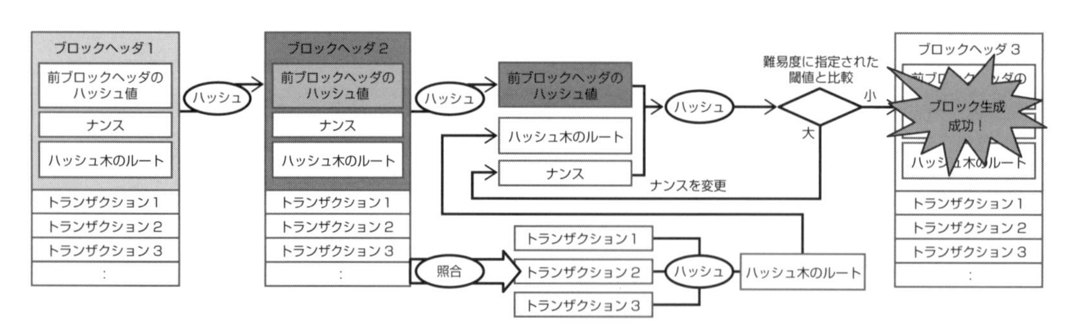

図4　ブロックチェーンにおけるハッシュの利用

注4　米国標準技術局（NIST）が策定したハッシュ関数の仕様SHA-2の一部に連なるものです。SHA-1は脆弱性が指摘されており、SHA-2が一般的になっています。すでに次の規格であるSHA-3も策定されており、一部のブロックチェーン基盤製品に採用されています。

ビットコインにおいて、ブロックは「ブロックヘッダ＋トランザクション情報（複数）」からなり、ブロックヘッダは「前ブロックヘッダのハッシュ値＋ナンス[注5]＋トランザクションのハッシュ値[注6]」から構成されています。ブロックを生成するには、1つ前のブロックヘッダの情報と、ナンス、およびそのブロックに含まれるすべてのトランザクションのハッシュ値を合わせて、ハッシュ関数に入力します。そのため、あるブロックの内容を偽造・改ざんすると、ハッシュ関数の特性により、その次のブロックに付与するハッシュ値が変わり、同様に、以降すべてのブロックに付与するハッシュ値が変わります。偽造・改ざんを成功させるためには、これらすべてのハッシュ値を、難易度の条件を満たしながら再計算しなければならず、偽造・改ざんを困難にしています。

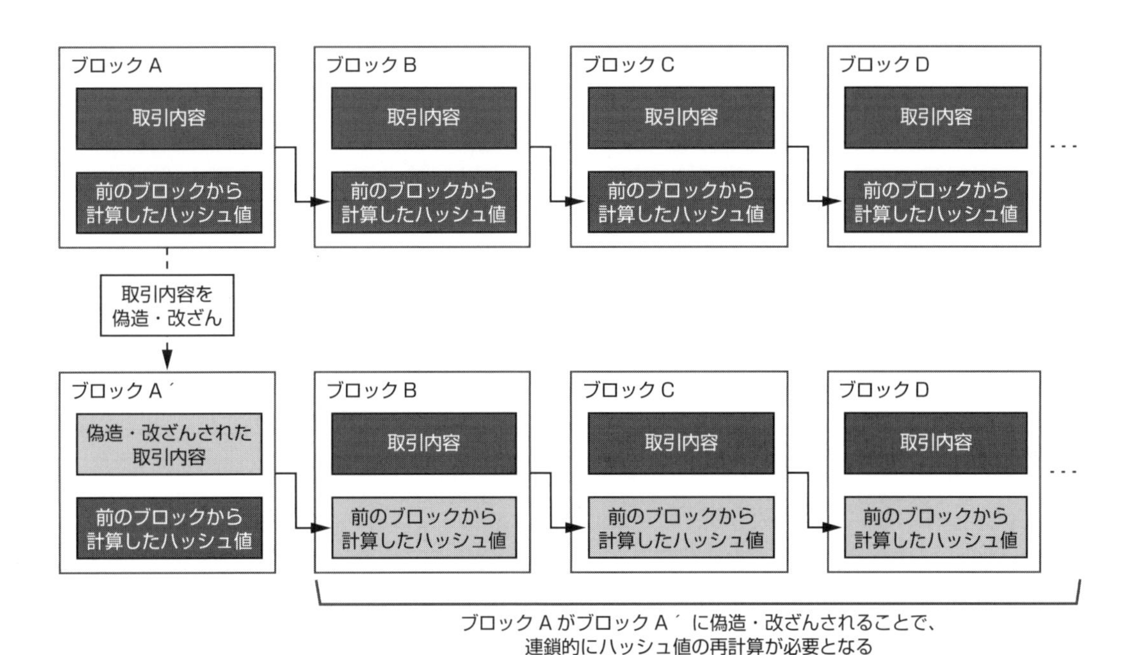

図5　偽造・改ざんした際のハッシュ値の再計算

注5　ブロック生成者が任意に決める値。PoWにおいて生成したハッシュ値が、ある閾値内に収まるまで、ナンスの値を変更し続ける必要があります。

注6　そのブロックに含まれる全トランザクション情報を合わせて生成したハッシュ値。トランザクションが改ざんされた場合、この値が変わり、ひいては前ブロックヘッダのハッシュ値が変わります。

3 今後の課題

3.1 暗号技術の適切な実装

本章で解説してきたとおり、ブロックチェーン基盤製品には、偽造や改ざんを防ぐために、電子署名やハッシュ関数といった暗号技術が利用されています。しかし、どんな種類の暗号技術をどのように使うかは、個々の基盤製品の開発者に委ねられています。利用の仕方が適切でないと、期待どおりの効果は見込めません。

まず、利用する暗号技術そのものが、十分に検証された信頼できる技術である必要があります。その信頼性が欠けていた結果、思わぬ脆弱性が発見された例があります。"IOTA"というブロックチェーン基盤での事例です。

IOTAではハッシュ関数として、ビットコインのSHA-256のように安全性が広く検証済みのアルゴリズムの代わりに、開発者が独自に開発したCurlと呼ばれるアルゴリズムを採用していました。しかし、専門家の検証により、このアルゴリズムに脆弱性が指摘されました。脆弱性を悪用すると、意図的にハッシュ衝突を起こし、トランザクションの内容を偽造できてしまうことが確認されたのです。この脆弱性は直ちに修正され、安全性が十分に検証されているSHA-3（KECCAK-384）に取り替えられました。このことは、暗号技術の信頼性検証の大切さを再認識させる事例です。

暗号技術の信頼性が十分でも、その実装方法が問題となった例もあります。ビットコインで過去に存在した「トランザクション展性問題」がそれです。

ビットコインは先に説明したように、トランザクション情報を電子署名の対象とすることで、第三者の偽造や改ざんを防止しています。しかし、ビットコインの仕様として、トランザクション内の入力スクリプト部分は署名の対象外となっています。入力スクリプトを変更することで、トランザクションの有効性を保ったまま、トランザクションID（トランザクションの識別子）を変化させることができます。この性質を「トランザクション展性」と呼びます。トランザクション展性の問題点は、トランザクションIDを変化させることで、送金元にトランザクションが完了していないと見せかけ、二重送金を誘発させることにあります。

この脆弱性はすでにSegWit[注7]で修正されていますが、暗号技術は十分に検証されていても、ブロックチェーン基盤に取り込まれる段階で穴があると、結果として暗号強度が低下してしまう可能性があるということです。

注7　第2章、第11章を参照してください。

3.2 署名のデータ量とスケーラビリティ問題

前述のとおり、ビットコインでは電子署名の暗号方式として、署名データ量が小さいECDSA[注8]というアルゴリズムを用いています。これは、署名データの大きさがブロックチェーン基盤の処理性能に影響し、データ量の小さい方が処理の高速化を期待できるためでした。

ところが、ビットコインでECDSAを利用する内に1つの問題が浮上してきました。セキュリティ対策として普及しつつあるマルチシグネチャを利用すると、署名のデータ量が大きくなってしまうのです。

マルチシグネチャとは、複数の秘密鍵によって署名を行うことで使用可能になるトランザクションの出力方式です。秘密鍵の盗難対策として有効で、コインチェック事件ではこのマルチシグネチャを導入していなかったことが、取引所のセキュリティ対策の不備として指摘されていました。しかし、ECDSAではマルチシグネチャで使用する電子署名1つ1つに対して署名データが作成されるため、必要とされる署名の数が増えるほどデータ量が大きくなってしまいます。今後マルチシグネチャが普及するにつれて、ビットコインの決済スピードが劣化するなど、性能面の問題が発生するおそれもあります。また、トランザクションをすべて保管するブロックチェーンにおいて、データ量の増加は利用者のハードディスクを圧迫することにもなります。

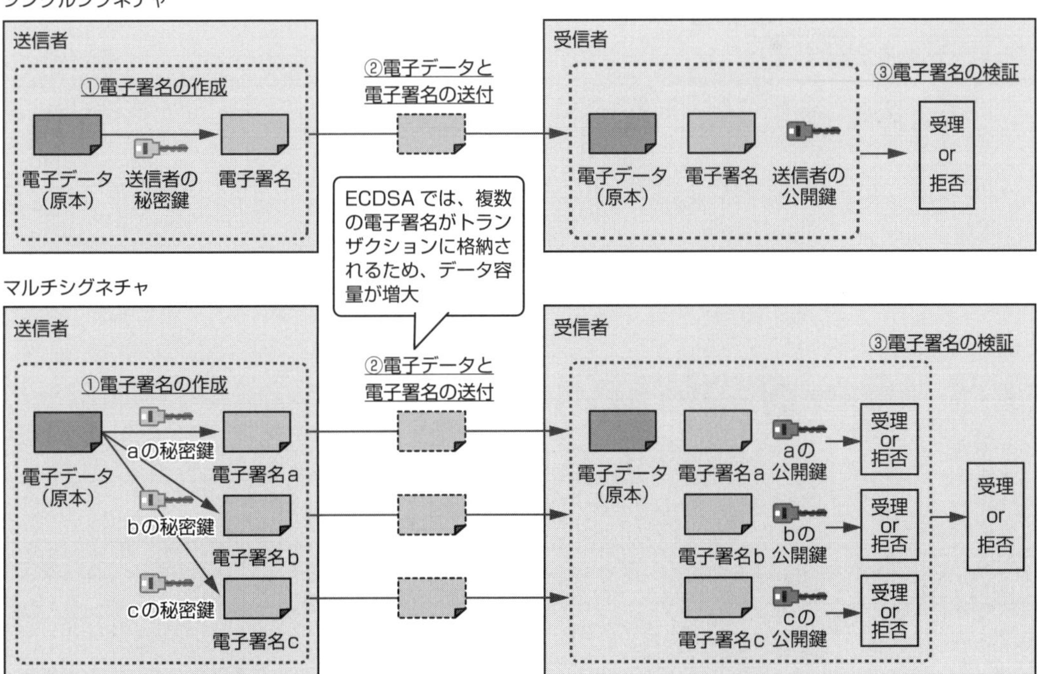

図6 ECDSAにおけるシングルシグネチャとマルチシグネチャ

注8 楕円曲線デジタル署名アルゴリズム（Digital Signature Algorithm）。1993年に米国国立標準技術研究所（NIST）により提案されたデジタル署名です。2000年に、RSA署名およびECDSA（楕円曲線DSA）が追加されました。

この問題に対し、「シュノア署名」というECDSAとは異なる性質をもつ電子署名方式の適用が検討されています。この技術を用いると、複数に分割された署名データでも1つ分のデータ量で済ませることができ、マルチシグネチャ導入に伴う性能問題の発生を回避する効果が期待されています。

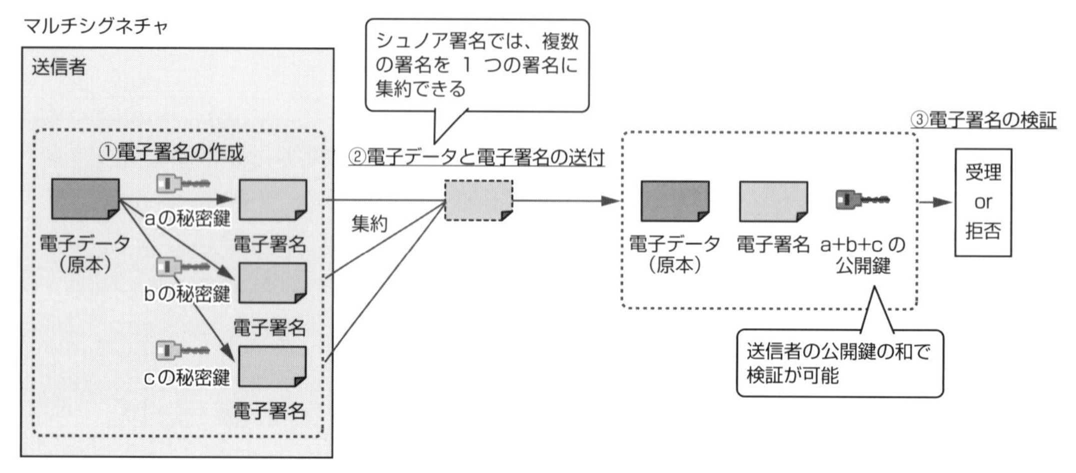

図7　シュノア署名によるマルチシグネチャ

ほかにも、シュノア署名には複数の利点[注9]があると言われています。例えば以下が挙げられています。

- ECDSAの安全性は、実は暗号学的に証明されていません。シュノア署名には安全性が証明されているので、安全性の向上が図れます
- マルチシグネチャやHTLC[注10]などの複雑な処理は、ビットコイン固有のスクリプトを駆使して記述する必要がありました。シュノア署名を用いることで記述不要[注11]となり、通常のトランザクションと区別できなくなることでプライバシーや秘匿性が向上します

3.3　データの秘匿化

ブロックチェーン基盤における暗号技術は偽造や改ざん防止のために利用されており、取引データそのものは暗号化されていません。例えばビットコインでは、どのアドレスからどのアドレスに何BTC送金されたか、すべてブロックチェーン上に記載されており、ネットワーク参加者は誰でも閲覧することができます。

注9　https://github.com/sipa/bips/blob/bip-schnorr/bip-schnorr.mediawiki
注10　第12章を参照してください。
注11　この技術は、従来必要であったスクリプトが不要になることから、「スクリプトレス・スクリプト（Scriptless Script）」と呼ばれています。
https://techmedia-think.hatenablog.com/entry/2017/11/11/134311

個人情報など秘匿が必要なデータを扱わねばならない企業用途においては、ブロックチェーン上でどのようにデータを秘匿するかが課題となります。後の章で紹介するHyperledger FabricやCordaといった企業用途向けの基盤製品では、データの共有範囲を必要最小範囲に限定することでこの課題に対応していますが、本項ではそれ以外のアプローチをご紹介します。

データの秘匿化については、現在2つの技術が注目されています。

ゼロ知識証明（Zero Knowledge Proof）

1つは「ゼロ知識証明（Zero Knowledge Proof）」です。前述のとおり、通常のブロックチェーンの取引では、送金額や残高は参加者全員に公開されます。そのため、口座アドレスが誰のものかを特定できてしまうと、取引履歴がすべてわかってしまうリスクがありました。ゼロ知識証明は、取引内容が正しいという以外の知識を伝えることなく証明する手法です。取引情報の実体を送らない（ブロックチェーン上に公開しない）ため、プライバシーが確保された状態での取引が可能になります。Zcashという仮想通貨はこの技術を活用し、公開（public）して行う取引と、情報が秘匿された状態で行う非公開（Shield）な取引を提供しています。また、Ethereumでは、Byzantiumと呼ばれるハードフォーク以降において、ゼロ知識証明の実装が可能[注12]となっています。

準同型暗号（Homomorphic Encryption）

もう1つは、「準同型暗号（Homomorphic Encryption）」という技術です。通常、暗号化した数値を計算に使うには、事前に復号しておく必要がありますが、準同型暗号では暗号化された状態で計算を可能とします。暗号文同士の加算・乗算を可能とする方式をそれぞれ加法準同型、乗法準同型と言い、加算・乗算両方が可能な方式を完全準同型暗号（Fully HE）と言います。しかし、完全準同型暗号は、現時点では非常に多くの計算が必要となり実用的ではないのですが、計算回数に上限がありつつも実用可能な処理性能を備えたものを制限付き準同型暗号（Somewhat HE）と言います。このタイプの暗号を実装したブロックチェーン基盤製品に「エニグマ[注13]」があります。この基盤においては、「シークレットコントラクト」と呼ばれるスマートコントラクトの中で、取引データを暗号化したまま計算可能です。用途には投票システムなどが考えられます。

注12　https://github.com/ethereum/wiki/wiki/Byzantium-Hard-Fork-changes
https://github.com/ethereum/go-ethereum/releases/tag/v1.7.0

注13　https://enigma.co/

3.4　行き過ぎた秘匿化の問題点

データの秘匿化を求められるケースがある一方で、取引を秘匿せず公開することは、ブロックチェーンの持つ「取引の透明性」という長所につながっています。行き過ぎたデータの秘匿化は、このような長所を損ねてしまうおそれがあります。

例えば、仮想通貨でデータの秘匿化を行えばプライバシーは強化されますが、一方でマネーロンダリングなどに悪用されるリスクが高まるかもしれません。また、サプライチェーンシステムなどにブロックチェーンを利用する場合、データの行き過ぎた秘匿化はトレーサビリティを損ねる可能性があります。

ブロックチェーンを活用したいユースケースに応じ、どの程度プライバシーが求められるのか、どの程度取引の透明性が求められるのかをよく精査した上で、最適な基盤製品を選択する必要があります。

第10章

利用にあたっての課題

ブロックチェーン技術を利用してシステムを構築する場合、対象業務の特性に合わせたブロックチェーン基盤製品を選定する必要があります。ブロックチェーンはこれまで説明したように、汎用的に活用可能な複数の長所を持っているものの、パブリック、コンソーシアム、プライベートなどの形態によって、設計思想が全く異なります。加えて、ブロックチェーン技術はまだ成熟しているとは言い難いため、各国の企業・団体が実証実験を繰り返しながら試行錯誤している状況です。

本章では、ブロックチェーンを活用する上で選定のヒントになる評価項目・課題・現状検討されている解決案などをいくつか紹介します。

1　適用領域の拡大と基盤の進化

これまで説明したように、ブロックチェーン技術が持つ特長は、極めて汎用的に使えるものです。特に、スマートコントラクトなど、ビットコインより後に誕生した新しい技術によって、電子証券やデジタルコンテンツなど、価値を有する情報であれば何でもカスタマイズして取り扱うことが可能となり、一気に多彩なユースケースへの適用可能性が広がりました。

経済産業省が2016年4月に公表した報告書では、図1のようなユースケースにおいてブロックチェーン活用の適性があると記されています。

図1　ブロックチェーン技術活用のユースケース[注1]

世界各国で数多くの実証実験が行われた結果、ブロックチェーン技術に対する様々な課題が明らかとなり、それらを改良する形でブロックチェーン基盤も進化しています。ブロックチェーン技術の進化の段階には諸説ありますが、おおよそ3つの段階を経ていると考えられます。

注1　「ブロックチェーン技術を利用したサービスに関する国内外動向調査」経済産業省 商務情報政策局 平成28年4月28日

最初は、ビットコインをはじめとする仮想通貨の利用が主でした。そのため、ビットコインのソースコードを流用した別通貨への改変（アルトコイン[注2]）や、ビットコインの拡張領域を利用して別の資産情報を上乗せすること（カラードコイン[注3]）が考案されました。

次の段階では、ブロックチェーンが持つ耐改ざん性、情報共有などの特性が注目され、ブロックチェーンに載せる情報や振る舞いを自由にカスタマイズすることが考え出されました。スマートコントラクトの概念はここから誕生しています。また、エンタープライズ領域への活用が検討され、パブリック型、コンソーシアム型、プライベート型、またはパーミッションレス型、パーミッション型のように、ブロックチェーンの形態を分類するようになったのもこの段階と言えるでしょう。

そして最近では、従来の仕組みに捉われない様々なアプローチが考え出されています。例えば、ブロックチェーンの課題解決を、ブロックチェーンの外に求める技術が該当します。ブロックチェーン同士や既存システムとの間での相互運用性を高めるアトミックスワップ（Atomic swap）、インターレジャープロトコル（Interledger Protocol）、階層的にブロックチェーンネットワークを構成するPlasmaも提唱されています。これらを総称して、「レイヤ2テクノロジ」と呼ぶ場合もあります。

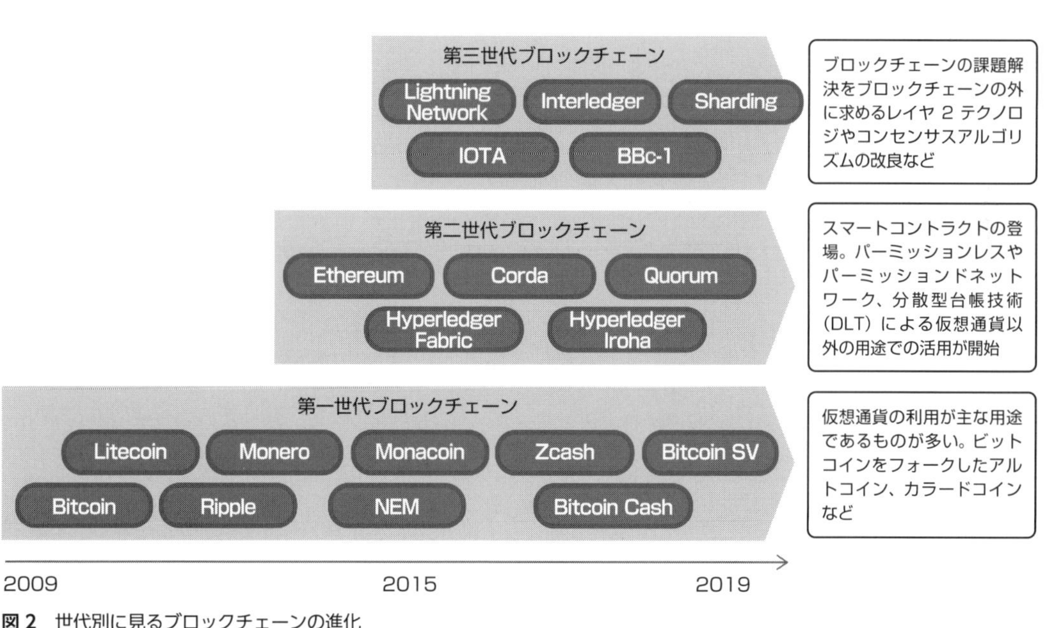

図2　世代別に見るブロックチェーンの進化

注2　Alternative（代替）Coinの略語。ビットコイン以外の仮想通貨の総称です。
注3　コインに付加価値（色）を付けるという意味でこう呼ばれています。

2 ブロックチェーンの課題と現状

ブロックチェーンの進化が著しい背景には、誕生したばかりの未成熟な技術であるにもかかわらず、多くの人がこの技術の可能性に期待していることがあるでしょう。2015年から2017年にかけて、世界中の企業や団体による実証実験の報道があふれたのはその証しと言えます。

しかし、第1章や第2章で紹介したように、2018年に発表されたガートナーのハイプサイクルは、ブロックチェーンがすでに幻滅期に入ったことを示しています。今後は、ただブロックチェーンを導入することを目的とするのではなく、より具体的かつ実践的なユースケースを想定し、ブロックチェーンの特性を正しく評価することが求められていくでしょう。そのために、ブロックチェーン技術の方向性を知ることが重要になります。

ここでは、ブロックチェーンの課題と検討されている解決案を、大きく3つに分けて説明していきます。

2.1 パフォーマンスとスケーラビリティ

ブロックチェーンは初期の頃からパフォーマンスの問題に悩まされてきました。ビットコインはおよそ10分間に1回しかブロックを作成できず、スループットとして毎秒7取引（7TPS）が限界です。これは分散ネットワークにおける伝達のタイムラグや、コンセンサスアルゴリズムによるオーバヘッドなどによるものでした。しかし、現行のクレジットカード決済システム[注4]に要求されるパフォーマンスは数万TPSに達しており、要求水準に大きな隔たりがあるのが現状です。

ブロックチェーンは特性上、ネットワーク上のノード間で合意形成を得て正しい結果を出力するため、ノードの多さが直接、スケーラビリティの向上に結び付きません。そのため、このままではブロックチェーンを社会インフラとして採用することは難しいと言えます。

パフォーマンスの改善方法は、おおむね以下のような3つのアプローチに分類できます。

コンセンサスアルゴリズムの改良

合意形成のプロセスを最適化することで、全体的なスループットを向上させるアプローチです。合意形成に時間がかかる主な要因には、第8章で説明した「ビザンチン将軍問題」への対応があります。悪意ある参加者に騙されないよう、ノード間で何回も確認のための通信が発生し、非常に大きなオーバヘッドとなっています。

注4　https://howmuch.net/articles/crypto-transaction-speeds-compared

CordaやQuorumはRaftというコンセンサスアルゴリズムを採用することで、参加者を信頼できるメンバに限定し、確認のための通信を減らしてスループットを向上させています。Hyperledger Fabricでは、ブロックを専任で作成するノード群が一元的に配信することで、向上させています。最近ではEthereumがPoWからPoSへの移行を検討しています。また、従来のブロックチェーンではブロックが直列に並ぶため並列実行ができず性能の向上が困難でしたが、ブロックの検証作業を各ノードで分割して並行実行させるシャーディングや、DAG（有向非巡回グラフ）[注5]によってブロックチェーンをメッシュ状に形成することで、並行実行しやすくするなど、様々な新しい仕組みが検討されています。シャーディングは主にEthereumで検討されており、DAGの採用例としては、IOTAのTangleやBBc-1の履歴交差があります。

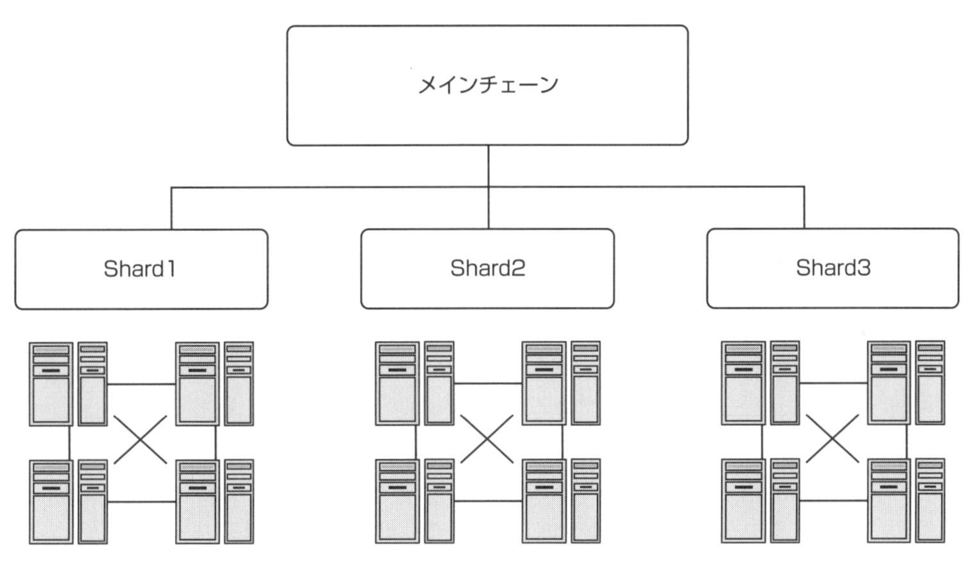
メインチェーン
Shard1
Shard2
Shard3
複数のシャードと呼ばれる単位にノードを分割し、それぞれの担当範囲でブロックを作成していく。
並行的にブロックチェーンを構築することでスループットの向上を目指している

図3 Ethereumのシャーディング

レイヤ2テクノロジ等による解決

ブロックチェーンでは前のハッシュを引き継いで次のブロックを作成するため、基本的に直列的に処理を実行する必要があり、「並行実行は難しい」とされてきました。そのため、通常はブロックチェーンの外側で処理を行い、定期的にブロックチェーンに書き込むことでスループットを向上させる方法が考案されました。その仕組みをブロックチェーンとは別のレイヤで行うことから、「レイヤ2テクノロジ」などと呼ばれています。代表的な技術としては「サイドチェーン」や「オフチェーン」などがあります。

注5 有向非巡回グラフ（Directed acyclic graph）とは、グラフ理論における閉路のない有向グラフです。

サイドチェーンは、ブロックチェーンスタートアップであるBlockstreamが2014年に考案した概念です。比較的速度が出しやすい規模の小さいブロックチェーンネットワークで通常の処理を行い、より大規模なブロックチェーンに非同期で書き込む仕組みです。Ethereumで検討されているPlasmaなどは、サイドチェーンによって階層的にブロックチェーンネットワークを構成することで、速度の向上を目指しています。

オフチェーンは、あらかじめブロックチェーン上から一部の資金をロックしておき、その金額の範囲内で、ブロックチェーンを介さずに直接相手先と取り引きし、最終的な結果のみブロックチェーンに記録する仕組みです。オフチェーンとは「ブロックチェーン上（オンチェーン）の外で行う」という意味です。なお、代表的なオフチェーン技術であるLightning Networkについては、実践編の第12章で紹介します。

大容量・高速ネットワークや専用ハードウェアの活用

合意形成ではノード間で非常に多くのCPUリソースや通信を行うため、ネットワークを大容量化、高速化したり、専用ハードウェアを使用することで、全体のスループットを向上させるアプローチです。

例えば、2018年5月にリリースされたAkamaiのブロックチェーンサービス[注6]は、自社が持つ高速ネットワークを駆使して高速な合意形成を実現させています。また、以前より、仮想通貨におけるマイニングには、ASIC、GPU、FPGAなどのハードウェアを使用して処理の高速化を図っています。ただし、専用ハードウェアの使用は処理の寡占化が進むとの意見もあり、Ethereumのように、ASICの利用を意図的に排除する方針を打ち立てている基盤もあります。

そのほかにも、パフォーマンスを向上させる方法はいくつか検討されています。

例えば、ブロックサイズ拡張やノードの集約です。前者はビットコインの分裂問題でも議論の的になりました。1ブロックに格納されるトランザクション量を増やせば、結果としてスループットが改善されるというものです。実際、Bitcoin Cashは8MB、Bitcoin SVは128MBまで拡張されています。後者は、合意形成に時間がかかるのであれば、ノードを集約化して高速化すればよいというもので、プライベート型ブロックチェーンでよく見かける議論です。

これら2つは、ある意味本末転倒です。どちらも、より多くの処理能力や設備が必要となるため、参加者の淘汰と寡占化が促されることになります。本来ブロックチェーンの特長である参加者の相互検証による耐改ざん性の担保を損なうことになりかねません。

注6 https://crypto.watch.impress.co.jp/docs/theme/1169404.html

GoogleのJeff Dean氏が示した[注7]ように、コンピュータ内部で行われる処理と、ネットワークを介して行われる処理では数百倍、地理的に異なる場合には十数万倍の速度の開きがあります。ブロックチェーンが分散システムである以上、必要以上のパフォーマンスを望むことは、技術そのものの存在意義を否定することに等しいかもしれません。

2.2 セキュリティとプライバシー

2018年に発生したコインチェック、Zaifにおける盗難事件など、仮想通貨業界を揺るがせた数々の出来事から、セキュリティが課題となっています。

これらの事件では取引に必要な秘密鍵が盗み出され、仮想通貨交換所の口座から犯人の口座に大量の仮想通貨が不正送金されてしまいました。このような事件は、規模の大小を問わず、世界中で発生しています。ブロックチェーンがいかに耐改ざん性が高いとされていても、鍵を盗まれてしまえば意味がありません。仮想通貨以外でも、秘密鍵によって本人認証を行う仕組みはブロックチェーンの根幹であるため、適切な鍵管理は非常に重要なテーマです。

コールドウォレットとハードウェアウォレット

秘密鍵をオンラインで常にアクセスできる状態にしておくことを、一般に「ホットウォレット」と言います。この状態では、外部からの攻撃によって鍵が盗まれてしまう可能性が高く、非常に危険です。そのため、通常はオフライン上のストレージに秘密鍵を格納しておく「コールドウォレット」で運用し、必要なときにだけオンラインに接続する方法が安全とされています。

併せて、HSM（Hardware Security Module）などのハードウェアウォレットを導入すると有効でしょう。秘密鍵はファイル形式になっているため、簡単に取り出せないように、物理的に取り外し可能なデバイスなどに格納したり、耐タンパ性[注8]のある機器の中で暗号操作を完結させることで、セキュリティを向上できます。

注7　https://www.slideshare.net/adrianionel/software-engineering-advice-from-googles-jeff-dean-for-big-distributed-systems

注8　製品やプログラムの内部構造の解析を困難にして、処理ロジックを見破られないようにする性質のことです。

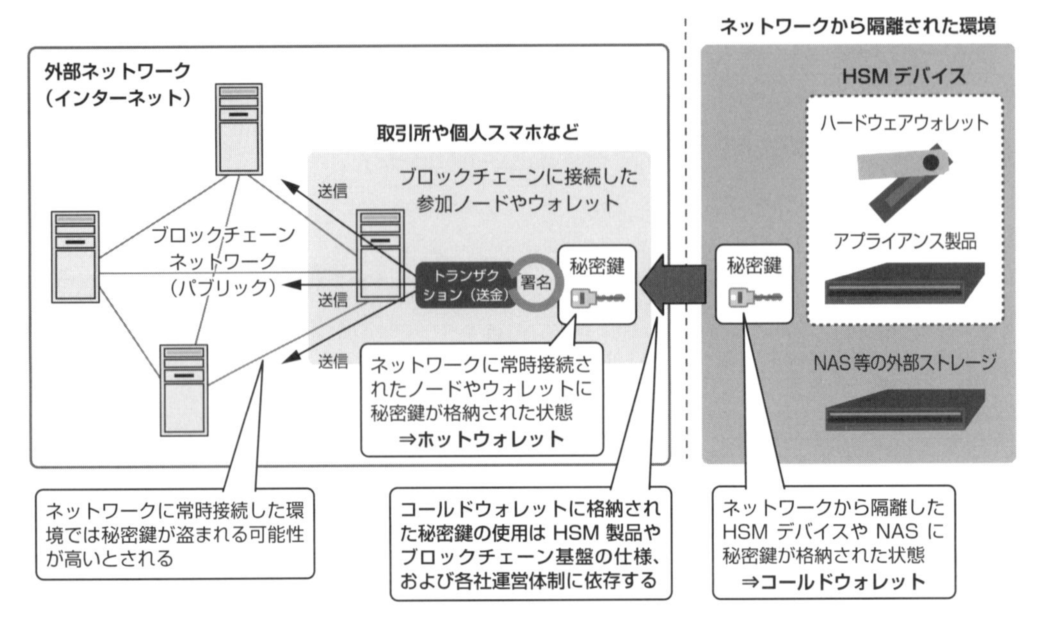

図4　ホットウォレットとコールドウォレットの違い

マルチシグネチャ

第9章で説明したように、通常、1つのトランザクションには1つの秘密鍵で署名を行いますが、複数の秘密鍵で署名することを「マルチシグネチャ」と言います。

例えば、「2 on 3」というマルチシグネチャは「3人の署名のうち2つが必要」という意味であり、もし、1人が鍵を紛失したり盗難されたりしても、その鍵だけではトランザクションは実行されません。

したがって、鍵を複数の者で分散して管理すれば、セキュリティを高めることができます。複数の署名情報をトランザクションに載せるためにブロックが拡大するという弱点がありますが、近年では暗号鍵を集約する「シュノア署名」などの技術も開発されており、今後一般的に利用されるようになるでしょう。

ブロックチェーン上の情報は基本的に参加者すべてに共有されるため、どのようにプライバシーを担保するかも検討する必要があります。特にエンタープライズ領域では、商取引の内容を公開できないため、ブロックチェーン上に載せる情報の秘匿方法が検討されています。

しかし、過度に秘匿化してしまうと、ブロックチェーンを活用する意義が薄れてしまうため、非常に悩ましい問題と言えます。情報を秘匿化する方法には次の2つがあります。

格納する情報の暗号化

ブロックチェーンに格納する情報を暗号化し、復号鍵を持つ人しか参照できないようにする方法です。Hyperledger Fabric の v1.1 から追加された Chaincode-Encryption-Library[注9] などが該当します。

注意点としては、暗号化に使用する鍵はブロックチェーンで使用する鍵とは別であるため、多くの場合、鍵管理の仕組みを独自に用意する必要がある点と、鍵の流出や「暗号危殆化[注10]」に弱いという点です。

ブロックチェーンに格納された情報は一般的にネットワークを介して全員に共有されてしまうため、復号鍵が漏れてしまうと即座に情報が解読されてしまいます。そのため、現時点でこの方法は、真に機密性の高い情報には使用しないか、使用する場合は、後述する「共有範囲の制御」と組み合わせた補助的な利用に留めた方がよいと考えます。

準同型暗号、ゼロ知識証明の利用

第 9 章でも説明しましたが、準同型暗号では暗号化した数値を復号することなく四則演算が可能になります。データを隠しながら計算するため、格納情報の集計などをする際に、平文や復号のための秘密鍵が不要になり、必要最低限の情報のみ流通させることが可能となります。

ゼロ知識証明は、相手に明確な情報（例えば口座残高など）を与えずに、その情報が正しいという事実のみを証明する（例えば、送金に必要な残高があるかどうか）手法です。実データを送らないため、非常に高い秘匿性を有します。どちらも、使いどころは難しいのですが、活用方法によっては有効に働く可能性があります。反面、重要な情報が完全に隠されるため、不正送金やマネーロンダリングを助長するのではないかという懸念もあります。

2.3 データの容量や共有範囲の制御

ブロックチェーンにはデータ容量の問題があります。ビットコインは耐改ざん性を確保し、二重取引を防止するために、過去のブロックをすべて持つ必要があります。すでにビットコインの総容量は 2019 年 3 月時点で 210GB[注11] に達しており、Ethereum にいたっては、2TB[注12] を超えています。今後ほかの用途でブロックチェーンを利用する場合、データ容量の問題は重要です。

注 9 https://hyperledger-fabric.readthedocs.io/en/release-1.3/chaincode4ade.html#chaincode-encryption

注 10 暗号の危殆化とは、暗号のアルゴリズムが暗号解読研究の発達やコンピュータ処理能力の向上などに起因して当初の安全性を保てなくなることを指します。ほかにも、暗号鍵が漏洩することにより、暗号が解読される可能性を指すこともあります。

注 11 https://www.blockchain.com/ja/charts/blocks-size

注 12 https://etherscan.io/chartsync/chainarchive
※ gcmode=archive の場合

もう一点、データの共有範囲の問題もあります。ビットコインやEthereumなどパブリック型のブロックチェーンでは、情報はすべて参加者に共有されます。しかし、実ビジネスでは「直接取引する関係者以外に情報を知られたくない」といったニーズがあります。前述の情報を暗号化する方法もとれますが、暗号の危殆化を考えた場合、誰でも手が届くところに情報を置いておくのは心配でしょう。これらの解決案としては次のものが検討されています。

トランザクションの宛先制御

データ送信の宛先を限定することで、データの共有範囲を絞ると同時に、ネットワーク全体のデータ容量を削減する方法です。第6章の中で説明したように、基盤製品ごとに様々な方式が検討されています。

ハッシュポインタによるデータの分離（アンカリング）

ブロックチェーンには実データを格納せず別管理とし、データのハッシュ値のみを載せる方法です。ブロックチェーンはデータの完全性[注13]を担保する仕組みであるため、データは基本的にブロックチェーン内に格納するのが正しいはずです。しかし、ブロックチェーンは過去のデータを含めて消すことができないため、際限なく容量が肥大化してしまう問題があります。

そこで、実データは外部のDBやストレージに格納し、そのデータのハッシュ値だけをポインタとしてブロックチェーンに格納します。ハッシュ値はせいぜい数百バイトなので、容量の肥大化をある程度解消できます。また、ファイルを編集するとハッシュ値は全く違う値に変わってしまうので、ブロックチェーン上のハッシュ値と実データのハッシュ値を比較すれば、改ざんの有無を検証できます。

さらに副次効果として、データを直接ブロックチェーンに載せないので、実データを格納するDBやストレージのセキュリティを確保すれば、秘匿化の手段としても有効です。

注13　ISMS（情報セキュリティマネジメントシステム）において重要とされる要素の1つ（機密性、完全性、可用性）であり、情報が改ざんや削除されないようにする性質のことです。

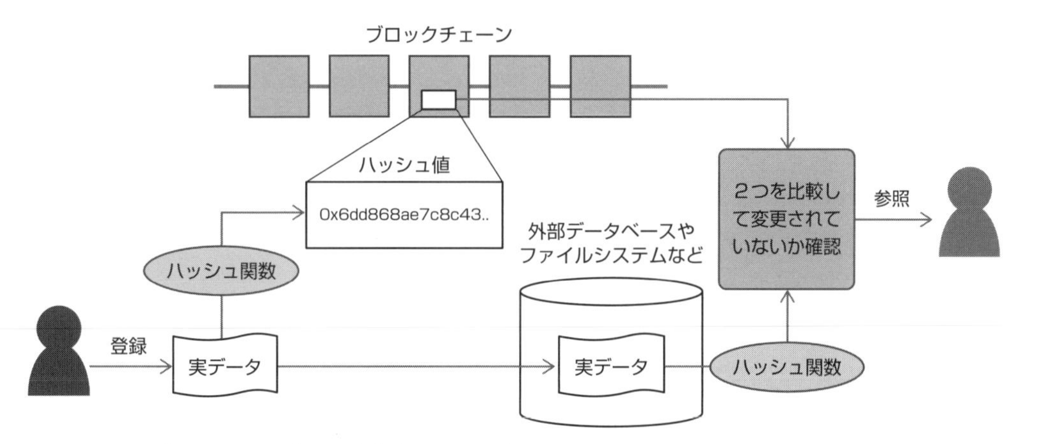

図5　ハッシュポインタによるデータの分離（アンカリング）

以上のように、未解決の問題も多々ありますが、日々各企業やコミュニティが改善に取り組んでおり、将来的には解決されていくと思われます。

1
2
3
4
5
6
7
8
9
10

3 ブロックチェーンを活用する際の考慮事項

様々な基盤製品や周辺技術が登場したことで、企業の選択肢は広がりました。それでも、各ユースケースにブロックチェーンを採用するには、まだ考慮すべき点が残っています。ここではその代表的な事項を説明します。

考慮事項はパブリック型とコンソーシアム／プライベート型で若干異なります。それぞれ特性が異なるので当然と言えば当然ですが、本節では2つの型それぞれと、両方に共通する考慮点の3種に分けて説明します。

3.1 共通的な考慮点

ブロックチェーンを使う意義の明確化

従来のシステム開発の延長線上で検討を進めていくと、ブロックチェーンを活用する意義が不明瞭になりがちです。ブロックチェーンは分散システムであり、従来のセンターサーバとは考え方が全く異なるため、従来の要件定義をそのままブロックチェーンで実現しようとすると、サービスが劣化しただけに終わります。「なぜブロックチェーンを使うのか？」を明確にする必要があります。公平な複数組織が共同で運営する、中央管理者を定めない等、分散システムの利点を考慮した要件の設定が必要です。

商用化のためのサービスレベルの明確化

ブロックチェーンはDBと同様バックエンドの仕組みです。したがって、利用者に提供するサービス（モバイルアプリ、Webアプリ等）は、独自に構築する必要があります。パフォーマンスやファイナリティなどのブロックチェーンに起因する制約とサービスレベルの折り合いを付け、明確化していくことが重要です。

例外ケースの抽出と対応策の立案

ブロックチェーンは商用化事例がまだ少なく、多くの基盤製品では開発と検証が絶え間なく実施されているため、想定外の事態に対するノウハウが蓄積されていません。また、ブロックチェーン単独でシステムを構築することも少ないと思われ、既存システムとの連携部分についても様々な障害ポイントが存在します。こうした、ブロックチェーンで構築したシステムでの例外ケースの抽出や対応策を検討する必要があります。

3.2 パブリック型を採用する際の考慮点

ガバナンス体制の正常化

2017年8月に起こったビットコインの分裂問題（第2章参照）は、パブリックブロックチェーンにおける運用面の課題を浮き彫りにしました。ビットコインの開発者と、マイナーである取引所の利益が相反した結果、ビットコインは分裂の危機に直面しました。今後パブリックブロックチェーンを正常に機能させるには、利用者に不利益が発生しないガバナンス体制を維持することが重要になります。

モニタリングとプライバシーの両立

コインチェック事件など仮想通貨の盗難事件から、履歴をトレースできるだけでは犯罪の抑止にならないことがわかりました。適切なモニタリングによって、不正取引の犯人を特定する仕組みが今後重要になってくるでしょう。

しかし、モニタリングを強化すると、今度はプライバシーが侵されるという問題が発生します。モニタリングとプライバシーの折り合いをどう付けるかが、今後問われます。

法律への対応

2017年に改正資金決済法（仮想通貨法）が施行され、仮想通貨の定義とともに、仮想通貨交換業者の役割と義務が明文化されました。また、ICO[注14]が乱立したことにより、各国でICOに対する法律的な規制が検討され始めています。さらに、米国では「BTCやETHといった仮想通貨およびEthereum等で発行されたトークンは有価証券か否か」[注15]といった議論がなされています。また、2018年に開催されたG20サミットでは、仮想通貨を「暗号資産（Crypto asset）」と表現[注16]し、日本でも金融庁が暗号資産に呼称変更[注17]するとして、法定通貨と明確に分けることを発表しています。このことから、通貨に限らず、ブロックチェーンで表現される資産情報には、なんらかの法的対応が必要になる可能性があります。今後は、ブロックチェーンで構築したシステムのコンプライアンスが、より厳しく問われるようになるでしょう。

注14 Initial Coin Offeringはデジタルトークンや仮想通貨（コイン）の発行による資金調達手法の1つです。仕組みとしては、コイン発行体が提示する事業計画に賛同した投資家から資金調達を行い、その対価としてコインを発行します。従来の株式公開やファンド出資に比べて、特定免許や厳密な手続きが存在せず、容易に資金調達ができることから、スタートアップ企業の資金調達手段として人気を集めていましたが、詐欺的な案件が急増し、各国が対策に乗り出しています。

注15 https://www.nytimes.com/2018/04/19/technology/virtual-currency-securities.html

注16 https://www.mof.go.jp/international_policy/convention/g20/180320.htm

注17 https://www.fsa.go.jp/news/30/singi/20181221-1.pdf

運営維持のインセンティブ

ビットコインやEthereumなどでは、運用維持のために、ブロック作成時の報酬やトランザクションの手数料など、マイナーへのインセンティブが存在します。2017年12月に価格が高騰した際には、手数料が6,000円近くまで上昇し、従来の国際送金にかかる手数料をはるかに超える金額になりました。システムを安定的に運営するには、利用者への影響と運営側のインセンティブのバランスをとる必要があります。

3.3　コンソーシアム／プライベート型での考慮点

既存の仕組みとの棲み分け

今まで述べたように、ブロックチェーンは万能な技術ではなく、既存システムをすべて置き換えるようなものでもありません。そのため、既存の仕組みと、役割上の棲み分けが必要になります。その際、システム間の連携やデータの同期などの方式を固める必要があります。

中央集権型と分散型のバランス

コンソーシアム／プライベート型ではパーミッション型のブロックチェーンを用いることが多く、ユーザ管理や認証局などの中央管理的な役割が必要になります。中央管理的な機能の割合を増やすことで、結果的に「センターサーバにすればよかった」ということになりかねません。ブロックチェーンの特性を活かすには、基本的には分散型を想定することが重要です。その場合、ノードを誰が所有するか、スマートコントラクトの検証や品質を誰が担保するかなど、責任と分担を明確にする必要があります。

運営維持のインセンティブ

コンソーシアム／プライベート型では、パブリック型と異なり、ブロック作成に対する報酬がありません。そのため、パブリック型とは違った視点で、複数組織で運営するためのインセンティブを明確にする必要があります。ブロックチェーン導入によるコスト効果や高付加価値など、運営費用をどのように相殺するかの認識について、メンバ間で合意しておくことが重要です。

ロングライフなシステム検証

ビットコインやEthereumなどのパブリックブロックチェーンは、すでに長期間運用されており、ある程度の実績がありますが、コンソーシアム／プライベート型は誕生から日が浅く、十分な検証がなされているとは言えません。通常のシステムでは、パッチ適用や新旧データ移行、基盤製品の移行など、様々なシステム的なイベントが存在します。ブロックチェーンについてもそれと同様に、様々なイベントへの耐性やノウハウを確立する必要があります。

ブロックチェーンは一般的に「セキュリティと耐改ざん性が高い」と言われますが、これには「分散ネットワーク上で使用するには」という前提が付きます。既存のシステムは中央集権的に構築し、利用者に運用者を信頼してもらうことで、セキュリティと耐改ざん性を担保しています。したがって、「セキュリティと耐改ざん性が高いからブロックチェーンを採用する」のではなく、「複数の参加者が存在するフラットなコミュニティの中で行う活動」に、「分散システム上でセキュリティと耐改ざん性を持つブロックチェーンを選択する」のが正道だと思います。

実践編

「実践編」では、「理論編」で紹介したブロックチェーン基盤の中から代表的なものを実際に動かしてみます。ブロックチェーンの実行環境を構築して、仮想通貨による送金や、カスタマイズが前提のものについては簡単なサンプルアプリケーションの作成をします。これらの作業を通して、ブロックチェーンの基本的な機能やスマートコントラクトの開発方法など、ブロックチェーン基盤の特徴や違いについて、理解を深めていきましょう。
ブロックチェーン基盤は様々な種類がリリースされていますが、ここでは以下の 6 つを選定しました。

- Bitcoin Core
- Lightning Network
- Ethereum
- Quorum
- Hyperledger Fabric
- Corda

第11章 Bitcoin Core

Bitcoin Coreは2009年、サトシ・ナカモトが発表した論文をもとに、サトシ・ナカモト本人と数人のメンバによって開発された世界で最初のブロックチェーン基盤です。現在も、ビットコインの公式クライアントとして全世界で利用されており、オープンソースコミュニティ[注1]によって機能拡張やメンテナンスが行われています。

Bitcoin Coreは仮想通貨用ソフトウェアウォレットのために開発されたアプリケーションなので、カスタマイズできる範囲は極めて限定的です。カスタマイズには「Bitcoinスクリプト」を利用しますが、開発難易度が高く、それでいて実現できることが少ないため、本書ではスマートコントラクト開発は扱わず、基本的な機能の紹介に留めます。

注1 https://bitcoinfoundation.org/
日本語のサイトとしては、開発コミュニティであるbitcoin.org（https://bitcoin.org/ja/）等があります。

1　ビットコインとBitcoin Core

1.1　Bitcoin Coreとは？

Bitcoin Coreは、ビットコインクライアントのリファレンス実装であり、公式リポジトリから誰でもダウンロードして利用することができます。Bitcoin Coreは現時点で2つのパッケージが存在しており、用途によって使い分ける必要があります。

表1　Bitcoin Coreのパッケージ構成

Bitcoin Core GUI	Bitcoin CoreのGUIクライアント、いわゆるウォレットに該当する。本書では使用しない。
Bitcoin Core Daemon	バックエンドで動くことを目的とするクライアントで、JSON-RPCによる開発者向けのAPI、およびコマンドラインインタフェース（CLI）を提供する。本書ではこのパッケージを使用していく。

本節では、Bitcoin Coreの実行環境のセットアップおよび基本的な操作を体験します。

前述のとおりBitcoin Coreはオープンソース化されているため、誰でもソースコードや実行モジュールをダウンロードして試行することができます。また、ビットコインの通貨単位であるBTCは取引所を介してインターネット上で売買されているため、本プログラムを使用すれば、本物のビットコインの送金や、マイニングなどが可能となります。

本書の目的は、ブロックチェーン基盤の基本的な機能を理解することなので、ここではローカル環境に独自のビットコイン・ネットワーク（regtest）を構築し、その中でのみ利用可能なBTCを使用して簡単な操作方法などを解説します。ちなみに、本物のビットコインを扱うためには次の4つのステップを踏む必要があります。

- ステップ1
  クライアントアプリケーションのインストール（テスト環境と共通）
- ステップ2
  本物のビットコイン用のウォレットやアドレスなどの環境準備と、ビットコインネットワーク（メインネット）への接続
- ステップ3
  ビットコイン（BTC）の入手。ビットコインは、仮想通貨交換業者から円やドルなどと換金したり、誰かから送金してもらったりすることで入手可能

11
12
13
14
15
16
17
A

- ステップ4
  マイニングを実行するための過去すべてのブロックチェーンデータの取得

ビットコインは世界中で売買取引されているため、通常の貨幣と同じように価値が変動します。ビットコインは2017年末の最高値を記録した頃から大分落ち着いたとは言え、ボラティリティ（価格の変動性）が高く、BTCの換金にはリスクを伴います。また、マイニングを実行するために取得するブロックチェーンの全データ量は数百GB（2019年5月時点で210GB強）に及ぶため、環境を整備するには多大な時間がかかります。さらに、中国をはじめ全世界でマイニング競争が繰り広げられているため、市販されているPCのスペックでは到底太刀打ちできません。したがって、ビットコインの挙動を確認するだけであれば、テストネットワークであるTestnetやRegtestを使うのが無難でしょう。

1.2 Bitcoin Core の追加機能

ビットコインは開発コミュニティによって、現在でも頻繁に機能拡張が続けられています。基本機能としては、時限送金を行うHTLCや、承認に複数の署名が必要なマルチシグネチャ、ルート鍵から複数の署名を生成可能な階層的決定性ウォレット（HDウォレット）機能など、現在もブロックチェーンを先導する機能群が追加されています。

最新の注目点は、隔離署名（Segregated Witness、以後SegWit）の正式導入です。SegWitは、署名データの改ざんによるビットコインの不正利用（トランザクション展性と呼ぶ）のリスクを排除する仕組みです。トランザクションデータに含まれる署名情報を排除し、代わりにトランザクションから独立した領域（Witness）の署名データを用いることで、トランザクション展性の発生を防ぎます。署名が消えた分トランザクションのデータサイズが小さくなり、より多くのトランザクションをブロックに格納できるようになり[注2]、ビットコインの課題でもあったスケーラビリティの向上にも寄与しています。

1.3 Bitcoin Core を動かす

それではBitcoin Coreの設定方法を説明していきましょう。

Bitcoin Coreの設定は次の手順に沿って説明していきます。

- Bitcoin Core のインストール
- Bitcoin Core のテストネット（regtest）での起動
- Bitcoin Core での送金用アドレス作成

注2　ブロックサイズは1MBですが、SegWitにより理論上4MB分のトランザクションが格納できるようになりました。

- Bitcoin Core での送金
- Bitcoin core でのマイニング
- トランザクションとブロックの内容の確認

ここでは、Bitcoin Core のインストールから起動、環境構築、送金までの操作を実施することにより、ビットコイン全体の動作を確認することを目的とします。

そのためには、次の環境とプログラムが必須となります。また、実行環境に Linux を利用しますので、Linux の操作についてのひととおりの知識があることを前提とします。

必要なアプリケーション

- Bitcoin Core version 0.17.0

なお、ここでは Oracle 社製の仮想ソフトウェアである VirtualBox を使用して Windows をホスト OS とした環境上に、ゲスト OS として Ubuntu を導入し、その上にブロックチェーン環境を構築しています。また、アプリケーションの動作に必要なプログラム群をインターネットからコマンドで取得するため、インターネット接続環境が必須となります。

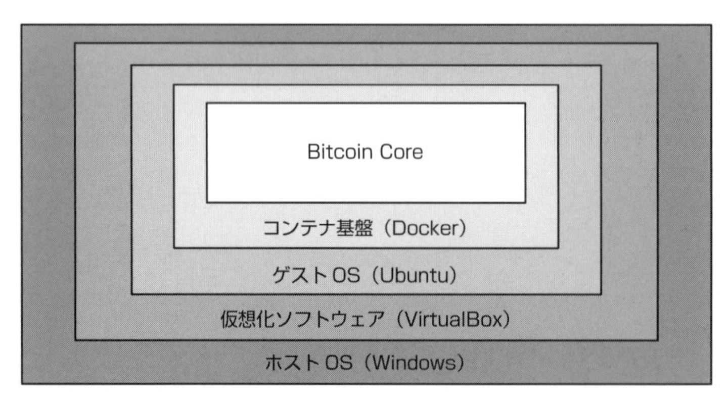

図 1　本章の環境構成

必要なハードウェアスペック

- CPU：Intel Core i3-5005U Processor (3M Cache, 2.00 GHz)
- メモリー：4GB 以上 (ゲスト OS のメインメモリーに 2.0GB を設定)

2 インストールから起動まで

2.1 Bitcoin Core のインストール

Bitcoin Core をインストールしていきましょう。すでに Ubuntu がインストールされ、SSH[注3] 等でリモートアクセスできること、Docker および Docker Compose[注4] が使用可能であることを前提として進めます。

なお、本書では、ホームディレクトリ直下にブロックチェーン基盤製品ごとの作業用ディレクトリを作成し、そこを基点に以降の処理を行っていきます。

リスト 1　ブロックチェーン基盤製品ごとの作業ディレクトリの作成

```
mkdir ~/chapter11
cd ~/chapter11
```

リスト 2　ディレクトリ構成

```
`-- chapter11
    `-- bitcoin  ・・・[リスト3  作業ディレクトリの作成]で作成
        |-- Dockerfile  ・・・[リスト5  Dockerfile]で作成
        |-- bitcoin.conf  ・・・[リスト4  bitcoin.conf]で作成
        `-- docker-compose.yml  ・・・[リスト6  docker-compose.yml]で作成
```

Bitcoin Core で送金を行うには、複数のノードから構成されるテストネットワークを用意する必要があります。本書では、Docker を使用して 3 つのノードを作成します。

注3　Secure Shell（セキュアシェル、SSH）は、暗号や認証の技術を利用して、安全にリモートコンピュータと通信するためのプロトコルです。

注4　Docker は、コンテナ型の仮想環境を提供するプラットフォームです。Docker Compose は、複数の Docker コンテナから構成されるサービスを管理する機能です。

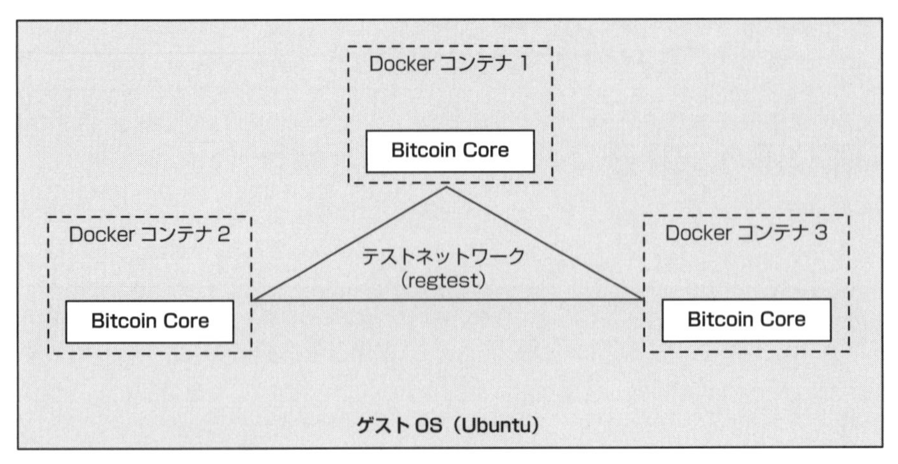

図2　テストネットワークの構成

はじめに、Bitcoin Core や Docker の設定ファイルを置くための作業ディレクトリを作成し、移動します。本書ではディレクトリ名を bitcoin とします。

リスト3　作業ディレクトリの作成

```
mkdir bitcoin
cd bitcoin
```

次に、Bitcoin Core の設定ファイル「bitcoin.conf」を作業ディレクトリ直下に作成します。

bitcoin.conf の内容[注5]は以下のとおりです。

リスト4　bitcoin.conf

```
rpcuser=test
rpcpassword=test
regtest=1
```

rpcuser と rpcpassword は、Bitcoin Core に各種コマンドを送信する際のリモート通信用ユーザとパスワードの設定です。regtest=1 はテストネットワーク（regtest）を使用する場合に記述します。

次に、Bitcoin Core インストールコマンド等を Docker コンテナ上で実行するためのリストを記したファイル「Dockerfile」を、作業ディレクトリ直下に作成します。Dockerfile の内容は次のとおりです。

注5　bitcoin.conf のすべての設定項目と説明は、以下に記載されています。
https://github.com/bitcoin/bitcoin/tree/master/share/examples

リスト5　Dockerfile

```
FROM ubuntu:18.04
RUN apt-get update -y && apt install -y wget
RUN wget https://bitcoincore.org/bin/bitcoin-core-0.18.0/bitcoin-0.18.0-x86_64-linux-gnu.tar.gz
RUN tar -zxvf bitcoin-0.18.0-x86_64-linux-gnu.tar.gz
RUN cp ./bitcoin-0.18.0/bin/* /usr/bin/
RUN chmod +x /usr/bin/bitcoin*
COPY ./bitcoin.conf /root/.bitcoin/bitcoin.conf
CMD bash -c 'bitcoind -daemon && /bin/bash'
```

Bitcoin Coreのインストール方法はいくつかありますが、今回作成したDockerfileでは、wgetでBitcoin Core v0.18.0のバイナリイメージをダウンロードしています。

続いて、「docker-compose.yml」を、作業ディレクトリ直下に作成します。docker-compose.ymlの内容は以下のとおりです。YAMLファイルですのでインデントに注意してください。

リスト6　docker-compose.yml

```
version: '2.4'
x-template: &template_btcd
  build: ./
  image: btcd_dev:regtest
  tty: true
  stdin_open: true
services:
  btcd:
    <<: *template_btcd
```

Docker Composeコマンドで、3つのコンテナのセットアップを行います。

まずはdocker-compose upコマンドを実行します。-dはバックグラウンド実行、サービス名はbtcdとし、3つのコンテナインスタンスを作成します。

リスト7　Dockerコンテナのセットアップ

```
docker-compose up -d --scale btcd=3
```

コンテナ作成後にBitcoin Coreのインストールも行うため、セットアップの完了までにはしばらく時間がかかります。

コマンドプロンプトが表示されたら、Dockerコンテナが3つ作成されたことを、docker-compose psコマンドで確認します。

リスト8 Dockerコンテナの確認

```
docker-compose ps
        Name                        Command               State   Ports
-----------------------------------------------------------------------
bitcoin_btcd_1_ee46d7daf10f   /bin/sh -c bash -c  'bitcoi …   Up
bitcoin_btcd_2_68784e7379a2   /bin/sh -c bash -c  'bitcoi …   Up
bitcoin_btcd_3_f308ba771f73   /bin/sh -c bash -c  'bitcoi …   Up
```

3つのコンテナ情報が表示され、ステータスがUpになっていれば、セットアップは成功です。なお、コンテナ名は環境によって異なります。コンテナ名はこの後で使用しますので、メモしておいてください。

2.2 テストネットでの起動

コンテナのセットアップが終わり、Bitcoin Coreプロセスが起動状態になりましたので、以降はコンテナをノード（ビットコインネットワークの参加者）と呼びます。

Bitcoin Coreではコマンドで実行可能なbitcoin-daemon（以降bitcoind）が動作しています。

bitcoindは起動時にオプションを指定することで、限定されたマシンのみで動くローカルビットコイン・ネットワーク（テストネット）を構築します。テストネットでは、通常取引所等でしか購入できないBTCを、自分で自由に発行して試すことができます。もちろん、そのテストネット内でしか使用できません。

なお、ビットコインには2つのテストモードがあります。

- Testnet：インターネット上で稼働しているテストネットワーク。テスト用のBTCを使用しますが、すでに大量のブロックチェーンが存在しているので、初回起動時に全データを取得する必要があります
- Regtest：ローカルPC内にテストネットワークを構築できます。自由にアカウントの作成や、マイニングが実行でき、ブロックチェーンの初期化も容易のため、試行で使用するのに適しています

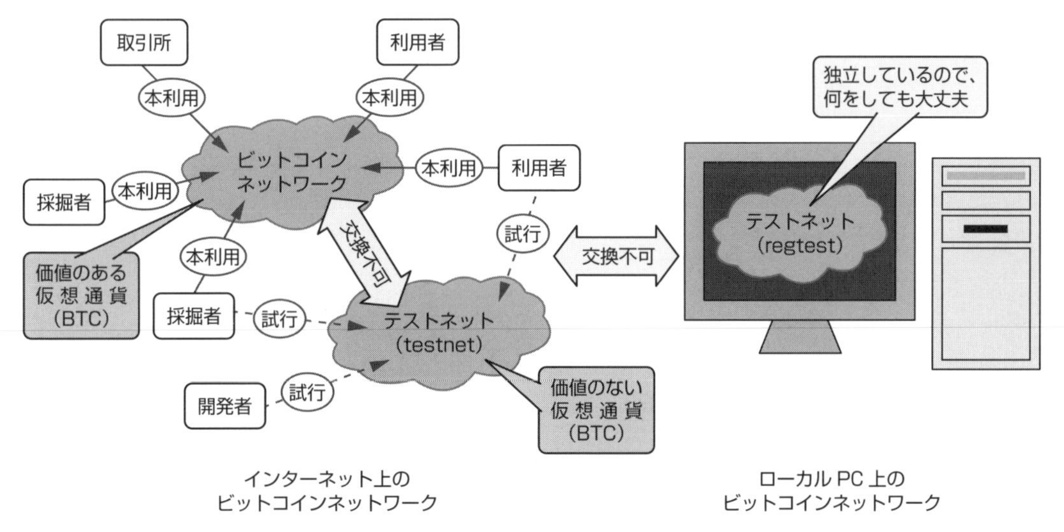

図3 ビットコインネットワークとテストモード

今回は、Regtestモードを使用してビットコイン環境を構築してみます。

bitcoindを起動するには、通常、ターミナルから次のコマンドを入力します。これでbitcoindが実行状態になりますので、別のターミナルからbitcoin-cliで、bitcoindの操作が可能となります。本書では、Dockerコンテナ起動時にこのコマンドを実行しています。

リスト9 bitcoindの起動(Docker起動時に実行済み)

```
bitcoind -regtest注6 -daemon
```

なお、bitcoindを停止するには、bitcoin-cliを用いて次のコマンドを実行します。bitcoindのコマンドではないことに注意してください。

リスト10 bitcoindの停止(参考)

```
bitcoin-cli -regtest stop
```

ブロックチェーン情報を見るには、bitcoin-cliのgetblockchaininfoを使います。どのテストネットを使っているか、ブロック数はいくつかなどの情報が表示されます。リスト11ではdocker execを使って、ノード1のbitcoin-cliのコマンドを動かしています。ノードの指定にはコンテナ名を用います。

注6 テストモードで実行するには-regtestオプションを付ける必要があります。リスト4のbitcoin.confの内容のように、regtest=1を記述することで省略できます。

リスト 11　ブロックチェーン情報の確認

```
docker exec bitcoin_btcd_1_ee46d7daf10f bitcoin-cli getblockchaininfo
```

結果：

```
{
  "chain":"regtest",
  "blocks":0,
  "headers":0, "bestblockhash":"0f9188f13cb7b2c71f2a335e3a4fc328bf5beb436012afca590b1a1146
6e2206",
"difficulty":4.656542373906925e-10,
  …省略
}
```

次に、3 つのノードそれぞれのピア設定を行います。ピア設定されたノード同士は、同じネットワークにいると認識されます。

リスト 12-1　3 つのクライアントのピア情報の確認①

```
docker exec bitcoin_btcd_1_ee46d7daf10f bitcoin-cli getpeerinfo
```

結果：

```
[ ]
```

リスト 12-2　3 つのクライアントのピア情報の確認②

```
docker exec bitcoin_btcd_2_68784e7379a2 bitcoin-cli getpeerinfo
```

結果：

```
[ ]
```

リスト 12-3　3 つのクライアントのピア情報の確認③

```
docker exec bitcoin_btcd_3_f308ba771f73 bitcoin-cli getpeerinfo
```

結果：

```
[ ]
```

bitcoin-cliは、bitcoindへコマンドを送るためのインタフェースプログラムです。bitcoin-cliのgetpeerinfoコマンドで、各ノードのピア情報を確認することができます。まだピア設定をしていないため、3つとも「空」になっています。

bitcoin-cliのaddnodeコマンドで、各ノードにピア情報を設定することができます。

ノード1にノード2とノード3のピア設定をし、ノード2にノード3のピア設定をすると、設定したノードとP2P相互接続を確立し、図2のようなテストネットワークができます（ノード間で最低限1つのピア設定ができていれば、ノードを辿ってほかのノードを認識しますので、ノード1とノード2、ノード1とノード3のピア設定ができていれば、ノード2とノード3のピア接続は可能です）。

リスト13　ピア情報の設定

```
docker exec bitcoin_btcd_1_ee46d7daf10f bitcoin-cli addnode bitcoin_btcd_2_68784e7379a2 add
docker exec bitcoin_btcd_1_ee46d7daf10f bitcoin-cli addnode bitcoin_btcd_3_f308ba771f73 add
docker exec bitcoin_btcd_2_68784e7379a2 bitcoin-cli addnode bitcoin_btcd_3_f308ba771f73 add
```

コマンドを実行するとプロンプトがすぐに表示されますが、その時点ではまだbitcoindがP2P接続を確立している最中です。数分程度時間をおいてから、再度リスト12-1～3のコマンドを実行すると、実行結果として、ほかの2ノードのピア設定が表示されます。ピア情報が1つしか表示されなくても、慌てずにもう少しだけ時間をおき、改めて確認してみてください。

結果：

```
[
  {
    "id": 0,
    "addr": "bitcoin_btcd_2_68784e7379a2",
    "addrbind": "172.18.0.X:40870",
    "services": "000000000000040d",
    "relaytxes": true,
    …省略
  },
  {
    "id": 1,
    "addr": "bitcoin_btcd_3_f308ba771f73",
    "addrbind": "172.18.0.X:49534",
    "services": "000000000000040d",
    "relaytxes": true,
    …省略

  }
]
```

3 Bitcoin Coreを操作する

3.1 ブロックの生成

ここまででビットコインの実行環境を構築できましたが、ビットコインを送金するためにはBTCが必要です。ビットコインではブロックを作成する報酬としてBTCを受け取ることができます。

まず、ウォレット情報を見てみましょう。ウォレットはノードごとに作られ、そのノードが保有するBTCの残高（balance）等を確認することができます。

リスト14　ウォレット情報の取得

```
docker exec bitcoin_btcd_1_ee46d7daf10f bitcoin-cli getwalletinfo
```

結果：

```
{
  "walletname" : "",
  "walletversion" : 169900,
  "balance" : 0.00000000,
  "unconfirmed_balance" : 0.00000000,
  "immature_balance" : 0.00000000,
  "txcount" : 0,
 …省略
}
```

ビットコインは、報酬を受け取ってから100ブロック経たないと送金などに利用できないため、最初に101個のブロックを作成し、ビットコインを使える状態にします。ここでは、ノード1をマイナーとし、ノード2とノード3を送金先とします。

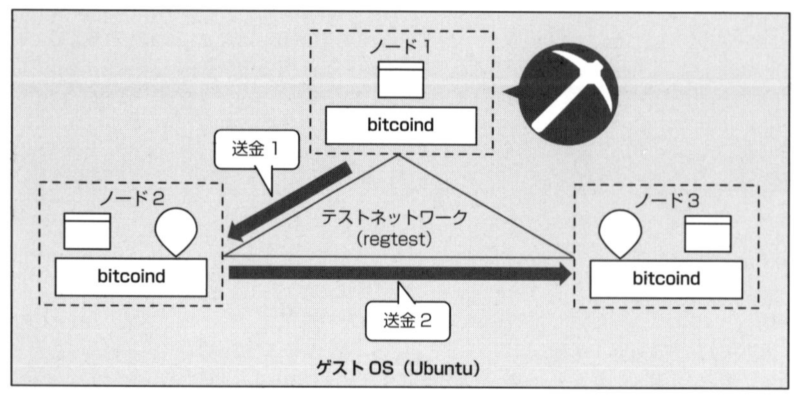

図4　テストネットワーク

ノード1でブロックを101個作成します。bitcoin-cliのgeneratetoaddressコマンドを使います。その際、ウォレットのアドレスを指定する必要があるため、ノード1のアドレスも作成します。指定した数のブロックを生成し、報酬として得たビットコインをノード1のウォレットに振り込みます。

リスト 15-1　ノード 1 でブロック生成

```
docker exec bitcoin_btcd_1_ee46d7daf10f bitcoin-cli getnewaddress
```

結果：

```
2MtTXDR77YYsg7eLGHhuc5kuaRnhRnnozKs
```

リスト 15-2　ノード 1 でブロック生成

```
docker exec bitcoin_btcd_1_ee46d7daf10f bitcoin-cli generatetoaddress 101 2MtTXDR77YYsg7eLGHhu
c5kuaRnhRnnozKs
```

結果：

```
[
"7e7dd63601d046bab0aec2ea133712b3ccb8db057e3529b24c1cb2ecf9a2a3be"
"2ee3c326855a128a5eb743b4ab8a1e997ba10fa701a85d6b03115c3deca00497"
…省略
]
```

上記のように、101行の英数字が表示されます（ランダムで生成される文字列なので、出力結果は環境によって異なります）。この1行1行の文字列が1ブロックを表します。ビットコインでは、ブロックを識別するために、32バイト16進数の文字列（ハッシュ値）で表現しています。特定のブロックの情報は、そのブロックのハッシュ値を指定することで参照できます。

リスト 16　1 つ目のブロック情報の取得例

```
docker exec bitcoin_btcd_1_ee46d7daf10f bitcoin-cli getblock 7e7dd63601d046bab0aec2ea133712b3c
cb8db057e3529b24c1cb2ecf9a2a3be
```

結果：

```
{
  "hash": "7e7dd63601d046bab0aec2ea133712b3ccb8db057e3529b24c1cb2ecf9a2a3be",
  "confirmations": 101,
```

```
  "strippedsize": 214,
  "size": 250,
  "weight": 892,
  "height": 1,
  "version": 536870912,
  "versionHex": "20000000",
  …省略
}
```

次に、現在のブロック数を確認します。リスト 15 で 101 個のブロックを生成していますので、結果は 101 になるはずです。

リスト 17　ブロック数の確認

```
docker exec bitcoin_btcd_1_ee46d7daf10f bitcoin-cli getblockcount
```

結果：

```
101
```

3.2　送金アドレスの生成

次に、送金アドレスを生成します。送金アドレスは、ビットコインの送金を受け付けるアドレスです。以下の手順によって、ウォレット間の BTC のやり取りが可能となります。送金アドレスは、ウォレットに何個でも作成することができます。

ここではノード 2 とノード 3 に 1 つずつ、送金アドレスを作ってみましょう。

リスト 18　ノード 2 の送金アドレス生成

```
docker exec bitcoin_btcd_2_68784e7379a2 bitcoin-cli getnewaddress
```

結果：

```
2N9x4DBWpxjM3DCMxQSdxuY5C3rpYGkkNif
```

リスト 19　ノード 3 の送金アドレス生成

```
docker exec bitcoin_btcd_3_f308ba771f73 bitcoin-cli getnewaddress
```

結果：

```
2N8NkqATF5QeFqdmHrF53tMkyXr9ivaTKwo
```

ビットコインにおける送金アドレスは、生成されたコインと同様に 26～35 文字の英数字で表現されます。ここで表示された結果は送金などで使用しますので、どこかにメモしておいてください。

3.3 残高の確認

送金処理を行う前に、まずは現在のウォレット残高を確認します。残高確認には bitcoin-cli の getbalance コマンドを使います。ノード 1 の残高を確認してみましょう。

リスト 20　ノード 1 の残高確認

```
docker exec bitcoin_btcd_1_ee46d7daf10f bitcoin-cli getbalance
```

結果：

```
50.00000000
```

3.1 項でブロックを生成した報酬として、50BTC がウォレットに存在していることがわかります。ノード 2 とノード 3 のウォレット残高も確認してみましょう。

リスト 21　ノード 2 の残高確認

```
docker exec bitcoin_btcd_2_68784e7379a2 bitcoin-cli getbalance
```

結果：

```
0.00000000
```

リスト 22　ノード 3 の残高確認

```
docker exec bitcoin_btcd_3_f308ba771f73 bitcoin-cli getbalance
```

結果：

```
0.00000000
```

ノード2とノード3のウォレットには当然、BTCは入っていません。

3.4　送金（その1）

それでは作成した送金アドレスに、実際に送金してみましょう。送金処理を行うために、送金先と送金額を指定してトランザクションを発行します。トランザクションの発行には、bitcoin-cliのsendtoaddressコマンドを使います。次の例では、ノード1が保有するBTCのうち、10BTCをノード2の送金アドレスに送金します。

リスト23　トランザクションの発行（送金）

```
docker exec bitcoin_btcd_1_ee46d7daf10f bitcoin-cli sendtoaddress 2N9x4DBWpxjM3DCMxQSdxuY5C3rp
YGkkNif 10
```

※ bitcoin-cli sendtoaddress [送金アドレス] [金額]

結果：

```
6f520aa030780bba54df0e6ae2f691d62b81fdc96ad222be2dc91fad8a29944c
```

結果として表示されたのは、トランザクションを特定するための識別番号（txid）です。それでは、このトランザクションの内容を確認してみましょう。

リスト24　トランザクションの確認

```
docker exec bitcoin_btcd_1_ee46d7daf10f bitcoin-cli listunspent
```

結果：

```
[
]
```

出力結果は空になります。listunspentコマンドは、確定したトランザクションを確認するコマンドです。引数に0を追加して実行することにより、未確定のトランザクションも表示できます。

リスト25　未確定トランザクションの確認

```
docker exec bitcoin_btcd_1_ee46d7daf10f bitcoin-cli listunspent 0
```

結果：

```
01  [
02    {
03      "txid": "080e66a631ccc2e74c0c31312d03245e2cdc356fec57b4e020dbb2143975f3f6",
04      "vout": 0,
05      "address": "2NDPTkPFKFec456JBagcuqmaCjAe4rWQJDY",
06      "redeemScript": "00147cda7417d7b512583a392e52bb1b6fbc72877f1a",
07      "scriptPubKey": "a914dcf1547684e345b5e540a4cdb1b7a70081ac9b9887",
08      "amount": 39.99996680,
09      "confirmations": 0,
10      "spendable": true,
11      "solvable": true,
12      "safe": true
13    }
26  ]
```

5行目の "address" が送金元アドレスであり（今回の場合はこれがマイナーのアドレス）、8行目の "amount" に送金後の残高が出力されています。最初 50BTC でしたので、10BTC 差し引かれて 40BTC になるはずですが、実際にはマイナーに支払う手数料も一緒に引かれています。

ここで、ノード2の残高を確認してみましょう。

リスト 26　残高の確認

```
docker exec bitcoin_btcd_2_68784e7379a2 bitcoin-cli getbalance
```

結果：

```
0.00000000
```

送金した後ですが、ノード2の残高は 0BTC のままです。このようにブロックチェーンでは、トランザクションを発行しただけでは送金が確定しません。この後に実行するマイニングによって確定することになります。

3.5　マイニング（その1）

未確定のトランザクションを確定するために、マイニングを実行してみましょう。ブロックチェーンでは、マイニングによってトランザクションがブロックに書き込まれることで送金が確定します。

リスト 27　ブロックの生成（マイニング）

```
docker exec bitcoin_btcd_1_ee46d7daf10f bitcoin-cli generatetoaddress 1 2MtTXDR77YYsg7eLGHhuc5
kuaRnhRnnozKs
```

結果：

```
[
  "58707919259a415c2b8fdfa1f176878e0b920540ac3e5cfa87c649422ddf731c" ,
]
```

ブロック識別子が出力され、ブロックが 1 個作られたことを確認できました。

3.6　送金の確認（その 1）

マイニングを行うことにより送金が確定されたことを確認してみましょう。

リスト 28　トランザクションの確認

```
docker exec bitcoin_btcd_1_ee46d7daf10f bitcoin-cli listunspent
```

先ほど実行結果が空だった listunspent コマンドの結果に、0 を指定したときの値が表示されています。未確定のトランザクションが確定したからです。

ここで、送金先の送金アドレス（本節 3.2 項で作成したアドレス）の残高を確認してみます。

リスト 29　ノード 2 のウォレット残高の確認

```
docker exec bitcoin_btcd_2_68784e7379a2 bitcoin-cli getbalance
```

結果：

```
10.00000000
```

アドレスに送金額の 10BTC が存在していることがわかります。

先ほどの送金時に引かれた手数料は、さらに 101 個ブロックが作られた後にマイナーに支払われます。ブロックをあと 100 個作ります。

リスト 30 ブロックの生成（マイニング）

```
docker exec bitcoin_btcd_1_ee46d7daf10f bitcoin-cli generatetoaddress 100 2MtTXDR77YYsg7eLGHhu
c5kuaRnhRnnozKs
```

結果：

```
[
  "55afce135ddabbca698467625a894d496269959644b9f322086b48f2624e5fa6",
  "5ef11ae2b9af4c0853a3246ee89e023e011c73903b52a7b08c4414b21e489ed23",
  …省略
]
```

送金元のノード1のウォレット残高を確認すると、合計102個分の報酬として5,100BTC、そこから10BTCが引かれた5,090BTCが入っているはずです。

リスト 31 ノード1のウォレット残高の確認

```
docker exec bitcoin_btcd_1_ee46d7daf10f bitcoin-cli getbalance
```

結果：

```
5090.00000000
```

203個目のブロックが作られたときに、マイナーであるノード1のウォレットに振り込まれ、差し引き0になっています。

3.7 送金（その2）

今度は、ノード2からノード3の送金アドレスに送金してみましょう。送金先と送金額を指定して、トランザクションを発行します。次の例では、ノード2が保有する10BTCのうち、3BTCをノード3の送金アドレスに送金します。

リスト 32 トランザクションの発行（送金）

```
docker exec bitcoin_btcd_2_68784e7379a2 bitcoin-cli sendtoaddress 2N8NkqATF5QeFqdmHrF53tMkyXr9
ivaTKwo 3
```

結果：

```
6b9a199c01aeecda9a3693861ac33c404c6924982c5c11ec65e19fd91b31659
```

3.8　マイニング（その 2）

トランザクションの識別番号が出力されました。マイニングをしなければ送金が確定しないため、早速マイニングをしてみましょう。送金はノード 2 が行いましたが、マイニングは先ほどと同様、ノード 1 で行います。

リスト 33　ブロックの生成（マイニング）

```
docker exec bitcoin_btcd_1_ee46d7daf10f bitcoin-cli generatetoaddress 101 2MtTXDR77YYsg7eLGHhu
c5kuaRnhRnnozKs
```

結果：

```
[
  "43d85f816f8b0fe126c6be195c89597f3c2e7104f6d15c48e7af6f68050f52d" ,
  "6445fc14f47a9bb5ba6e7cd1537058bdd7a75d1dbf9d2eab5a9fe13ec82489f5" ,
  …省略
]
```

ブロック識別子が出力され、ブロックが 101 個作られたことを確認できました。

3.9　送金の確認（その 2）

送金が確定されたことを確認してみましょう。ノード 3 の送金アドレス（本節 3.2 項で作成したアドレス）の残高を確認します。

リスト 34　ノード 3 のウォレット残高の確認

```
docker exec bitcoin_btcd_3_f308ba771f73 bitcoin-cli getbalance
```

結果：

```
3.00000000
```

ノード 3 のアドレスに、送金額の 3BTC が存在していることがわかります。

送金元のノード2の残高を確認してみましょう。

リスト35 ノード2のウォレット残高の確認

```
docker exec bitcoin_btcd_2_68784e7379a2 bitcoin-cli getbalance
```

結果：

```
6.99996680
```

3BTCが減額されるとともに、手数料も取られています。

マイナーであるノード1のウォレット残高も見てみましょう。

リスト36 ノード1のウォレット残高の確認

```
docker exec bitcoin_btcd_1_ee46d7daf10f bitcoin-cli getbalance
```

結果：

```
8790.00003320
```

ノード2からの手数料がきちんと振り込まれていることを確認できました。Bitcoin Coreの基本的な操作についての説明は以上です。

第12章

Lightning Network

本章で動かしてみるのは「Lightning Network[注1]」です。現在、ビットコインをはじめとする多くの仮想通貨は、「スケーリング問題」に直面しています。これは、取引量の増加により、取引手数料の高騰や、取引速度の遅延が起こることです。

このようなビットコインの問題点の解決策として期待されているものの 1 つが Lightning Network です。Lightning Network はブロックチェーン基盤製品ではなく、「オフチェーン[注2]」または「レイヤ 2」と呼ばれる周辺技術に属しますが、今後のビットコインやブロックチェーンを語る上で外せない技術です。

注1　https://lightning.network/

注2　詳細は第 10 章を参照してください。

1 Lightning Networkの概要

1.1 Lightning Networkとは？

Lightning Networkのホワイトペーパー注3は、2015年にThaddeus Dryja氏とJoseph Poon氏によって発表されました。Lightning Networkは特定の製品ではなく、オフチェーン技術の1つであり、様々な開発プロダクトが存在します。例えば、提唱者である上記の両者によって始まったlnd（Lightning Labs）や、lit（MIT DCI）、lightningd（Blockstream）などがあります。

Lightning Networkでは、ビットコインの取引をブロックチェーンに記録するのではなく、ブロックチェーン以外のレイヤ（オフチェーン）であるPayment Channelに記録します。オフチェーンに取引を記録することにより、ビットコインのもつ「1秒間に最大7取引、取引確定するまで10分間」という制約から解放され、1秒間に数百万から数十億の取引と、即時決済が可能になると言われています。また、取引のたびにブロックチェーンに記録するのではなく、取引を数回実施した結果をブロックチェーンに記録しますので、手数料が安くなると言われています。

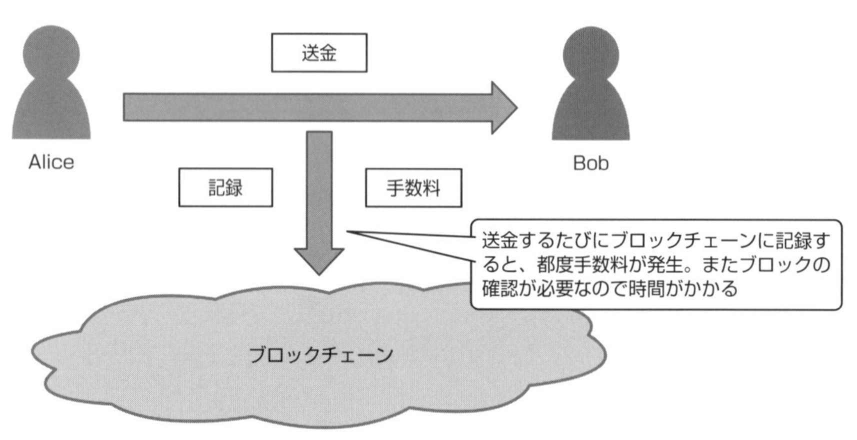

図1　ブロックチェーンでの取引

注3　https://lightning.network/lightning-network.pdf

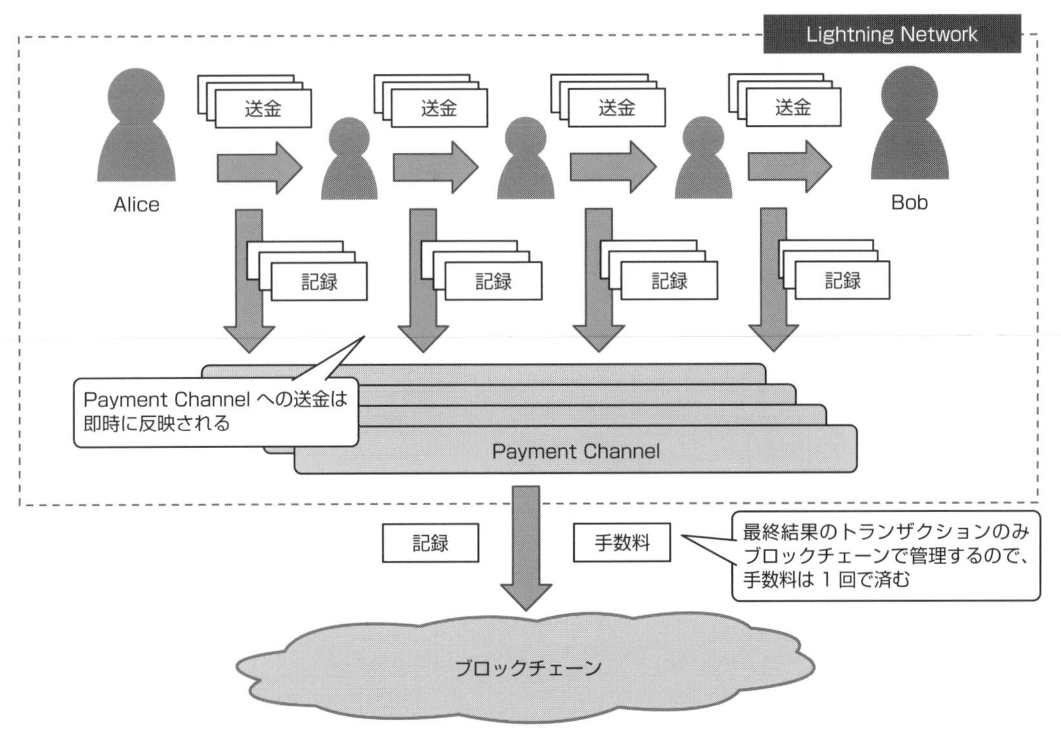

図 2 Lightning Network での取引

また Lightning Network の普及には SegWit の実装が不可欠でしたが、2017 年 8 月にメインネットのビットコインが SegWit に置き換わりました。これにより、ビットコインで長年問題とされていたトランザクション展性が抜本的に解決されたため、ネットワークで直接結びついていない者同士の送金を第三者経由で行うことができるようになりました。

Lightning Network は、以下に示すような技術を使用しています。

表 1 Lightning Network で使用される技術一覧

名称	実装プロダクト	概要
Segregated Witness (SegWit)	Bitcoin	ブロックチェーンに格納されたトランザクション情報の署名部分を切り離して別管理とするビットコインの機能拡張。副次効果として 1 ブロックあたりの格納トランザクション数を増加させ、スケーラビリティ向上にも寄与する。
Multi signature	Bitcoin	1 つの文書に複数の署名を割り当てる技術。1 つの文書に対し、複数の署名がないと承認されない。
Payment Channel	Bitcoin	ブロックチェーンを介さず、2 者間で送金を即時実行する技術。
HTLC (Hashed Time Lock Contract)	Bitcoin	タイムアウトする前には鍵 A、タイムアウト後は鍵 B で箱を開けるようにする技術。
Lightning Network	lnd、ほか	2 者間で行う Payment Channel を複数組み合わせ、直接的にお互いを信用せずに取引可能とする技術。

1.2 Payment Channel と HTLC を使用した送金例

それでは、直接つながっていない2者間の送金を、Lightning Network で実現する例で説明しましょう。ここでは、アリス（Alice）がチャーリー（Charlie）を仲介者としてボブ（Bob）に送金するとします。そのために、Payment Channel と HTLC（Hashed Time Lock Contract）を用います。

(1) ボブしか知らない情報Rをハッシュ化して、(H) とします。チャーリーを介して、(H) をアリスに送信します（チャーリーとアリスはハッシュ値 (H) しか知らず、情報Rを知ることはできません）。

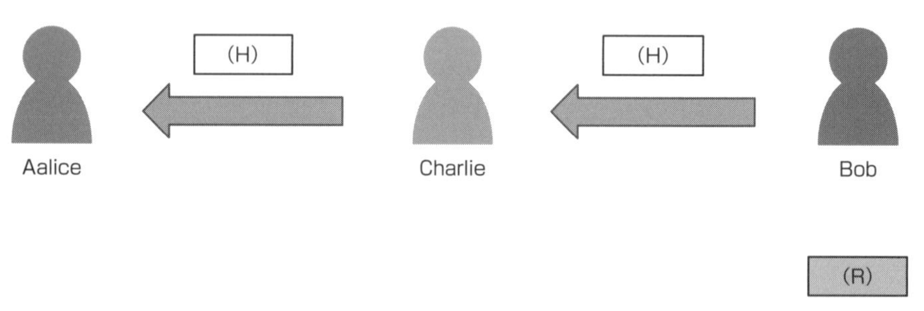

図3　ハッシュ値の送信

(2) アリスは Payment Channel に HTLC で 10BTC を送金します。HTLC は 10BTC が入った箱のようなもので、鍵がなければ開けることはできません。その鍵が HTLC になります。ここでは以下の（ア）、（イ）が HTLC になります。

(ア) 今、チャーリーの署名と情報Rがあること

(イ) 10日後以降はアリスの署名があること

この時点でチャーリーは情報Rを持っていませんので、10BTC を取り出すことができません。また、このままチャーリーがボブに送金しなかった場合、10日後には、アリスは自分の署名で 10BTC を取り出すことができます。

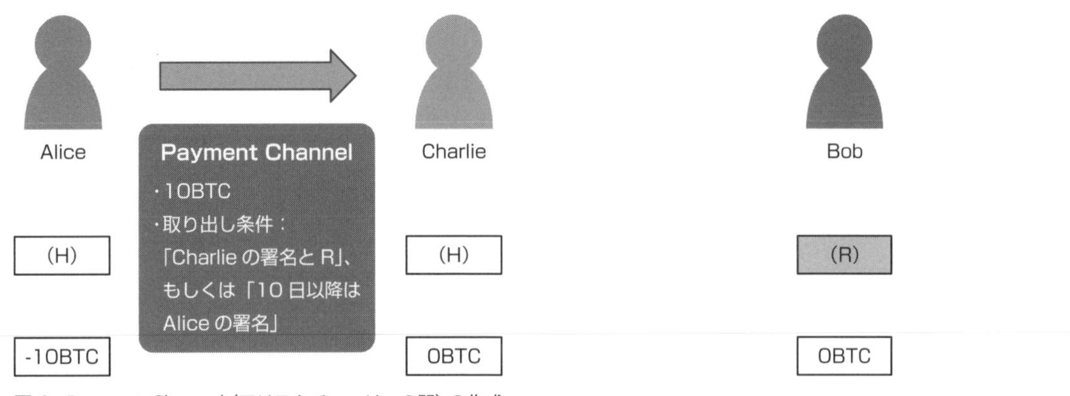

図 4 Payment Channel（アリスとチャーリーの間）の作成

(3) チャーリーは、ボブに HTLC で 10BTC を送金します。ここでは以下の（ア）、（イ）が HTLC になります。

（ア）今、ボブの署名と情報 R があること

（イ）5 日後以降はチャーリーの署名があること

ボブは、ボブの署名と情報 R があれば、10BTC を取り出すことができます（ボブはチャーリーに情報 R を提供しなければ 10BTC を受け取れません）。

チャーリーは、以下の状態になります。

（ア）ボブが情報 R を提供した場合は、アリスから 10BTC を受け取れる

（イ）ボブが情報 R を提供しない場合は、5 日後には 10BTC を取り戻せる

このことから、チャーリーは 10BTC を失うことはありませんので、リスクを負うことなく、ボブに 10BTC を送金することができます。

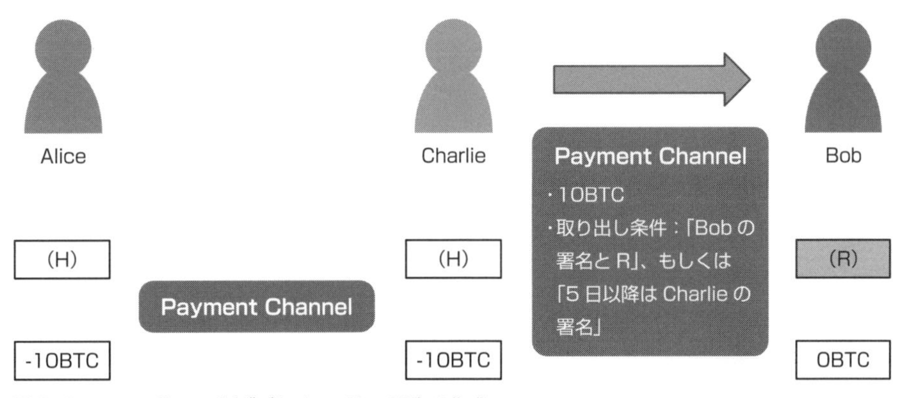

図 5 Payment Channel（ボブとチャーリーの間）の作成

(4) ボブは情報Rと自分の署名を使ってPayment Channelから10BTCを取り出し、そのことをチャーリーに通知します。

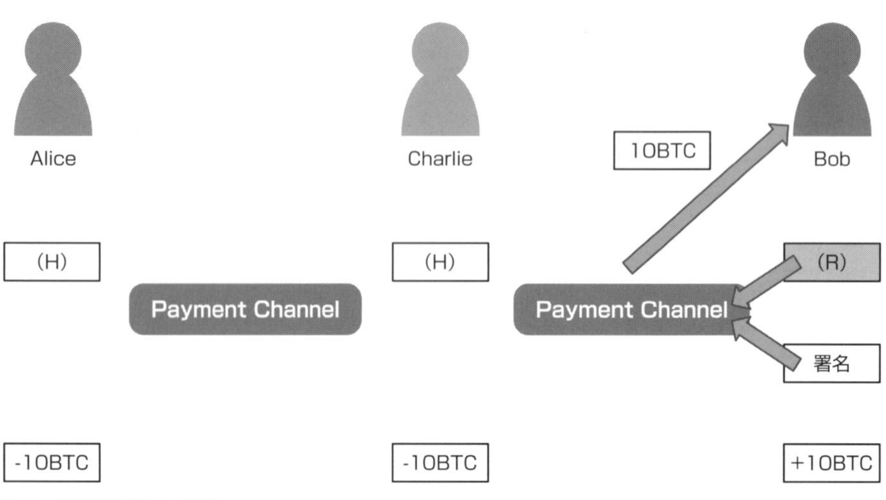

図6　送金受け取り（ボブ）

(5) チャーリーは情報Rと自分の署名を使ってPayment Channelから10BTCを取り出し、そのことをアリスに通知します。

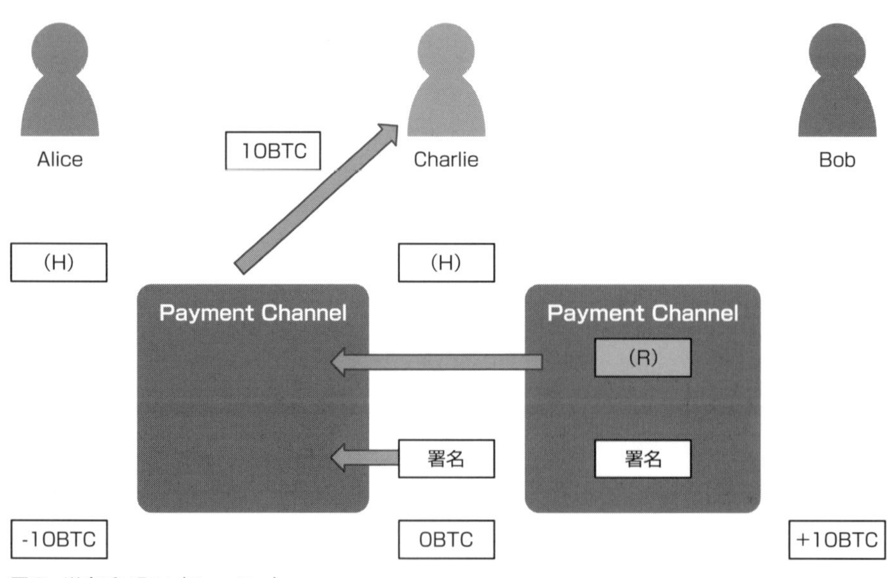

図7　送金受け取り（チャーリー）

Lightning Networkはこのようにして、直接つながっていない2者間の送金を実現しています。

2 Lightning Network を動かす

それではLightning Networkの設定方法を説明します。ここでは提唱者が開発したlndを使用し、次の手順に沿って説明していきます。

① Lightning Network のインストール
② Lightning Network のローカルネットワークでの起動
③ Lightning Network での送金

インストールから起動、環境構築、送金までの操作を実施することにより、Lightning Network全体の動作を確認することを目的とします。そのためには次の環境とプログラムが必須となります。また実行環境にはLinuxを利用しますので、Linuxの操作についてのひととおりの知識を前提としています。

さらに実行環境には、複数のノードを起動するためにDockerを利用しますので、Dockerの操作についてのひととおりの知識を前提とします。なお、関連するプログラム群を取得するために、インターネット接続環境も必要となります。

必要なアプリケーション

- lnd
  lnd：0.5.1-beta
  btcd：0.12.0-beta

必要なハードウェアスペック

- CPU：Intel Core i5-6500 Processor (6M Cache、3.20GHz) と同等以上
- メモリ：8GB 以上 (ゲスト OS のメインメモリに 4.0GB を設定)

ポートフォワーディングの設定

付録の1.2項で設定するポートフォワーディング設定を使用します。

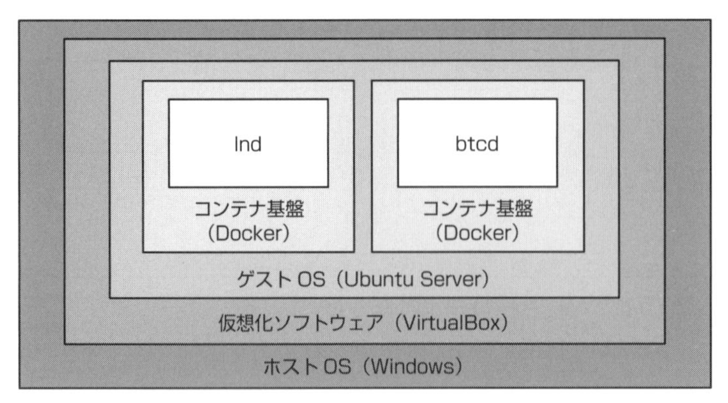

図8　本章の環境構成

2.1　lnd開発環境のセットアップ

それではlndをインストールしていきましょう。lndのインストール手順は、GitHubからDocker環境を取得するだけです。

リスト1　ブロックチェーン基盤製品ごとの作業ディレクトリの作成

```
mkdir ~/chapter12
cd ~/chapter12
```

リスト2　ディレクトリ構成

```
`-- chapter12
    `-- lnd
        `-- docker
            `-- docker-compose.yml・・・[リスト3　lndのDocker環境取得]で取得
```

リスト3　lndのDocker環境取得

```
git clone https://github.com/lightningnetwork/lnd.git
```

以上でlndのインストール作業は完了です。

2.2　simnetでの起動

次に、lndを起動してみましょう。ここでは限定されたマシンのみで動くローカルビットコインネットワークとして、次のネットワーク構成を構築します。

ブロックチェーン：

- Bitcoin アプリケーション（btcd[注4]）を使用

オフチェーン：

- Lightning Network アプリケーション（lnd）を使用

※マイニングによる報酬と送金による増減を区別するために、送金とは無関係な Miner ノードを建てています。

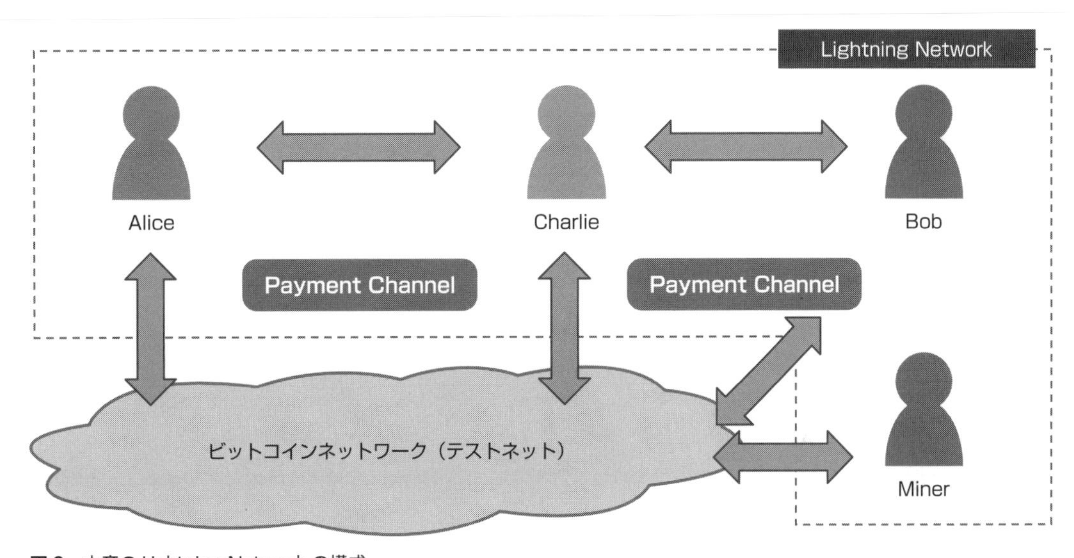

図 9　本章の Lightning Network の構成

まず、環境変数に simnet を宣言します。simnet とは、btcd のテストネットワーク（Bitcoin Core における regtest）です。

リスト 4　simnet の設定

```
export NETWORK="simnet"
```

次に、ビットコインノードを 1 台と、Lightning Network ノードを 4 台起動します。

リスト 5　ノードの起動

```
cd lnd/docker
docker-compose run -d --name alice lnd_btc
```

注4　第 11 章で説明した Bitcoin Core とは別のビットコイン実装です。lnd は btcd とセットで動かします。

```
docker-compose run -d --name bob lnd_btc
docker-compose run -d --name charlie lnd_btc
docker-compose run -d --name miner lnd_btc
```

Dockerコンテナを正常に起動できたことを確認します。

リスト6　ノードの起動の確認

```
docker-compose ps
```

結果：

```
Name       Command        State                                    Ports
------------------------------------------------------------------------------------------------------------------------
alice    ./start-lnd.sh    Up      10009/tcp, 9735/tcp
bob      ./start-lnd.sh    Up      10009/tcp, 9735/tcp
btcd     ./start-btcd.sh   Up      18333/tcp, 18334/tcp, 18555/tcp, 18556/tcp, 28901/tcp, 28902/tcp, 8333/tcp, 8334/tcp
charlie  ./start-lnd.sh    Up      10009/tcp, 9735/tcp
miner    ./start-lnd.sh    Up      10009/tcp, 9735/tcp
```

続いて、各Lightning Networkノードに、Lightning Network用のアカウントを作成します。

リスト7　アカウントの作成

```
docker exec alice lncli --network=simnet newaddress np2wkh
docker exec bob lncli --network=simnet newaddress np2wkh
docker exec charlie lncli --network=simnet newaddress np2wkh
docker exec miner lncli --network=simnet newaddress np2wkh
```

※newaddress np2wkh：アカウントを「Pay to Nest Witness Key Hash[注5]」モードで作成します。

結果：

ノード名	Lightning Network用のアカウント[注6]
alice	rmZF24pVWFoUgYkVFzGNh2X9LJDDWWXq2a
bob	rdhw7mxkbMg2t9vLUn9yiaHop5mX66zgx1
charlie	rrcidnQz5e8qbcpgCaXNRhuUtMjDizKE2j
miner	rrwDrzdequ5TMY5t1raFFQfZQfjMqAm4rm

注5　BIP-49にてP2SHでネストされたP2WPKHをサポートしています。
https://github.com/bitcoin/bips/blob/master/bip-0049.mediawiki

注6　実行環境ごとに異なります。

今作成したアカウントには、残高がありません。そこで、マイニングを実施することで残高を増やします。

リスト 8　マイニングの実施

```
MINING_ADDRESS=rmZF24pVWFoUgYkVFzGNh2X9LJDDWWXq2a docker-compose up -d btcd
docker-compose run btcctl generate 400
MINING_ADDRESS=rdhw7mxkbMg2t9vLUn9yiaHop5mX66zgx1 docker-compose up -d btcd
docker-compose run btcctl generate 400
MINING_ADDRESS=rrcidnQz5e8qbcpgCaXNRhuUtMjDizKE2j docker-compose up -d btcd
docker-compose run btcctl generate 400
MINING_ADDRESS=rrwDrzdequ5TMY5t1raFFQfZQfjMqAm4rm docker-compose up -d btcd
docker-compose run btcctl generate 400
```

※「btcctl generate 400」マイニングを実行して、ブロックを 400 個作成します。
※ 以後のマイニング報酬はすべてマイナー(miner)に入ります。

続いて、各アカウントの残高が増えていることを確認します。

リスト 9　各ビットコインアドレスの残高確認

```
docker exec alice lncli --network=simnet walletbalance
docker exec bob lncli --network=simnet walletbalance
docker exec charlie lncli --network=simnet walletbalance
```

結果：

ノード名	ビットコインアドレスの残高 (satoshi)
alice	2,000,000,000,000
bob	2,000,000,000,000
charlie	2,000,000,000,000

Lightning Network に必要な SegWit が有効になっているかを調べます。

リスト 10　SegWit の有効確認

```
docker-compose run btcctl getblockchaininfo | grep -A 1 segwit
```

結果：

```
Starting btcd ... done
    "segwit": {
      "status": "active",
```

P2P 接続をするために、各ノードの公開鍵と IP アドレスを調べます。

リスト 11　公開鍵の確認

```
docker exec alice lncli --network=simnet getinfo | grep identity_pubkey
docker exec bob lncli --network=simnet getinfo | grep identity_pubkey
docker exec charlie lncli --network=simnet getinfo | grep identity_pubkey
```

※ lncli getinfo：lightning ノードに関する一般的な情報を表示します。

結果：

ノード名	identity_pubkey[注7]
alice	039e79653275a8d78ef0e11d84c70d62b4c9383e4e7a6bf02cf150ba7742d20208
bob	035b651cf23eb82d37c5d4535f91d36b889863545675a6df6cf6fd330897e11c9e
charlie	033158977b88db39b55ce19fa580e55b6aa02b0a2fffeac961d5a1d0c0759be285

リスト 12　IP アドレスの確認

```
docker inspect alice | grep IPAddress
docker inspect bob | grep IPAddress
docker inspect charlie | grep IPAddress
```

※ docker inspect：コンテナあるいはイメージの一般的な情報を表示します。

結果：

ノード名	IPAddress[注8]
alice	172.18.0.3
bob	172.18.0.4
charlie	172.18.0.5

P2P 環境を構築します。アリスノードでチャーリーノードの公開鍵と IP アドレスを指定して、P2P 接続を行います。

リスト 13　ノード（アリスとチャーリー）の接続

```
docker exec alice lncli --network=simnet connect 033158977b88db39b55ce19fa580e55b6aa02b0a2fffe
ac961d5a1d0c0759be285@172.18.0.5
```

注 7　第 11 章で説明した Bitcoin Core とは別のビットコイン実装です。lnd は btcd とセットで動かします。

注 8　BIP-49 にて P2SH でネストされた P2WPKH をサポートしています。
https://github.com/bitcoin/bips/blob/master/bip-0049.mediawiki

ボブノードでチャーリーノードの公開鍵とIPアドレスを指定して、P2P接続を行います。

リスト 14　ノード（ボブとチャーリー）の接続

```
docker exec bob lncli --network=simnet connect 033158977b88db39b55ce19fa580e55b6aa02b0a2fffeac
961d5a1d0c0759be285@172.18.0.5
```

以上でP2P環境を構築できました。次はPayment Channelを作成しましょう。まず、アリスノードでチャーリーノードの公開鍵とIPアドレスを指定して、Payment Channelを作成します。

リスト 15　Payment Channel の作成

```
docker exec alice lncli --network=simnet openchannel --node_key=033158977b88db39b55ce19fa580e5
5b6aa02b0a2fffeac961d5a1d0c0759be285 --local_amt=1000000
```

※ --node_key：charlie の公開鍵を指定します。
※ --local_amt=1000000 は Payment Channel へ送金する金額（satoshi）です。

結果：

```
{
        "funding_txid": "862cf5383463419160f23ee14e2b98ed5ff8ede2e02d1cabf0f8bfa3aa59cc32"
}
```

ビットコインネットワークに作成したPayment Channelを反映させるために、マイニングを実施します。

リスト 16　マイニングの実施

```
docker-compose run btcctl generate 10
```

マイニングを実施しましたので、残高を確認します。

リスト 17　各ビットコインアドレスの残高の確認

```
docker exec alice lncli --network=simnet walletbalance
docker exec bob lncli --network=simnet walletbalance
docker exec charlie lncli --network=simnet walletbalance
```

結果：

ノード名	ビットコインアドレスの残高（satoshi）
alice	1,999,998,991,213
bob	2,000,000,000,000
charlie	2,000,000,000,000

アリスノードは、Payment Channelの作成で手数料の8,787（satoshi）を払い、作成したPayment Channelに1,000,000（satoshi）を送金しましたので、2,000,000,000,000（satoshi）から1,008,787（satoshi）を引いた1,999,998,991,213（satoshi）が残高となっています。

次に、Payment Channelの残高を確認します。

リスト18 Payment Channelの残高の確認

```
docker exec alice lncli --network=simnet channelbalance
docker exec bob lncli --network=simnet channelbalance
docker exec charlie lncli --network=simnet channelbalance
```

結果：

ノード名	Payment Channelの残高（satoshi）
alice	990,950
bob	0
charlie	0

アリスノードはPayment Channelに1,000,000（satoshi）を送金しました。残高が1,000,000（satoshi）とならずに990,950（satoshi）となっている理由は、Payment Channelで行う取引結果をビットコインネットワークに反映する際の手数料（9,050）をデポジットとして差し引かれているからです。このことは、次のコマンドでわかります。

リスト19 Payment Channel情報の表示

```
docker exec alice lncli --network=simnet listchannels
```

結果：

```
{
    "channels": [
        {
            "active": true,
```

```
            "remote_pubkey": "033158977b88db39b55ce19fa580e55b6aa02b0a2fffeac961d5a1d0c0759
be285",
            "channel_point": "862cf5383463419160f23ee14e2b98ed5ff8ede2e02d1cabf0f8bfa3aa59
cc32:0",
            "chan_id": "3541526953132032",
            "capacity": "1000000",
            "local_balance": "990950",
            "remote_balance": "0",
            "commit_fee": "9050",
            "commit_weight": "600",
            "fee_per_kw": "12500",
            "unsettled_balance": "0",
            "total_satoshis_sent": "0",
            "total_satoshis_received": "0",
            "num_updates": "0",
            "pending_htlcs": [
            ],
            "csv_delay": 144,
            "private": false
        }
    ]
}
```

※ "commit_fee" がビットコインネットワークに反映する際の手数料です。

同様に、ボブノードとチャーリーノードで使用する Payment Channel を作成します。

リスト 20　Payment Channel の作成

```
docker exec charlie lncli --network=simnet openchannel --node_key=035b651cf23eb82d37c5d4535f91
d36b889863545675a6df6cf6fd330897e11c9e --local_amt=1000000
```

※ bob の公開鍵を指定します。

結果：

```
{
        "funding_txid": "8a29201381067c64fa7bcde0f2ef05534f52c1aa8f5187c650ef950f33630dcc"
}
```

リスト 21　マイニングの実施

```
docker-compose run btcctl generate 10
```

リスト22　各ビットコインアドレスの残高の確認

```
docker exec alice lncli --network=simnet walletbalance
docker exec bob lncli --network=simnet walletbalance
docker exec charlie lncli --network=simnet walletbalance
```

結果：

ノード名	ビットコインアドレスの残高（satoshi）
alice	1,999,998,991,213
bob	2,000,000,000,000
charlie	1,999,998,991,213

リスト23　Payment Channelの残高の確認

```
docker exec alice lncli --network=simnet channelbalance
docker exec bob lncli --network=simnet channelbalance
docker exec charlie lncli --network=simnet channelbalance
```

結果：

ノード名	Payment Channelの残高（satoshi）
alice	990,950
bob	0
charlie	990,950

以上で、アリス⇔チャーリー⇔ボブをつなぐPayment Channelの作成は完了です。

2.3　送金の実施

それでは実際に送金してみましょう。アリスからチャーリーを経由してボブに送金を行います。

はじめに、ボブがinvoice（金額：10000satoshi）を作成します。

リスト24　invoiceの作成

```
docker exec bob lncli --network=simnet addinvoice --amt=10000
```

※amtには送金金額を指定します。

結果：

```
{
        "r_hash": "e6f0aca1013603df8a9771d2e86e7504b715e240ff8438d8316531855fe3149e",
        "pay_req": "lnsb100u1pdmaesppp5umc2eggpxcpalz5hw8fwsmn4qjm3tcjql7zr3kp3v5cc2hlrzj0qdqq
cqzyse92ufea7998a5gpuynwdqcz2nt3shlamqlmwf7cuk22j8uc6w6ayknm5cuh0wcwc9r55rpk22trqmpvcvh3kphm3u
ndf24k8katd89spks8ncy",
        "add_index": 1
}
```

アリスはinvoiceの“pay_req”を参照して送金を行います。送金処理はアリスのDockerコンテナに入って行います。以下のコマンドを実行すると、プロンプトが変わりますので、リスト26を実行していきます。

リスト25　AliceのDockerコンテナに入る

```
docker exec -it alice /bin/bash
```

リスト26　送金の実施

```
bash-4.4# lncli --network=simnet sendpayment --pay_req=lnsb100u1pdmaesppp5umc2eggpxcpalz5hw8fw
smn4qjm3tcjql7zr3kp3v5cc2hlrzj0qdqqcqzyse92ufea7998a5gpuynwdqcz2nt3shlamqlmwf7cuk22j8uc6w6aykn
m5cuh0wcwc9r55rpk22trqmpvcvh3kphm3undf24k8katd89spks8ncy
Description:
Amount (in satoshis): 10000
Destination: 02b42096f21b2ff47b8ddb28af7d0dc520ccb57bbd8bf9c2d6487c697010bf5bfd
Confirm payment (yes/no): yes
```

結果：

```
{
        "payment_error": "",
        "payment_preimage": "93fd74bd41be1470635d1fbb26b327adeebfb957631657e3964c93f541ece
ff5",
        "payment_route": {
                "total_time_lock": 11165,
                "total_fees": 1,
                "total_amt": 10001,
                "hops": [
                        {
                                "chan_id": 1193849725445734,
                                "chan_capacity": 980950,
```

```
                                "amt_to_forward": 10000,
                                "fee": 1,
                                "expiry": 11021,
                                "amt_to_forward_msat": 10000000,
                                "fee_msat": 1010
                        },
                        {
                                "chan_id": 11949492370735104,
                                "chan_capacity": 1000000,
                                "amt_to_forward": 10000,
                                "expiry": 11021,
                                "amt_to_forward_msat": 10000000
                        }
                ],
                "total_fees_msat": 1010,
                "total_amt_msat": 10001010
        }
}
```

送金を行いましたので、Docker コンテナから抜けます。

リスト27　Alice の Docker コンテナから抜ける

```
exit
```

残高を確認します。まずは、ビットコインを確認します。Payment Channel での支払いなので、ビットコインの残高は変わっていないはずです。

リスト28　各ビットコインアドレスの残高の確認

```
docker exec alice lncli --network=simnet walletbalance
docker exec bob lncli --network=simnet walletbalance
docker exec charlie lncli --network=simnet walletbalance
```

結果：

ノード名	ビットコインアドレスの残高（satoshi）
alice	1,999,998,991,213
bob	2,000,000,000,000
charlie	1,999,998,991,213

ビットコインアドレスの残高には変更がないことを確認します。

リスト 29 Payment Channel の残高の確認

```
docker exec alice lncli --network=simnet channelbalance
docker exec bob lncli --network=simnet channelbalance
docker exec charlie lncli --network=simnet channelbalance
```

結果：

ノード名	Payment Channel の残高（satoshi）
alice	980,948 (-10,000)
bob	10,000 (+10,000)
charlie	990,951

Payment Channel の残高では、アリスからボブに 10,000（satoshi）が送金されていることを確認できます。チャーリーの残高が 1（satoshi）増えている理由は、送金の中継を行った手数料がアリスから支払われたからです。

Payment Channel で送金できましたので、ビットコインのブロックチェーンに反映します。そのためには Payment Channel を Close しなければいけません。ブロックチェーンに反映させずに送金を繰り返す場合、Close は不要です[注9]。アリスとチャーリーの間の Payment Channel を Close するために、アリスノードで channel_point を取得します。

リスト 30 channel_point を取得

```
docker exec alice lncli --network=simnet listchannels | grep channel_point
```

結果：

```
        "channel_point": "7f0a177aca97b41a2bb8cf5010d5f7fa6ed4250f1f87f080c1903cbe5260f8f0:0",
```

取得した channel_point で、alice と charlie 間の Payment Channel を Close します。

注9 Lightning Network はブロックチェーンの書き込みを減らす（= Close 回数を減らす）ことで、スケーラビリティを向上させていますが、Close しないと、ブロックチェーンがもつ耐改ざん性や不可逆性の恩恵を受けられないので、バランスが悩ましいところです。

リスト31 Payment ChannelのClose

```
docker exec alice lncli --network=simnet closechannel --funding_txid=7f0a177aca97b41a2bb8cf501
0d5f7fa6ed4250f1f87f080c1903cbe5260f8f0 --output_index=0
```

※ --funding_txid：先ほど取得したchannel_pointを分解して、funding_txidとoutput_indexに指定します。

結果：

```
{
        "closing_txid": "88184dc56cde6daa4dcbf4b53814c43a94f78151a58a6ea5b9c32b2fcaf9bc79"
}
```

リスト32 マイニングの実施

```
docker-compose run btcctl generate 10
```

続いて、ボブとチャーリーの間のPayment ChannelをCloseするために、チャーリーノードでchannel_pointを取得します。

リスト33 channel_pointを取得

```
docker exec charlie lncli --network=simnet listchannels | grep channel_point
```

結果：

```
            "channel_point": "bded8e10a955d6e73a2d01d5671cf37a97ec00dd11a27669f9544165ab8b538c:0",
```

取得したchannel_pointで、ボブとチャーリーの間のPayment ChannelをCloseします。

リスト34 Payment ChannelのClose

```
docker exec charlie lncli --network=simnet closechannel --funding_txid=bded8e10a955d6e73a2d01d
5671cf37a97ec00dd11a27669f9544165ab8b538c --output_index=0
```

結果：

```
{
        "closing_txid": "93f71776f7a6916b2e06bbaefc7a27b540501cd470753b45ef31f85bec788f39"
}
```

リスト 35 マイニングの実施

```
docker-compose run btcctl generate 10
```

ビットコインネットワークに反映しましたので、残高を確認します。

リスト 36 各ビットコインアドレスの残高の確認

```
docker exec alice lncli --network=simnet walletbalance
docker exec bob lncli --network=simnet walletbalance
docker exec charlie lncli --network=simnet walletbalance
```

結果：

ノード名	各ビットコインアドレスの残高 (satoshi)
alice	1,999,999,972,161
bob	2,000,000,010,000
charlie	1,999,999,982,164

アリスの残高は 1,999,999,972,161（satoshi）となりました。アリスはこの送金で 27,839（satoshi）支払うこととなりました。

表 2 アリスの残高

項目	入金 (satoshi)	出金 (satoshi)	差引残高 (satoshi)
―	―	―	2,000,000,000,000
Payment Channel の作成	―	8,787	1,999,999,991,213
Payment Channel の close	―	9,050	1,999,999,982,163
送金	―	10,000	1,999,999,972,163
中継手数料	―	1	1,999,999,972,162 注10

ボブの残高は 2,000,000,010,000（satoshi）となりました。ボブはこの送金で 10,000（satoshi）を受け取ることとなりました。

注 10 実際は残高が「1,999,999,972,161」になります。1satoshi だけ少ないのは、以下が原因と思われます。
[1 Satoshi Missing After Every Payment]
https://github.com/lightningnetwork/lnd/issues/468

表3 ボブの残高

項目	入金（satoshi）	出金（satoshi）	差引残高（satoshi）
－	－	－	2,000,000,000,000
送金	10,000	－	2,000,000,010,000

チャーリーの残高は1,999,999,982,164（satoshi）となりました。チャーリーはこの送金で17,836（satoshi）を支払うこととなりました。

表4 チャーリーの残高

項目	入金（satoshi）	出金（satoshi）	差引残高（satoshi）
－	－	－	2,000,000,000,000
Payment Channelの作成	－	8,787	1,999,999,991,213
Payment Channelのclose	－	9,050	1,999,999,982,163
中継手数料	1	－	1,999,999,982,164

以上で、送金操作の説明を終了します。

第13章 Ethereum

次に動かしてみるブロックチェーン基盤はEthereum[注1]です。Bitcoin Coreが支払いやコインに特化しているのに対して、Ethereumは、ユーザがスマートコントラクト（Contract）をプログラミングによって自由に定義できるという特徴を持っています。本章では、テストネット上に構築したブロックチェーンネットワークを用い、基本的な使い方を押さえた上で、カスタマイズ例として、Contractとブラウザによる簡単なサンプルアプリケーションを作成してみましょう。なお、スマートコントラクト開発には、Ethereumの独自言語であるSolidityを用います。

注1　https://www.ethereum.org/

1　Ethereumとは？

Ethereumは2015年にリリースされた次世代型スマートコントラクト分散アプリケーション基盤であり、スイスを拠点としたThe Ethereum Foundationにより開発が進められているオープンソースプロジェクトです。Ethereum以前のブロックチェーン基盤は基本的にビットコインの機能をそのまま引き継いでいるため、カスタマイズ可能な範囲が狭く、仮想通貨以外の領域で利用するには非常に敷居が高い状態でした。その点Ethereumでは、Solidityなどのチューリング完全な拡張用言語を備え、スマートコントラクトの挙動を簡単かつプログラマブルに作成することができます。

Ethereumのコンセンサスアルゴリズムとして、現時点のバージョン（2019年3月にリリースされたMetropolis）ではPoWを採用していますが、将来的にはPoSへ移行することが検討されています（今後のリリースとして、Ethereum 2.0ではPoSやshardingの導入、Ethereum 3.0ではCasper CBCやzk-STARKsの導入が予定されています）。

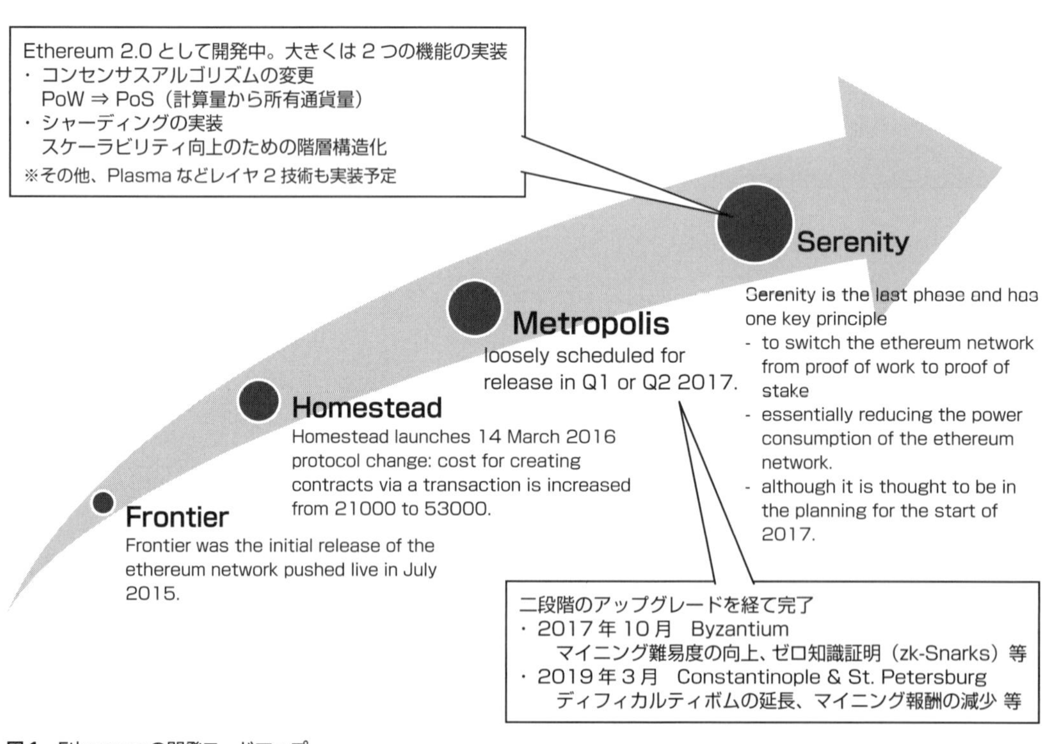

図1　Ethereumの開発ロードマップ

※参考：https://www.cryptocompare.com/coins/guides/the-ethereum-releases-of-frontier-homestead-metropolis-and-serenity/

Ethereumではビットコインと同様に、P2Pネットワーク上で取引履歴をブロックチェーンに記録します（仮想通貨として「Ether」という単位が使われます。またそれより下の単位も存在し、10^{-8}Etherが「Szabo」、10^{-18}Etherが「Wei」という単位になっています）。そのほかに、スマートコントラクトそのものや、実行履歴も記録していくところに特徴があります。ネットワーク参加者がマイニング（採掘）を行うと、取引の実行として通貨の送金やスマートコントラクトに記述したプログラムを実行し、記録することで、その正統性を保証します。

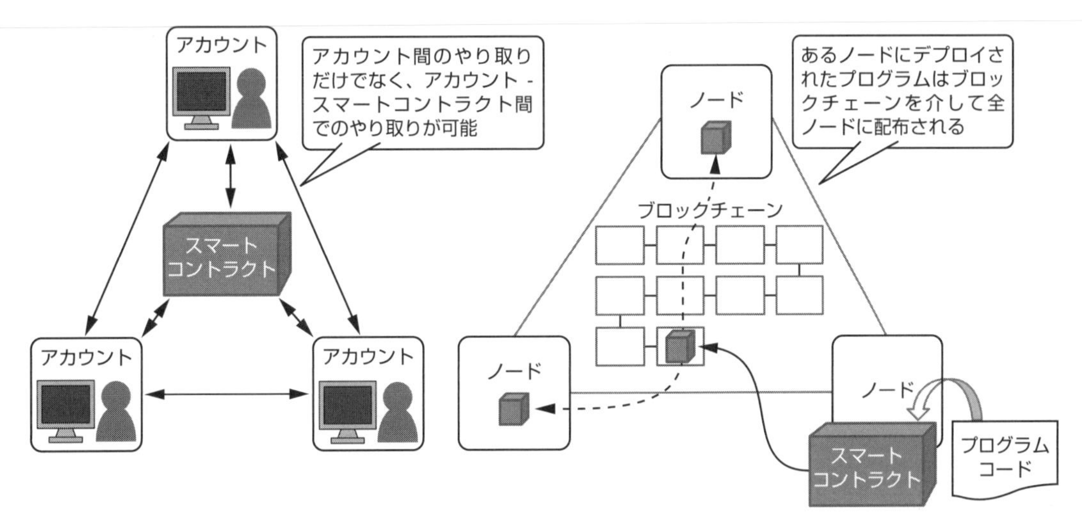

図2 Ethereumの特徴

スマートコントラクトの実行環境はEVM（Ethereum Virtual Machine）と呼ばれ、Ethereumのクライアントソフトに組み込まれています。Solidityで記述されたContractはEVMで動くため、Java仮想マシンと同じく、Windows、MacOS、LinuxなどのOSに基本的に縛られません。最近ではIoT分野へ適用するための、Raspberry Pi用のバイナリコードも提供されています。

EthereumクライアントはC++、Go、Pythonなど複数の言語の実装がありますが、Go言語版が最も活発なようです。

また、Ethereumにはビットコインと同様にスケーラビリティ問題があり、次の解決策が期待されています。

表 1　Ethereum におけるスケーラビリティ問題の解決方法一覧

名称	分類	概要
プラズマ（Plasma）	オフチェーン技術	階層的にブロックチェーンを構成したサイドチェーン技術。定期的に上位のブロックチェーンにコミットする。
ライデン（Raiden）	オフチェーン技術	マイクロペイメントに焦点をあて、Ether および ERC20 に準拠したトークンの送金処理をブロックチェーンとは別のサイドチェーンで実行する。
キャスパー（Casper）	オンチェーン技術	コンセンサスアルゴリズムを Proof of Work（PoW）から Proof of Stake（PoS）に移行する。
シャーディング（Sharding）	オンチェーン技術	各ノードをグループ化し、グループごとに並列でトランザクション処理を行わせる。

近年、Ethereum の Token が ICO（Initial Coin Offering）に用いられるケースが増え、注目を浴びています。これは多くの場合、ERC-20 という規格に沿ったスマートコントラクトで作成されています。ERC（Ethereum Request for Comments）とは Ethereum の規格書のようなもので、ERC-20 はその 20 番目の規格書を指します。下の表に、Token に関する代表的な ERC を抜粋します。

表 2　Token に関する代表的な ERC 一覧

規格名	概要
ERC-20	トークンの共通インタフェース定義。
ERC-223	ERC-20 トークンの誤送金による紛失の改善。
ERC-721	NFT（Non-Fungible Token）を発行するための規格。

2 Ethereumを動かす

それではEthereumの動かし方を見ていきましょう。本章では基本編と応用編に分けて説明します。Ethereumには基本機能として、ビットコインと同等の通貨機能があります。基本編であるこの2節では、コマンドを実行しながら基本的な使い方を説明します。次節の応用編では、Ethereumの特徴であるスマートコントラクトの作成と、コントラクトと連携する、簡単なWebアプリケーションを作成します。

まず、Ethereumのインストールから起動、環境構築、送金およびカスタマイズまでの操作を実施するには次の環境とプログラムが必須となります。また、実行環境は付録に記載した仮想環境を構築し動かすことを想定しています。

必要なアプリケーション

- go-ethereum 1.8.17

必要なハードウェアスペック

- CPU：Intel Core i5-6500 Processor (6M Cache、3.20GHz)と同等以上
- メモリ：8GB以上(ゲストOSのメインメモリに4.0GBを設定)
- ストレージ：SSDを推奨[注2]

ポートフォワーディングの設定

付録の1.2項で設定したポートフォワーディング設定に加え、表3の設定を追加してください。

表3　ポートフォワーディング設定

プロトコル	ホストポート	ゲストポート
TCP	8545	8545

本章では、ホストOSのポート3022、3000、8545を使用します。

注2　一時ファイルをメモリ上に展開する際に大量のディスク読み出しが発生するため、ディスクアクセスが高速なSSDが有利です(必須ではありません)。

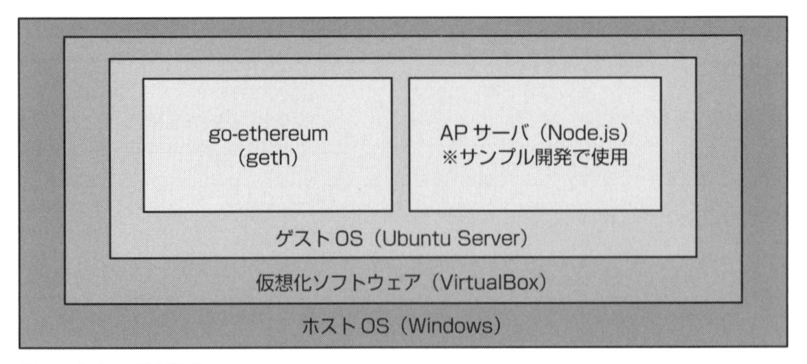

図 3　本章の環境構成

2.1　Ethereum のインストール

それでは、Ethereum をインストールしていきましょう。

ここでは最も更新頻度の高い Go 言語実装の go-ethereum（以降 geth）を利用していきます。

インストール方法は Ubuntu の apt コマンドを使用する方法が一番簡単ですが、Ethereum は更新頻度が高いため、これから実行するコマンドとの互換性がなくなる可能性があります。そのため、ここでは、固定バージョンのソースコードをダウンロードしてコンパイルする方法としています。

なお、本書では、ホームディレクトリ直下にブロックチェーン基盤製品ごとの作業用ディレクトリを作成[注3]し、そこを基点に以降の処理を行っていきます。

リスト 1　ブロックチェーン基盤製品ごとの作業ディレクトリの作成

```
mkdir ~/chapter13
cd ~/chapter13
```

リスト 2　ディレクトリ構成

```
`-- chapter13
    `-- go-ethereum
        |-- Makefile  ・・・[リスト3　gethのソースコードの取得]で取得
        `-- build
            `-- bin  ・・・[リスト5　gethのビルド]で作成
```

リスト 3　geth のソースコードの取得

```
git clone -b v1.8.17 https://github.com/ethereum/go-ethereum.git
```

注 3　本書の付録を参照してください。

リスト4 go環境のインストール

```
sudo apt update && sudo apt-get install -y libgmp3-dev golang
```

リスト5 gethのビルド

```
make -C go-ethereum all
```

※gethだけでもよいですが、後章で「puppeth」を使いますので、すべてビルドします。

リスト6 gethのビルド確認

```
./go-ethereum/build/bin/geth version
```

リスト7 gethのコピー

```
sudo cp go-ethereum/build/bin/* /usr/bin/
```

リスト8 gethのバージョン確認

```
geth version
```

結果：

```
Geth
Version: 1.8.17-stable
```

以上でgethのインストール作業は完了です。

2.2 プライベートネットワークの構築

Ethereumには世界中のノードが参加するパブリックネットワークと、ローカル環境で利用可能なプライベートネットワークがありますが、本章ではプライベートネットワークの構築手順を説明します（作成するコントラクトや、マイニングで取得したetherは、プライベートネットワーク内でのみ有効です）。

プライベートネットワークの構築手順は次のとおりです。

① genesis.json（Genesisブロック情報を記述したファイル）の作成
② gethの初期化
③ gethの起動

それでは構築していきましょう。

まず、gethをプライベートネットワークで動作させるために、ブロックチェーンのGenesisブロック（最初のブロック）情報を記述したファイルを作成します。

リスト9 ディレクトリ構成

```
`--chapter13
    `-- eth_data
        `-- genesis.json  ・・・[リスト10 eth_data/genesis.jsonの作成]で新規作成
```

リスト10 eth_data/genesis.jsonの作成

```
1    {
2      "alloc": {},
3      "coinbase": "0x0000000000000000000000000000000000000000",
4      "config": {
5        "byzantiumBlock": 0,
6        "chainId": 20181004,
7        "eip150Block": 0,
8        "eip155Block": 0,
9        "eip150Hash": "0x0000000000000000000000000000000000000000000000000000000000000000",
10       "eip158Block": 0
11     },
12     "difficulty": "0x0",
13     "extraData": "0x0000000000000000000000000000000000000000000000000000000000000000",
14     "gasLimit": "0xE0000000",
15     "mixhash": "0x0000000000000000000000000000000000000000000000000000000000000000",
16     "nonce": "0x0",
17     "parentHash": "0x0000000000000000000000000000000000000000000000000000000000000000",
18     "timestamp": "0x00"
19   }
```

※ coinbase：初期ブロック生成時の報酬転送先アドレスです。
config.chainId：ネットワークの識別子です。
config.byzantiumBlock：Byzantiumに対応するブロックです。
config.eip150Block/ config.eip150Hash/ config.eip155Block/ config.eip158Block：EIP150/ EIP155/ EIP158に対応する設定です。
(https://github.com/ethereum/EIPs/issues/150)
(https://github.com/ethereum/EIPs/issues/155)
(https://github.com/ethereum/EIPs/issues/158)
difficulty：ブロック生成における計算難易度です。数値が高いほど計算が難しくなり、ブロック生成に時間がかかります。
extraData：32byte以内であれば自由に値を格納可能です。
gasLimit：1ブロックあたりのGas消費の最大値です。
nonce, mixhash：ブロックが適切に作成されていることを証明するためのハッシュ値です。
parentHash：親ブロックのハッシュ値です。初期ブロックには親ブロックが存在しないため、デフォルト値の0を設定しています。
timestamp：初期ブロック生成時のtimestamp値です。ブロックは時系列順で整理されるため、デフォルト値の0を設定しています。

リスト11 gethの初期化

```
geth --datadir "./eth_data" init ./eth_data/genesis.json
```

※ geth --datadir [ワークファイルの格納先ディレクトリ]

結果：

```
INFO [10-26|00:55:19.091] Maximum peer count                    ETH=25 LES=0 total=25
～中略～
INFO [10-26|00:55:19.146] Successfully wrote genesis state      database=chaindata
hash=cf9612…76a68a
～中略～
INFO [10-26|00:55:19.183] Successfully wrote genesis state      database=lightchaindata
hash=cf9612…76a68a
```

リスト12 gethの起動

```
geth --networkid "20181004" --datadir "./eth_data" --nodiscover console
```

※ geth --networkid [ネットワーク識別子]
--datadir [ワークファイルの格納先ディレクトリ]
--nodiscover[他ノードからの検出を防ぐ。(ノード追加を手動設定)]
--console [コンソールモードでの起動]

結果：

```
INFO [10-26|00:55:39.751] Maximum peer count                    ETH=25 LES=0 total=25
～中略～
INFO [10-26|00:55:39.881] IPC endpoint opened                   url=/home/ubuntu/eth_data/
geth.ipc
Welcome to the Geth JavaScript console!

instance: Geth/v1.8.17-stable/linux-amd64/go1.10.4
 modules: admin:1.0 debug:1.0 eth:1.0 ethash:1.0 miner:1.0 net:1.0 personal:1.0 rpc:1.0
txpool:1.0 web3:1.0

> INFO [10-26|00:55:41.998] RLPx listener up                     self="enode://8eb9bd4f184
80136d118ff1afd434b99f297b0a95a68f10931dd0597334bff94b25101bce1356fc1293c505c062133227b002d344
6b3ee83fce03f6633b7ef04@127.0.0.1:30303?discport=0" >
```

コンソールモードでgethを起動した場合、前述のコマンドを実行してコマンド入力待ちのプロンプトが表示されれば、正常に起動したことになります。以降のコマンドは、gethのコンソール上から入力することになります。

2.3　アカウントの作成

次に、アカウントを作成します。この手順によって、Ether の送金や Contract の実行が可能となります。作成したアカウント情報は --datadir オプションで指定したディレクトリ内に保管されるため、別ノードから使うことはできません。

リスト 13　アカウントの作成

```
personal.newAccount("testuser1")
```

※アカウント作成用の任意のパスフレーズ

結果：

```
"0xbaf03ec7df464efb3c7847050ef793a1ce6df86d注4"
```

結果に表示された文字列が、作成したアカウントのアドレスとなり、送金などはこのアドレスを指定して行うことになります。次に、送金相手用に、もう 1 つアカウントを作成します。

リスト 14　アカウントの作成 2

```
personal.newAccount("testuser2")
```

※パスフレーズ

結果：

```
"0x6c009c83d53600aaa864c392a339518215b068db注4"
```

次のコマンドを入力して、アカウントが正常に作成されたかを確認します。

リスト 15　アカウントの確認

```
eth.accounts
```

※作成したアカウントを指定して表示したい場合、eth.acounts[0]、eth.accounts[1] と入力します。

注 4　リスト 13 とリスト 14 の結果は、実行環境ごとに異なります。

結果：

```
[
        "0xbaf03ec7df464efb3c7847050ef793a1ce6df86d",
        "0x6c009c83d53600aaa864c392a339518215b068db"
]
```

先ほど作成した2つのアカウントのアドレスが表示されました。

2.4 残高の確認

作成したアカウントの残高を確認します。新規に作成したばかりなので、現時点では各アカウントに所有Etherがないことを確認できます。1番目のアカウントの確認方法は次のとおりです。

リスト16　指定アカウントの残高の確認

```
eth.getBalance(eth.accounts[0])
```

※ eth.accounts[0] 部分にアドレスを直接指定しても確認できます。

結果：

```
0
```

2.5 ブロック数の確認

次に、ブロックチェーンのブロック数を確認します。Ethereumでブロックを作成するには、明示的にマイニングを実行する必要がありますので、初回起動直後では0になります。実際のコマンドと手順は次のとおりです。

リスト17　ブロック数の確認

```
eth.blockNumber
```

結果：

```
0
```

2.6　送金

それでは、先ほど作成した2つのアカウントを使って、送金を実行してみましょう。

その前に、アカウントの残高が0なので、ビットコインの仕組みと同じマイニング報酬によって送金者の残高を増加させておきます。マイニングを有効にするコマンドによって、マイニングを開始できますが、最初の1回だけは、初期化処理のために、ブロックを作成し始めるのに時間がかかることに注意してください。

リスト18　マイニングの開始

```
miner.start()
```

結果：

```
null
```

初回起動時には、次のようなログが表示されます。

```
INFO [11-12|01:34:35.293] Updated mining threads                   threads=3
INFO [11-12|01:34:35.293] Transaction pool price threshold updated price=1000000000
INFO [11-12|01:34:35.294] Etherbase automatically configured       address=0xE455d41d34a4e7a77
752Fc8BD93499bd08981710
INFO [11-12|01:34:35.294] Commit new mining work                   number=1 sealhash=4f597b…
b3929a uncles=0 txs=0 gas=0 fees=0 elapsed=331.795μs
INFO [11-12|01:34:37.323] Generating DAG in progress               epoch=0 percentage=0
elapsed=1.419s

・・・・・・・・・・・・・・・・・・・・・・・・・・・・・・・・・・・

INFO [11-12|01:37:05.314] Generating DAG in progress               epoch=0 percentage=99
elapsed=2m29.411s
INFO [11-12|01:37:05.317] Generated ethash verification cache      epoch=0 elapsed=2m29.414s
INFO [11-12|01:37:06.392] Successfully sealed new block            number=1 sealhash=4f597b…
b3929a hash=d6a8f9…139590 elapsed=2m31.098s
INFO [11-12|01:37:06.392] ? ・ined potential block                  number=1 hash=d6a8f9…
139590
INFO [11-12|01:37:06.393] Commit new mining work                   number=2 sealhash=fdba94…
649335 uncles=0 txs=0 gas=0 fees=0 elapsed=176.165μs
```

しばらく放っておくと、ブロックを作成し始めます。Ethereumは、トランザクションがなくても十数秒間隔でブロックを作成します（その場合も、報酬であるEtherは取得できます）。適当なところでマイニングを停止してください。マイニングはCPUとメモリを大量に消費するので、十分なメモリを割り当てておく必要があります（本節に示したハードウェアスペックがあれば十分だと思います）。

リスト19 マイニングの停止

```
miner.stop()
```

結果：

```
null
```

残高を確認してみましょう。マイニングの報酬は、デフォルトでeth.accounts[0]に付与されます。

リスト20 指定アカウントの残高の確認

```
eth.getBalance(eth.accounts[0])
```

結果：

```
55500000000000000000
```

残高が増えていることを確認できます。残高はWeiで表示されるため、結果を$1/10^{18}$にする必要があります（上記の場合は、55.5 [Ether]）。これで、送金ができる状態になりました。それでは送金してみましょう。

送金を行うには、まず送金元アカウントのロックを解除する必要があります。

リスト21 アカウントのアンロック

```
personal.unlockAccount(eth.accounts[0], "testuser1" )
```

送金を行うトランザクション発行のコマンドは次のとおりです。

リスト22-1 トランザクションの発行1

```
eth.sendTransaction({from: '0xbaf03ec7df464efb3c7847050ef793a1ce6df86d', to: '0x6c009c83d53600
aaa864c392a339518215b068db', value: web3.toWei(1, "ether")})
```

または、以下のように入力します。

リスト 22-2　トランザクションの発行 2

```
eth.sendTransaction({from: eth.accounts[0], to: eth.accounts[1], value: web3.toWei(1, 
"ether")})
```

※アドレスを直接指定した場合も、eth.accounts を使った場合も、実行結果は同じです。
　from：送金元アカウントのアドレス
　to：送金先アカウントのアドレス
　value：送金額 [Wei]
　上記の例では 1[Ether] を Wei に変換しています。

結果：

```
INFO [10-26|04:27:56.305] Setting new local account                address=0x31420B105bC7dCB09
678F0Cb5a73aa9353a62783
INFO [10-26|04:27:56.305] Submitted transaction                    fullhash=0x946dd5ddba9031dc
b19f5917bbf87ddcedcb8923e144e3f49431c26dfe3c6b40 recipient=0x49DbF589e9B034b4946D51EF16524c798
f98F80C
"0x946dd5ddba9031dcb19f5917bbf87ddcedcb8923e144e3f49431c26dfe3c6b40"
```

結果として表示されたのは、トランザクションを特定するための識別番号（txid）です。ビットコインと同様に、トランザクションを発行しただけでは確定しません。それでは、トランザクションの内容を確認してみましょう。

リスト 23　未確定トランザクションの確認

```
eth.pendingTransactions
```

結果：

```
[{
    blockHash: null,
    blockNumber: null,
    from: "0xbaf03ec7df464efb3c7847050ef793a1ce6df86d",
    gas: 90000,
    gasPrice: 1000000000,
    hash: "0xd2c1becd4773a18778c0bad099c7a194c322b0c77e13766bc943777df69542a0",
    input: "0x",
    nonce: 0,
    r: "0x1bde096d58778295ea1b508eeb5c93af0037d4f6b67429fc48ac932bd9d78f34",
    s: "0x57686b797ce0e00430cfb4ecdbc70164adcee946461ca334af289ac1b7c0c5a1",
    to: "0x6c009c83d53600aaa864c392a339518215b068db",
```

```
    transactionIndex: 0,
    v: "0x267e03c",
    value: 1000000000000000000
}]
```

先ほど発行したトランザクションを確認できます。

それでは、マイニングを再開始してブロックを作成し、未確定トランザクションを確定させましょう。

リスト24　マイニングの開始

```
miner.start()
```

結果：

```
null
```

再度eth.pendingTransactionsを実行してください。未確定トランザクションが消えていれば、確定したことになります。

2.7　送金の確認

マイニングの実行により、送金が確定されたことを確認してみましょう。実際のコマンドと手順は次のとおりです。

リスト25　指定アカウントの残高の確認

```
eth.getBalance(eth.accounts[1])
```

結果：

```
1000000000000000000
```

送金先アカウントの残高が増えていることを確認できます。結果の値を$1/10^{18}$にするので、1 [Ether]が入金されています。

2.8　geth の停止

マイニングが動いている場合には、マイニングを停止させておきましょう。

リスト 26　マイニングの停止

```
miner.stop()
```

結果：

```
null
```

最後に geth を停止させます。

リスト 27　geth-console の停止

```
exit
```

結果：

```
なし
```

3 Contractを使ったサンプル開発

前節ではEthereumの実行環境を構築して、仮想通貨である「Ether」の発行と送金を行ってみました。本節では、Ethereumの拡張機能であるContractを使って、スマートコントラクトによる簡単なサンプルアプリケーションを作ってみましょう。作成するサンプルは、ブラウザ上で動作する単純なカウンタです。項目ごとにボタンを押すと、1ずつ足していくだけのアプリケーションです。

11
12
13
14
15
16
17
A

3.1 Ethereumの拡張機能

まず、Ethereumの拡張機能について簡単に説明しておきましょう。

第11章で紹介したBitcoin Coreは、仮想通貨の決済に特化しているため、カスタマイズ可能な範囲が非常に狭く、他分野に適用するのは困難でした。それに対しEthereumは、「Contract」と呼ばれるエージェント的に動くプログラム（スマートコントラクト）をブロックチェーン上に配置することができ、その動作を自由にプログラミングできます。

Contractは前節で作成したアカウントと同様にアドレス[注5]を持ち、そのアドレス宛てにトランザクションを発行することで、様々な動作を実行できます。Contractの実行環境としては、geth内部にEVM（Ethereum Virtual Machine）という機構を持ち、Javaの仮想マシンのように中間コード化されたモジュールを実行します。そのため、OSなどの環境に依存せずにプログラムを動かすことができます。

注5 厳密には、秘密鍵を所有してトランザクションを発行できる通常アカウント（accounts）と、Contractがリクエスト受付として持つアカウント（contract accounts）に分かれています。

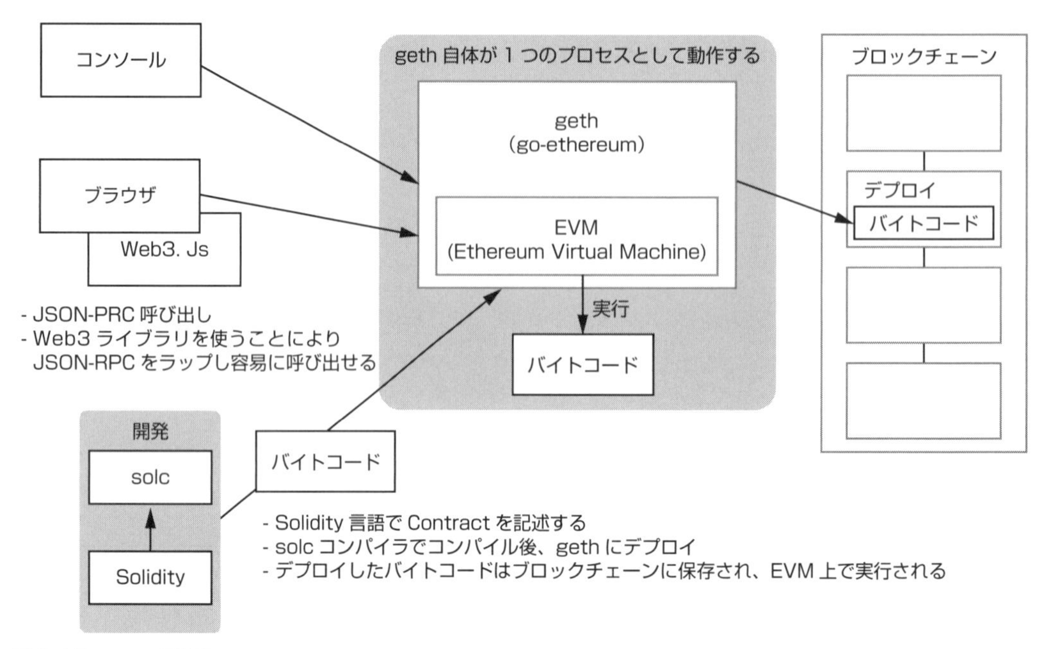

図4　Ethereumの構成

また、Contractの本体はブロックチェーンに格納されてネットワークを伝搬するため、各実行環境にプログラムを明示的に配布する必要はありません。これらの機能により、Ethereumは分散アプリケーション基盤を実現しています。

3.2　Ethereumのプログラミング

Contractのプログラミングには、SolidityというEthereum独自の言語[注6]を用います。Solidityはチューリング完全なプログラム言語であり、一般的なC言語やJavaなど、ほかの言語でできることは大抵実現できます。ただし、開発中の言語であるため、挙動が不安定であったり、Solidityからはファイルなどの外部リソースへアクセスできなかったり、比較的サイズの大きいContractはgas不足で生成できなかったりと、利用するには様々な問題を乗り越える必要があります（2019年2月現在）。

なお、gethにはJSON-RPCサーバとしての機能があり、ブラウザ等からHTTP通信でContractを操作したり、ブロックチェーンの様々な情報を取得したりすることができます。

注6　そのほかにもVyper、LLLなど複数の言語が存在しますが、Solidity以外はあまり開発が活発ではないようです。

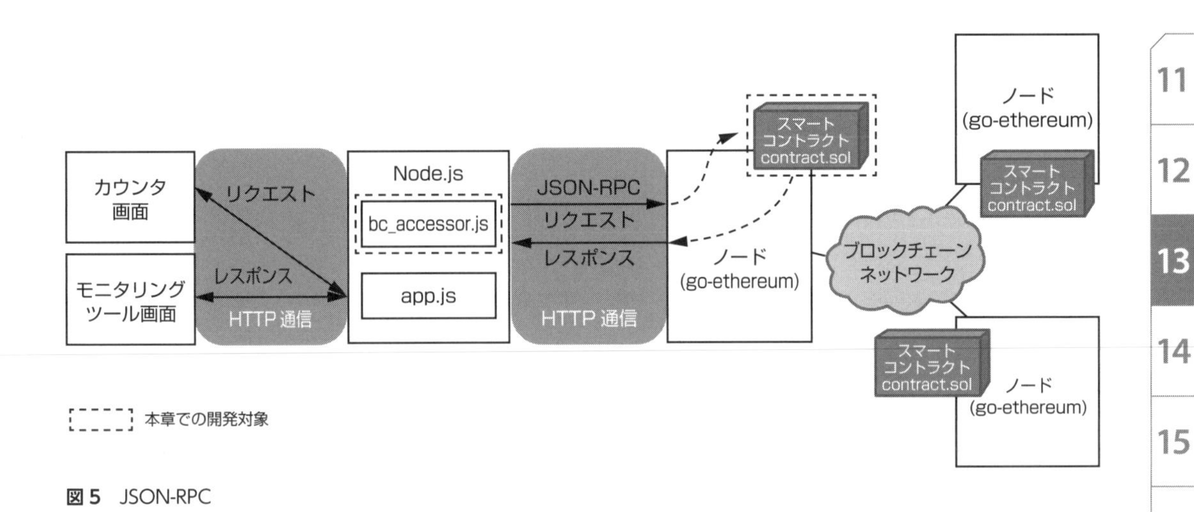

図5 JSON-RPC

3.3 ディレクトリ構成

アプリケーションを作成すると、ディレクトリ構成は以下のようになります。common以下は、各章をまたいで共通的に使う部品群を格納しています。各章で共通的なソースコードや各種ミドルウェアの設定などは、本書の付録に記載していますので、まずそちらを実施してください。

```
|-- chapter13
      |-- bc_accessor.js   ・・・[リスト32 bc_accessor.jsのソースコード（JavaScript）]で作成
      `-- package.json     ・・・[リスト34 package.jsonの作成]で作成
|-- common 注7
      |-- api
      |    |-- app.js          ・・・[付録]で作成
      |    `-- package.json    ・・・[付録]で作成
       `-- ui
            |-- index.html     ・・・[付録]で作成
            `-- monitor.html    ・・・[付録]で作成
```

3.4 開発ツールの準備

開発環境として、Contractのコーディングとコンパイルおよび実行、ブロックチェーンへのデプロイ（登録）が可能な「Remix」を使用します。これはWebブラウザ上で動作するContract開発環境（IDE）であり、Solidity言語の開発者によって、更新が活発に行われています。

注7 common配下のファイルは本書の付録3で作成します。

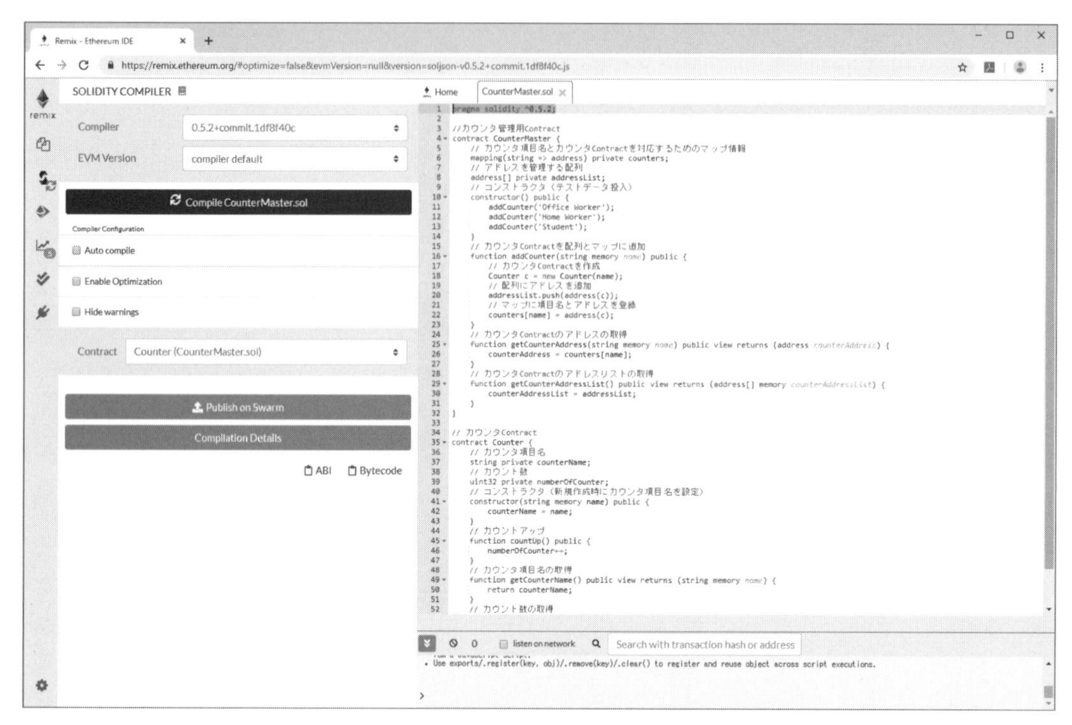

図 6　Remix の画面

開発ツールはほかにもリリースされています。Remix 以外のツールを試したり、使い慣れたテキストエディタにプラグインを導入して使用したりしてもよいかもしれません。その他の開発ツールの名を次に列挙しておきます。ただし、動作が不安定であったり、更新が追い付いていなかったりするものもあるので、注意してください。

その他の開発ツール

- Browser-Based Compiler
- Ethereum Studio
- Visual Studio Extension
- Package for SublimeText - Solidity language syntax
- Atom Solidity Linter
- Visual Studio Code extension
- Emacs Solidity
- Vim Solidity

3.5 Remixの起動

それでは、Remix[注8]を起動してみましょう。次のURLを、ChromeやEdgeなどのブラウザで開いてください。

https://remix.ethereum.org/

すると、デフォルトでBallotというContractが入力された形で表示されます。新規にContractを作成するには、このBallotを消してコードを入力していきます。また、コンパイルバージョンは「0.5.2+commit.1df8f40c」を選択してください。

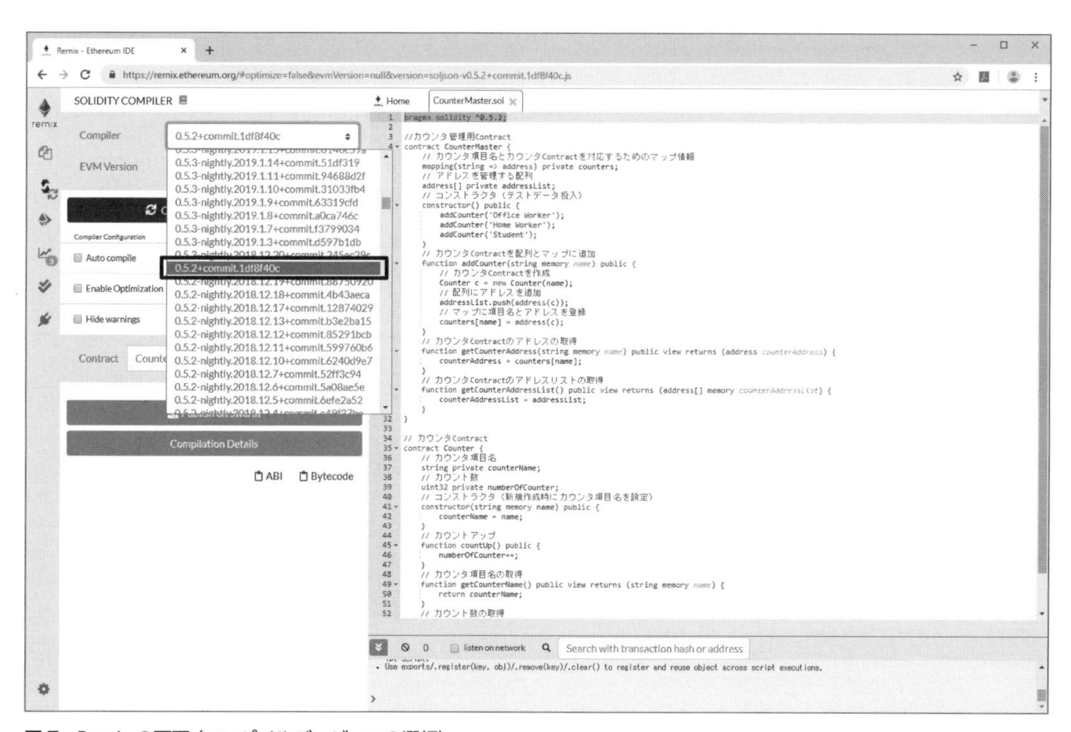

図7 Remixの画面（コンパイルバージョンの選択）

注8 2019年6月、Internet Explorerでは動きません。v0.8.0以降画面レイアウトが大幅に変更されていますが、機能的に大きな違いはありません。

3.6　Contract の作成

Remix の左側テキスト枠に、Contract を作成していきます。カウンタの情報を持つ Contract と、複数のカウンタを管理する Contract の 2 つを、テキスト枠に入力します。1 つの枠に 2 つの Contract コードを入力しても問題ありません。

リスト 28　Contract のソースコード (Solidity)

```
[CounterMaster.sol]

1    pragma solidity ^0.5.2;
2
3    //カウンタ管理用Contract
4    contract CounterMaster {
5        // カウンタ項目名とカウンタContractを対応するためのマップ情報
6        mapping(string => address) private counters;
7        // アドレスを管理する配列
8        address[] private addressList;
9        // コンストラクタ（テストデータ投入）
10       constructor() public {
11           addCounter('Office Worker');
12           addCounter('Home Worker');
13           addCounter('Student');
14       }
15       // カウンタContractを配列とマップに追加
16       function addCounter(string memory name) public {
17           // カウンタContractを作成
18           Counter c = new Counter(name);
19           // 配列にアドレスを追加
20           addressList.push(address(c));
21           // マップに項目名とアドレスを登録
22           counters[name] = address(c);
23       }
24       // カウンタContractのアドレスの取得
25       function getCounterAddress(string memory name) public view returns (address
     counterAddress) {
26           counterAddress = counters[name];
27       }
28       // カウンタContractのアドレスリストの取得
29       function getCounterAddressList() public view returns (address[] memory
     counterAddressList) {
30           counterAddressList = addressList;
```

```
31         }
32     }
33 
34     // カウンタContract
35     contract Counter {
36         // カウンタ項目名
37         string private counterName;
38         // カウント数
39         uint32 private numberOfCounter;
40         // コンストラクタ（新規作成時にカウンタ項目名を設定）
41         constructor(string memory name) public {
42             counterName = name;
43         }
44         // カウントアップ
45         function countUp() public {
46             numberOfCounter++;
47         }
48         // カウンタ項目名の取得
49         function getCounterName() public view returns (string memory name) {
50             return counterName;
51         }
52         // カウント数の取得
53         function getNumberOfCounter() public view returns (uint32 number) {
54             return numberOfCounter;
55         }
56     }
```

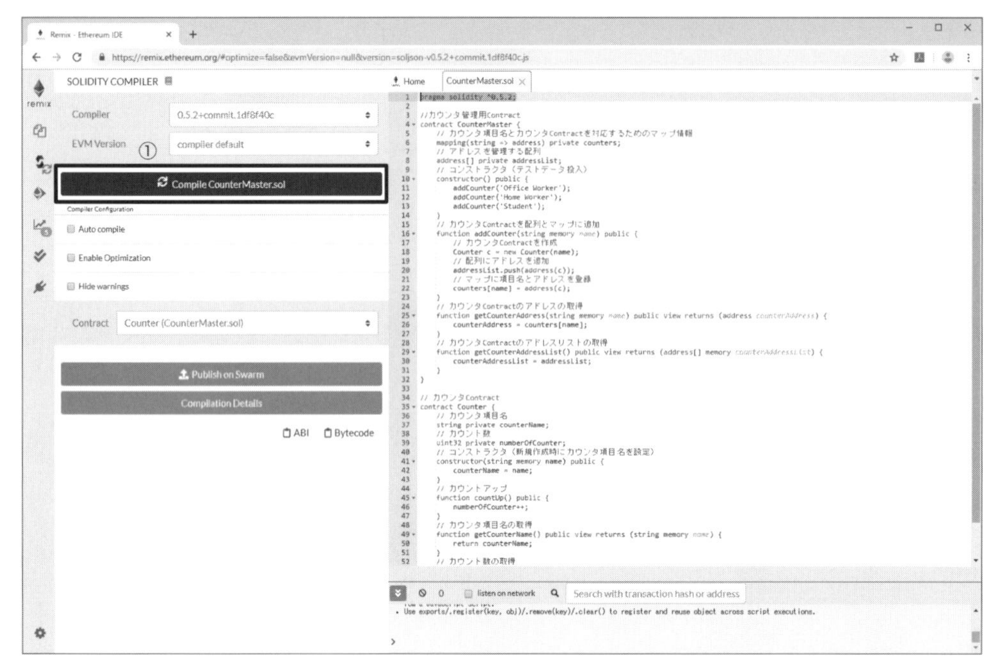

図 8　Contract のソースコード (Remix)

- 「Compile CounterMaster.sol」ボタン (図 8 の①) を押下して、正常にコンパイルできることを確認します

3.7　Contract のデプロイ

Contract をデプロイします。デプロイの実行条件として、geth が起動している必要がありますので geth を起動します。起動時には JSON-RPC に関するオプションを追加します。

リスト 29　geth の起動

```
geth --networkid "20181004" --datadir "./eth_data" --nodiscover --rpcapi
"db,personal,eth,net,web3" --rpc --rpcaddr "0.0.0.0" --rpcport 8545 --rpccorsdomain "*"
console
```

※ -- rpc [JSON-RPC 有効化]
--rpcaddr [JSON-RPC サーバのアドレス]：RPC サーバとして公開する IP アドレスを設定します。"0.0.0.0" は、ローカルホストを示します。
-- rpcport[JSON-RPC サーバのポート番号]：任意の番号でよいですが、未指定の場合 8545 になります。
-- rpcapi[rpc 呼び出しを許可する API]：Remix で利用されている API、サンプル AP で利用する API として net、eth、web3、personal を指定します。
--rpccorsdomain [クロスドメインを許可]：ブラウザから直接 JSON-RPC を送信する場合、ブラウザ起動元の IP アドレスを指定する必要があります。"*" ですべての要求元を許可することができますが、本来は許可するアドレスのみ指定するようにしてください。

gethが起動したら、マイニングを開始します。

リスト30　マイニングの開始

```
miner.start()
```

Contractをデプロイするには、マイナーへの手数料としてetherを支払う必要があります。そのため、送金のときと同様にアカウントをアンロックします。

リスト31　アカウントのアンロック

```
personal.unlockAccount(eth.accounts[0], "testuser1" )
```

アンロック後、Remixを使ってContractをデプロイします。

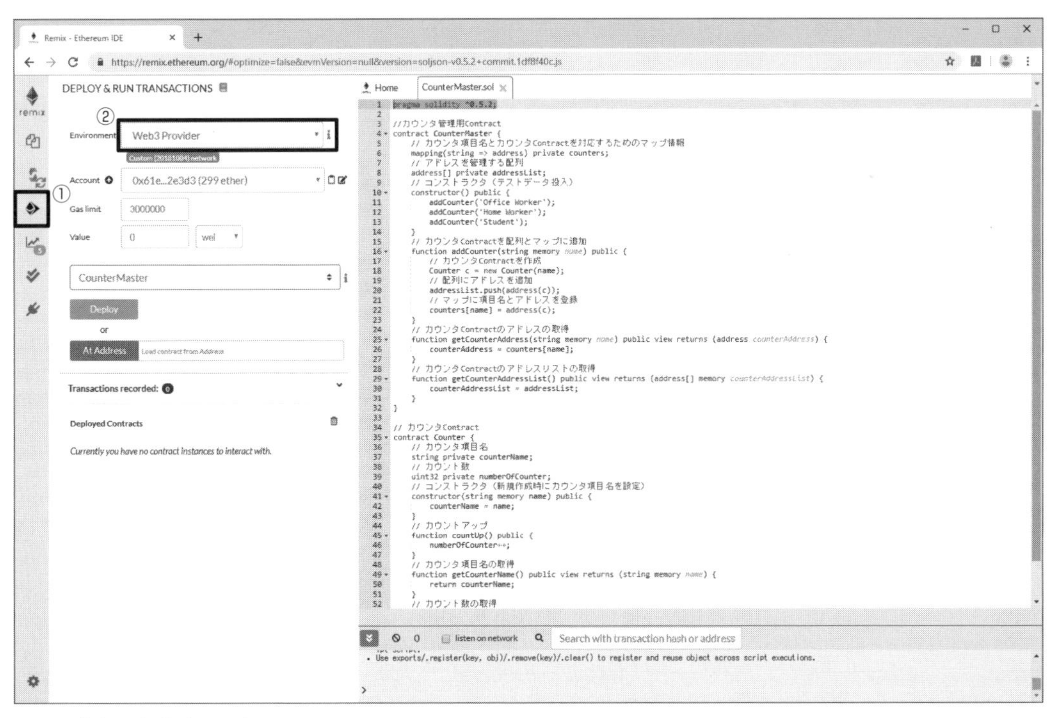

図9　デプロイ操作（Remix）

- Run タブ（図 9 の①）を選択します
- Environment オプション（図 9 の②）として Web3 Provider を選択します
- 「Are you sure you want to connect to an ethereum node?」メッセージダイアログが表示されますので OK ボタンを押下します
- 「Web3 Provider Endpoint」メッセージダイアログが表示されますので、「http://<geth が起動しているサーバの IP アドレス >:<--rpcport に指定したポート番号 >」（例：http://localhost:8545）を入力して、OK ボタンを押下します
- 接続できると次の表示になります

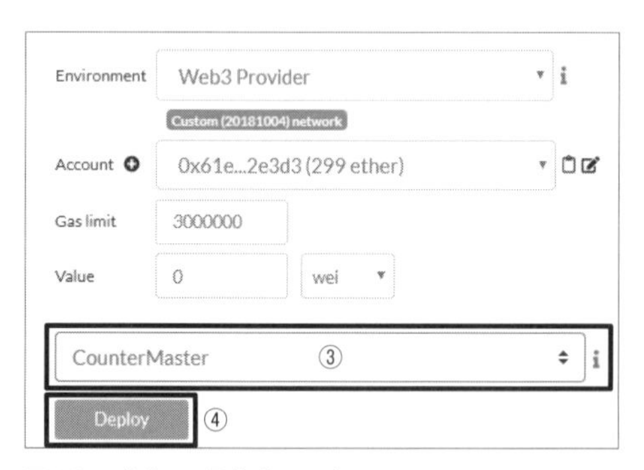

図 10　デプロイ操作（Remix）

- コントラクト（図 10 の③）に CounterMaster を選択します
- Deploy ボタン（図 10 の④）を押下します
- 成功すると、次の表示になります

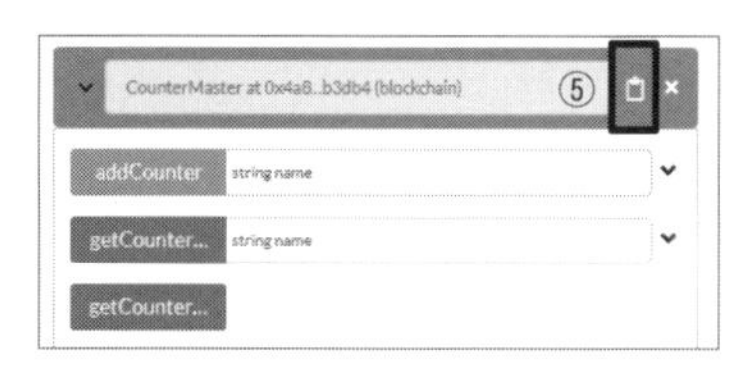

図 11　Remix の画面

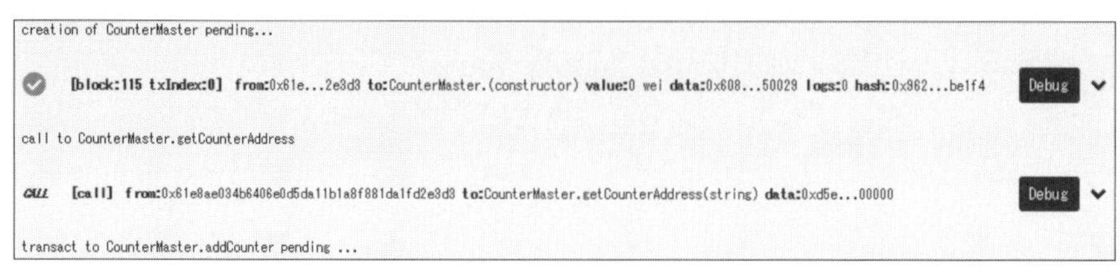

図 12　Remix の画面

アカウントのアンロックが解けていると、デプロイに失敗するので、再度、リスト31のアンロックコマンドを実行してください。

以下の操作では、サンプルアプリケーションを作成するために必要な「CounterMasterのアドレス」、「CounterMasterのABI（コントラクトのインタフェース情報）」、「CounterのABI」を取得します。取得した情報は後で使用しますのでメモをしてください。

- コピーボタン（図11の⑤）を押下すると、CounterMasterのアドレスがクリップボードにコピーされます
- Compileタブ（図13の⑥）を選択し、コントラクト（図13の⑦）にCounterMasterを選択してABIボタン（図13の⑧）を押下すると、CounterMasterのABIがクリップボードにコピーされます。同様に、CounterのABIをコピーします

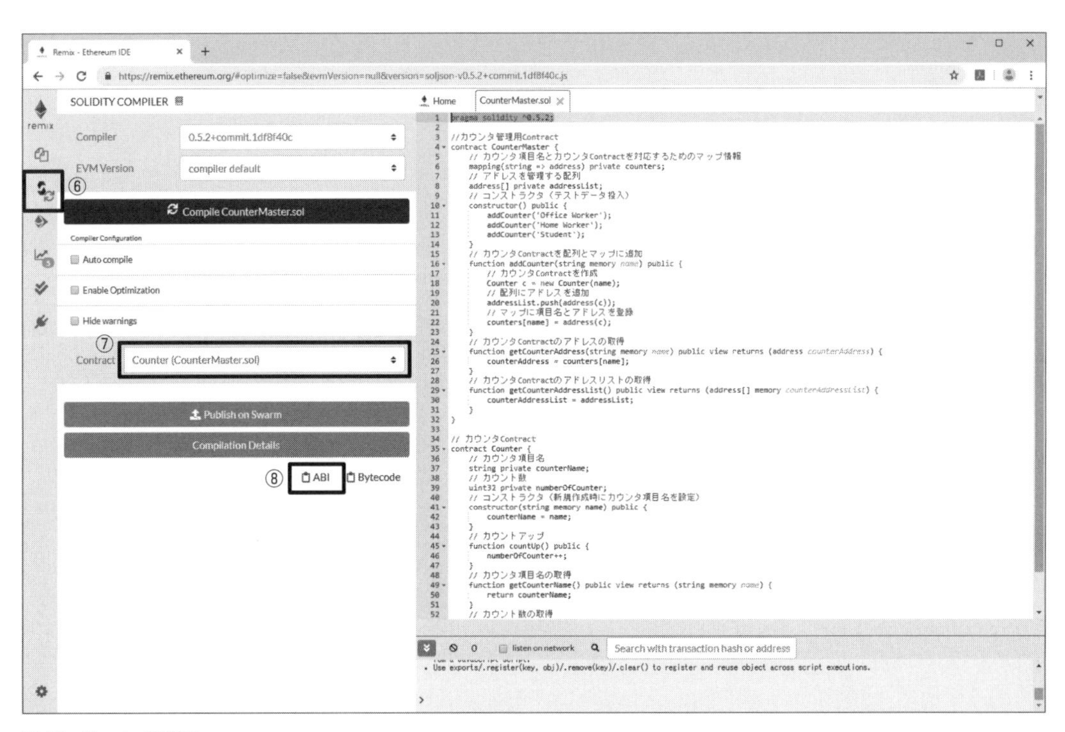

図13　Remixの画面

3.8　bc_accessor.js ファイルの作成

gethとJSON-RPCでアクセスをするためのライブラリとして「web3.js」を使用します。また、Web3 APIでContractへアクセスするための設定として、本章の3.7項で取得した「① CounterMasterのアドレス」「② CounterMasterのABI」「③ CounterのABI」を使用します。

リスト32　~/chapter13/bc_accessor.jsのソースコード（JavaScript）

```
[bc_accessor.js]

1    const Web3 = require('web3');
2    const url = 'http://localhost:8545';
3    const web3 = new Web3(new Web3.providers.HttpProvider(url));
4    const fetch = require('node-fetch');
5
6    // counterMasterコントラクトのaddress
7    const counterMasterAddr = '0x907fbbc2b54e6a0fe9a32f7328ca6e58c2ee4b30';  ・・・①図11でコ
     ピーしたアドレスを貼り付ける
8    // counterMasterコントラクトのABI
9    const counterMasterABI = [{ 'constant': false, 'inputs': [{ 'name': 'name', 'type':
     'string' }], 'name': 'addCounter', 'outputs': [], 'payable': false, 'stateMutability':
     'nonpayable', 'type': 'function' }, { 'inputs': [], 'payable': false, 'stateMutability':
     'nonpayable', 'type': 'constructor' }, { 'constant': true, 'inputs': [{ 'name': 'name',
     'type': 'string' }], 'name': 'getCounterAddress', 'outputs': [{ 'name': 'counterAddress',
     'type': 'address' }], 'payable': false, 'stateMutability': 'view', 'type': 'function' },
     { 'constant': true, 'inputs': [], 'name': 'getCounterAddressList', 'outputs': [{ 'name':
     'counterAddressList', 'type': 'address[]' }], 'payable': false, 'stateMutability':
     'view', 'type': 'function' }];  ・・・②図13でコピーしたcounterMasterのABIを貼り付ける
10   // counterコントラクトのABI
11   const counterABI = [{ 'constant': false, 'inputs': [], 'name': 'countUp', 'outputs': [],
     'payable': false, 'stateMutability': 'nonpayable', 'type': 'function' }, { 'constant':
     true, 'inputs': [], 'name': 'getCounterName', 'outputs': [{ 'name': 'name', 'type':
     'string' }], 'payable': false, 'stateMutability': 'view', 'type': 'function' }, {
     'constant': true, 'inputs': [], 'name': 'getNumberOfCounter', 'outputs': [{ 'name':
     'number', 'type': 'uint32' }], 'payable': false, 'stateMutability': 'view', 'type':
     'function' }, { 'inputs': [{ 'name': 'name', 'type': 'string' }], 'payable': false,
     'stateMutability': 'nonpayable', 'type': 'constructor' }];  ・・・③図13でコピーした
     counterのABIを貼り付ける
12
13   // ログイン
14   const login = async (args) => {
```

```
15      console.log('login start.');
16      // アンロック
17      const unlocked = await web3.eth.personal.unlockAccount(args.id, args.password, 10000);
18      console.log('Account unlocked?: ' + unlocked);
19      const response = {
20          result: unlocked
21      };
22      return response;
23  };
24
25  // カウンタリストの取得
26  const getList = async (args) => {
27      console.log('getList start.');
28      // Contractの取得
29      const counterMasterContract = new web3.eth.Contract(counterMasterABI,
    counterMasterAddr);
30      // call実行
31      const addrList = await counterMasterContract.methods.getCounterAddressList().call();
32      console.log('CounterAddressList: ' + addrList);
33      let list = [];
34      for (const addr of addrList) {
35          // Contractの取得
36          const counterContract = new web3.eth.Contract(counterABI, addr);
37          // call実行
38          const name = await counterContract.methods.getCounterName().call();
39          console.log('name: ' + name);
40          // call実行
41          const counter = await counterContract.methods.getNumberOfCounter().call();
42          console.log('counter: ' + counter);
43          list.push({
44              name: name,
45              value: counter
46          });
47      }
48      const response = {
49          list: list
50      };
51      return response;
52  };
53
54  // カウントアップ
55  const putCount = async (args) => {
56      console.log('putCount start.');
```

```
57      // Contractの取得
58      const counterMasterContract = new web3.eth.Contract(counterMasterABI,
    counterMasterAddr);
59      // call実行
60      const counterAddr = await counterMasterContract.methods.getCounterAddress(args.name).
    call();
61      console.log('CounterAddress: ' + counterAddr);
62      // Contractの取得
63      const counterContract = new web3.eth.Contract(counterABI, counterAddr);
64      // send実行
65      counterContract.methods.countUp().send({ from: args.id, gas: 50000 });
66      return {};
67  };
68
69  // ブロックリストの取得
70  const getBlocks = async (args) => {
71      console.log('getBlocks start.');
72      const start = parseInt(args.start);
73      let end = parseInt(start) + parseInt(args.row) - 1;
74      // チェーン情報を取得
75      const height = await web3.eth.getBlockNumber();
76      end = end > height ? height : end;
77      console.log('height: ' + height + ', start' + start + ', end' + end);
78      let recordList = [];
79      for (let i = start; i <= end; i++) {
80          const body = { "jsonrpc": "2.0", "method": "eth_getBlockByNumber", "params": ['0x'
    + i.toString(16), true], "id": 1 };
81          const options = {
82              method: 'POST',
83              body: JSON.stringify(body),
84              headers: { 'Content-Type': 'application/json' },
85          }
86          const response = await fetch(url, options);
87          const json = await response.json();
88          const blockData = json.result;
89          let transactions = '';
90          // 対象のブロックにトランザクションが存在する場合
91          if (blockData.transactions.length !== 0) {
92              transactions = JSON.stringify(blockData.transactions);
93          }
94          const data = [
95              i,
96              new Date(parseInt(blockData.timestamp) * 1000).toString(),
```

```
97              blockData.hash,
98              blockData.nonce,
99              transactions
100         ];
101         recordList.push(data);
102     }
103     const response = {
104         headerList: ['Block Number', 'TimeStamp', 'BlockHash', 'Nonce', 'Transaction'],
105         recordList: recordList
106     };
107     return response;
108 };
109
110 module.exports = {
111     login, getList, putCount, getBlocks
112 };
```


次に、bc_accessor.js で使用しているパッケージをインストールする設定をします。

リスト 33 ~chapter13/package.json の作成

```
[package.json]

1   {
2     "name": "ethereum-sample-project",
3     "version": "1.0.0",
4     "description": "",
5     "main": "../common/api/app.js",
6     "scripts": {
7       "test": "echo \"Error: no test specified\" && exit 1",
8       "start": "node ./node_modules/common/app.js"
9     },
10    "dependencies": {
11      "common": "file:../common/api",
12      "node-fetch": "2.2.0",
13      "web3": "1.0.0-beta.36"
14    },
15    "devDependencies": {},
16    "author": "",
17    "license": "ISC"
18  }
```

最後に、次のコマンドを実行して、必要なライブラリや共通部品をサンプルに取り込みます。

リスト 34　必要なライブラリや共通部品の取り込み

```
cd ~/chapter13
npm install
```

これでサンプルを実行する準備が整いました。

3.9 サンプルアプリケーションの実行

それでは、サンプルアプリケーションを動かしてみましょう chapter13 フォルダに移動し、node コマンドを実行します。これで AP サーバとして、node.js の Web サーバモジュールである express が起動します。

リスト 35　Web サーバの起動

```
cd ~/chapter13
npm start
```

これでサーバが起動しましたので、ホスト OS で Web ブラウザを起動して、次の URL にアクセスします。

リスト 36　アプリケーション URL

```
http://localhost:3000/index.html
```

付録 3 で作成したカウンタ画面が表示したら成功です。

付録 3 のカウンタ画面の操作説明に沿って動かしてください。ユーザ名とパスワードは、本章の 2.3 項で作成したアカウントを使用します。なお、「Countup」ボタンを押す場合、マイニングが動いているかを確認しておきましょう。

3.10 ブロック状態のモニタリングツールの実行

続いて、モニタリングツールを動かしてみましょう。実行方法については、付録を参照してください。以下のURLにアクセスしてください。

リスト37 モニタリングツールURL

```
http://localhost:3000/monitor.html
```

こちらも、付録3で作成したモニタリング画面が表示したら成功です。
「Start」ボタンを押すと、定期的にブロック情報を表示します。カウンタ画面で操作して、トランザクションの内容を確認してください。

第14章 Quorum

次に動かしてみるブロックチェーン基盤はQuorum[注1]です。
Quorumとは、Ethereumをベースとしてエンタープライズ向けに必要となる様々な機能を追加した基盤です。Ethereumは主にパブリックネットワークでの利用を指向していますが、Quorumはプライベートネットワークでの利用を指向しています。
ここでは、サンプルのスマートコントラクトを実行して基本的な使い方を学び、スマートコントラクトの作成を通じて、Quorumのアプリケーション開発を体験します。

注1　https://www.jpmorgan.com/global/Quorum

1 Quorumの概要

1.1 Quorumとは？

Quorumは、The Enterprise Ethereum Alliance（EEA）の参加企業の1つであるJPモルガンが2016年に開発したオープンソースソフトウェアです。Ethereumをフォークして企業向けの機能を追加した、ブロックチェーン基盤です。主たる特徴は、ノード管理によるパーミッション型ネットワーク、ファイナリティを有するコンセンサスアルゴリズムの選択が可能であること、トランザクションの公開範囲としてネットワーク上のすべてのノードか特定のノードかを選択できることです。

EEAは企業向けのEthereumの標準化を目指す非営利団体であり、2017年に組織されました。以下の活動方針を掲げています。

- オープンソーススタンダード化
- 企業のニーズに対応した企業向けEthereumの開発
- Ethereumとの協調路線
- 既存規格の改善

EEAにはJPモルガンをはじめ、Intel、Microsoftなど数百社が参加しており、企業向けEthereumの開発を活発に行っています。

Quorumは上記のとおり、エンタープライズ用途向けにEthereumを拡張しており、Ethereumとの間には後述する違いがあります。

1.2 メンバーシップサービス

QuorumはEthereumの「パブリック型ネットワーク」ではなく、「パーミッション型ネットワーク」を前提としています。誰でもQuorumのネットワークに参加できるわけではなく、あらかじめ登録されているノードだけが参加できます。参加ノードを管理するために、メンバーシップサービスとしてConstellationとTesseraが用意されており、トランザクションマネージャネットワークを形成します。特徴は、Constellationはhaskell、TesseraはJavaで開発されていることです。

1.3 コンセンサスアルゴリズム

Quorumではデータの更新時に、ネットワーク参加者の合意を得るため、コンセンサスアルゴリズムを利用して、データの一貫性を確保しています。Quorumで使えるコンセンサスアルゴリズムは、現時点ではIstanbul BFTとRaft-based Consensusの2つです。特徴は、Istanbul BFTにはビザンチン障害耐性があり処理速度が遅く、Raft-based Consensusはビザンチン障害耐性がなく処理速度が速いことです。

表1 コンセンサスアルゴリズムの比較

	Istanbul BFT	Raft-based Consensus
マイニング	あり	なし
処理速度	遅い	速い
ノード構成数	3f+1 (f:信頼できないノード数)	2n+1 (n: 故障台数)
ブロック作成	リーダーのみ作成可能。	リーダーのみ作成可能。
リーダー選出	ブロックごと	一定期間
ビザンチン障害耐性	あり	なし
ファイナリティ	あり	あり

1.4 トランザクションのプライバシー管理

Quorumでは、ネットワークの参加ノードのすべてに公開する「パブリックトランザクション」と、特定のノードのみに公開する「プライベートトランザクション」があります。

パブリックトランザクションは、通常のEthereumと同様に、全ノード間で情報を共有します。プライベートトランザクションは、共有するノードの公開鍵を指定することで、共有範囲を指定します。この制御は、トランザクションマネージャであるConstellationやTesseraによって実現されています。

gethを改造したQuorumNodeに対しプライベートトランザクションを送信すると、QuorumNodeがそれを受け取り、トランザクション内の実データをトランザクションマネージャに送ります。

トランザクションマネージャでは、実データを暗号化して宛先のノードに直接送信し、実データのハッシュ値を返します。QorumNodeはそのハッシュ値をトランザクションに詰め込み、パブリックトランザクションと同じ要領で全ノードにブロードキャストします。各ノードがトランザクションを受け取ると、実データが自分に届いているかを確認し、届いている場合は、データを取得します。

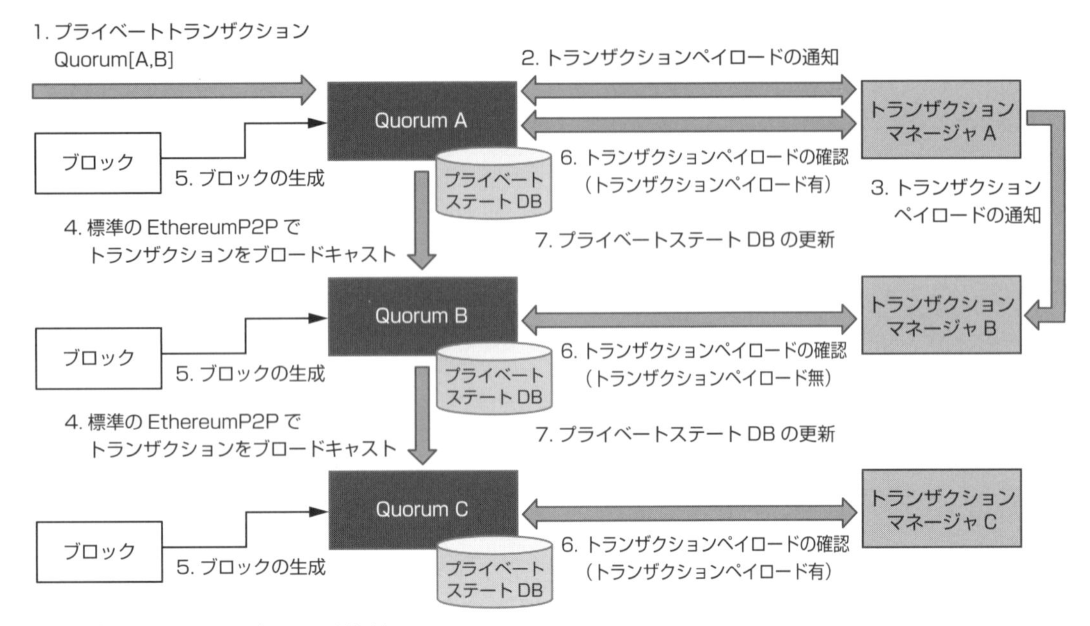

図1　プライベートトランザクション制御例

1.5　Quorum と Ethereum の違い

Quorum と Ethereum には、以下の違いがあります。

表2　Quorum と Ethereum の比較

	Quorum	Ethereum
コンセンサスアルゴリズム	・Raft-based Consensus ・Istanbul-BFT	・PoW ・PoS（予定） ・PoA
トランザクションの公開範囲	選択可能 ・ネットワーク全体 ・指定したノード群	ネットワーク全体
ネットワークへの参加	許可制	自由
性能	ブロック生成間隔は Raft-based Consensus では 50msec、IBFT では 10 秒。どちらも決済完了性がある。	ブロックの生成間隔は 12 秒程度。確定とみなされるには、ある程度ブロックを進める必要があるため、数分程度かかる。
コントラクト言語	Solidity 等	Solidity 等

2 Quorumを動かす

Quorumのインストールから環境構築、起動までの操作を実施することにより、Quorum全体の動作を確認しましょう。

本節では、以下の条件でのQuorumの動かし方を説明していきます。

- コンセンサスアルゴリズム：Raft-based Consensus
- トランザクションマネージャ：Tessera
- 使用アプリケーション：Quorum Maker
  - Synechron[注2]が開発しているQuorum環境構築ツール（Quorum環境を一から構築することは難易度が高いのですが、その手間を軽減してくれます）
  - 他社ベンダ製品ですので、Quorum本体と連携が合わないこともあります

Quorumを動かすには次の環境とプログラムが必要となります。また、実行環境にはLinuxを利用しますので、Linuxの操作についてのひととおりの知識を有していることを前提としています。さらに、実行環境では複数のノードを起動するためにDockerを利用しますので、Dockerの操作についてひととおりの知識を有していることも前提としています。なお、関連するプログラム群を取得するために、インターネット接続環境も必要となります。

必要なアプリケーション

- Quorum Maker v2.6.2

必要なハードウェアスペック

- CPU：Intel Core i5-6500 Processor (6M Cache、3.20GHz) と同等以上
- メモリー：8GB以上 (ゲストOSのメインメモリに4.0GBを設定)

ポートフォワーディング設定

付録の1.2項で設定したポートフォワーディング設定に加え、表3の設定を追加してください。

注2　https://www.synechron.com/

表3　ポートフォワーディング設定

プロトコル	ホストポート	ゲストポート
TCP	22004	22004

本章ではホストOSのポート3022、3000、22004を使用します。

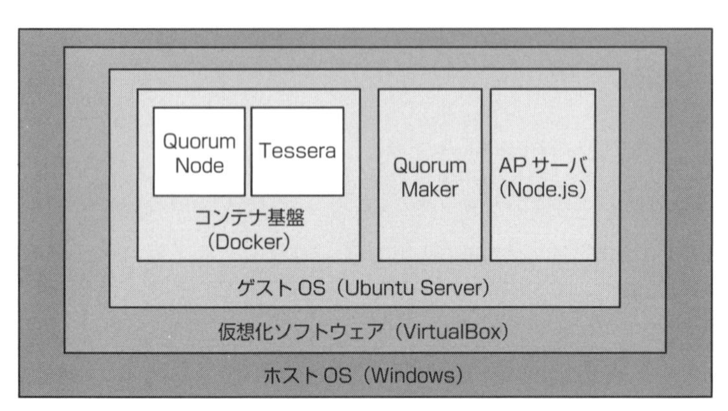

図2　本章の環境構成

2.1　Quorum Makerのインストール

それでは、Quorum Makerをインストールしていきましょう。

なお、本書では、ホームディレクトリ直下にブロックチェーン基盤製品ごとの作業用ディレクトリを作成し、そこを基点に、以降の処理を行っていきます。

リスト1　ブロックチェーン基盤製品ごとの作業ディレクトリの作成

```
mkdir ~/chapter14
cd ~/chapter14
```

リスト2　ディレクトリ構成

```
`-- chapter14
    `-- quorum-maker
        |-- TestNetwork
        |   |-- accountsBalances.txt  ・・・[リスト4　Quorum Makerの起動環境設定]で作成
        |   `-- docker-compose.yml  ・・・[リスト4　Quorum Makerの起動環境設定]で作成
        `-- setup.sh  ・・・[リスト3　Quorum Makerの取得]で取得
```

リスト3　Quorum Makerの取得

```
git clone -b V2.6.2 https://github.com/synechron-finlabs/quorum-maker
```

以上で、Quorum Makerのインストール作業は完了です。

続いて、Quorum Makerの起動環境を設定します。これはセットアップシェルを起動し、いくつかの質問に答えていきます。回答し終わると、環境が自動で構築されます。そのときに表示される「PUBLIC-KEY」「IP」「RPC」は、後で使用しますのでメモしてください。

リスト4　Quorum Makerの起動環境設定

```
cd quorum-maker
./setup.sh -t

Please select an option:
 1) Create Network
 2) Join Network
 3) Attach to an existing Node
 4) Setup Development/Test Network
 5) Exit
option: 4
Please enter a project name[Default:TestNetwork]:
Please enter number of nodes to be created[Default:3]:
Creating TestNetwork with 3 nodes. Please wait...
 [?????????????????????????????????????????????????? ](100%)
Project TestNetwork created successfully. Please execute docker-compose up from TestNetwork
directory

NODE   PUBLIC-KEY                                    IP         RPC    WHISPER  TESSERA  RAFT
NODEMANAGER  WS
node1  PX9cTHQaH5ISMkZphArkHlT88EXmhjjFOCpiNLty+iI=  10.50.0.2  22000  22001    22002    22003
22004        22005
node2  OSx+9723FqrlHFd/yCkSK0eyBUYpdQwxguIsY9qlfxo=  10.50.0.3  22000  22001    22002    22003
22004        22005
node3  OSegi9XKQ4w9OFvE+h0z5D2anV62F+O+iYg4C5AlDjI=  10.50.0.4  22000  22001    22002    22003
22004        22005
```

続いて、UI画面を表示するため、「docker-compose.yml」に次のようなport設定を加えます。

リスト 5　docker-compose.yml の修正

```
cd ~/chapter14
sudo vi quorum-maker/TestNetwork/docker-compose.yml

[quorum-maker/TestNetwork/docker-compose.yml]
～省略～
  node1:
    container_name: node1
    image: syneblock/quorum-maker:2.2.1_2.6.2
    working_dir: /node1
    command: ["bash" , "start.sh"]
    volumes:
      - ./node1:/node1
      - ./node1:/home
      - ./node1:/master
    networks:
      vpcbr:
        ipv4_address: 10.50.0.2
    ports:
      - "22004:22004"
～省略～
```

最後に、あらかじめ用意されているアカウントの確認をします。取得した情報は後で使用しますのでメモしてください。

リスト 6　アカウントの確認

```
cat quorum-maker/TestNetwork/accountsBalances.txt
```

結果：

```
"0x6a4242410285781927ab97c7abbdb4150b841f47": {"balance": "1000000000000000000000000000"},
"0x7acd1f7dfc5b2c5fe9b712352b09420a1fd9f7e4": {"balance": "1000000000000000000000000000"},
"0xf6d9c1c98440d71497a55eaf6d7bb8b678184f45": {"balance": "1000000000000000000000000000"}
```

2.2 Quorum Makerの起動

Quorum Makerの起動環境が設定できたら、実際に起動してみましょう。

リスト7 Quorum Makerの起動

```
cd quorum-maker/TestNetwork
docker-compose up -d
```

リスト8 dockerプロセスの確認

```
docker-compose ps
```

結果：

```
Name        Command       State              Ports
---------------------------------------------------------
node1    bash start.sh    Up      0.0.0.0:22004->22004/tcp
node2    bash start.sh    Up
node3    bash start.sh    Up
```

上記の表示になれば、起動は成功です。以上で、Quorum環境の構築は完了です。

3 Contract を使ったサンプル開発

本節では、スマートコントラクトによる簡単なサンプルアプリケーションを作ってみましょう。作成するサンプルの Contract は、第 13 章で作成したものと同じです（ローカル環境に「CounterMaster.sol」として保存してください）。第 13 章とのサンプルの違いは「bc_accessor.js」で、特定ノードにのみデータを公開するように作成します。なお、実行環境は第 14 章の 2 節で作成した環境を使用します。

以降は Quorum のサンプル開発について、次の手順に沿って説明していきます。

① Quorum Maker UI ツールでのデプロイ
② bc_accessor.js のプログラミング
③ サンプルアプリケーションの実行

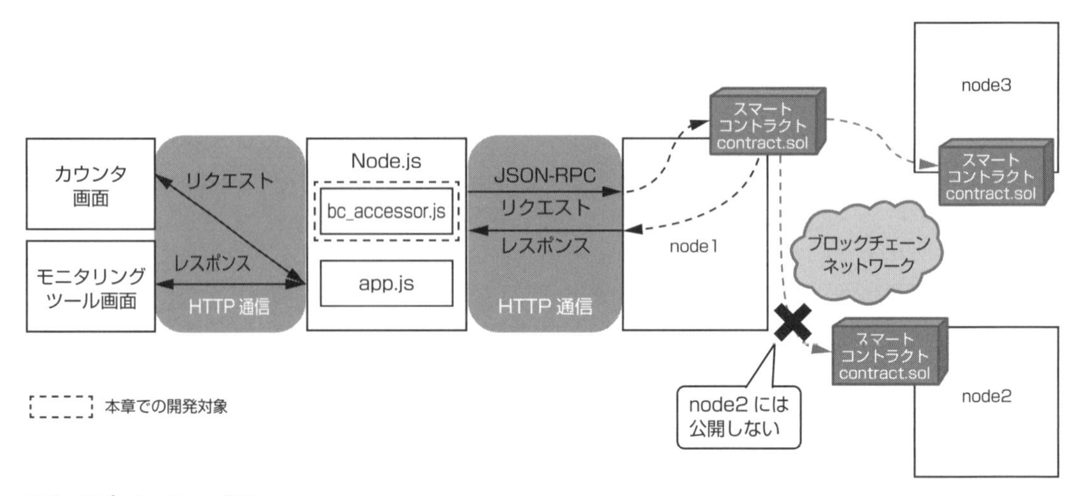

図 3　アプリケーション構成

3.1 ディレクトリ構成

アプリケーションを作成すると、ディレクトリ構成は以下のようになります。

リスト 9　ディレクトリ構成

```
`--chapter14
|   |-- bc_accessor.js                 ・・・  [第14章3.3項]で作成
|   |-- package.json                   ・・・  [第14章3.2項]で作成
`-- common
    |-- api
```

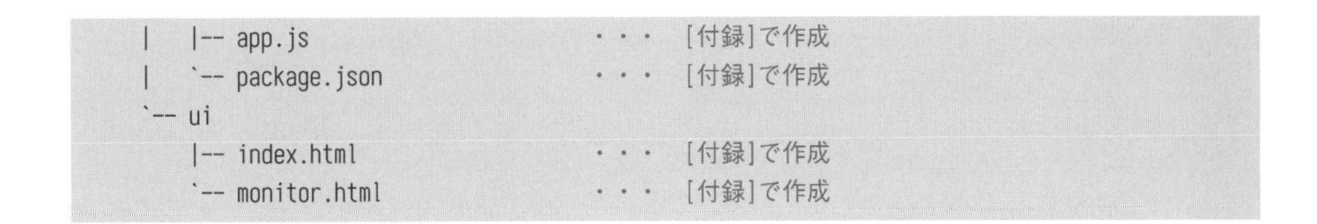

```
|   |-- app.js                ・・・  [付録]で作成
|   `-- package.json          ・・・  [付録]で作成
`-- ui
    |-- index.html            ・・・  [付録]で作成
    `-- monitor.html          ・・・  [付録]で作成
```

3.2　Quorum Maker UI ツールによるデプロイ手順

それでは、Quorum Maker UI ツールを起動してみましょう。次の URL を、Chrome[注3] などのブラウザで開いてください。

リスト 10　Quorum Maker UI ツール　URL（node1）

```
http://localhost:22004/dashboard
```

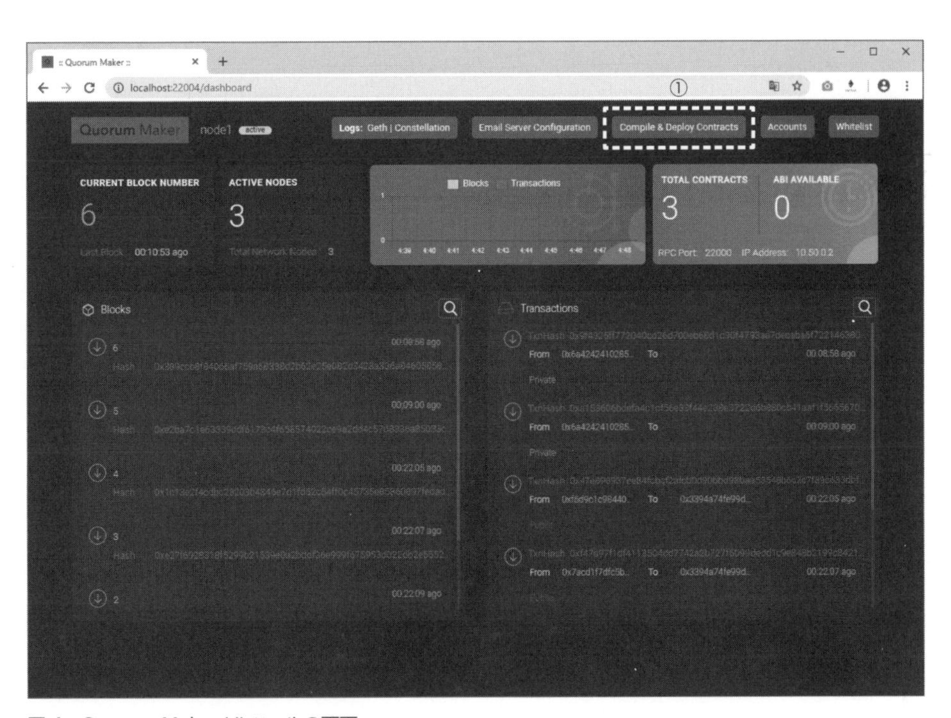

図 4　Quorum Maker UI ツールの画面

注 3　2019 年 3 月時点で、Google Chrome と Internet Explorer 11（Windows 10）では動作しましたが、Microsoft Edge（Windows 10）では動作しませんでした。

- 「Compile & Deploy Contracts」ボタン（図 4 の①）を押下します
- 図 5 の Solidity ファイル選択とデプロイ対象画面が起動します

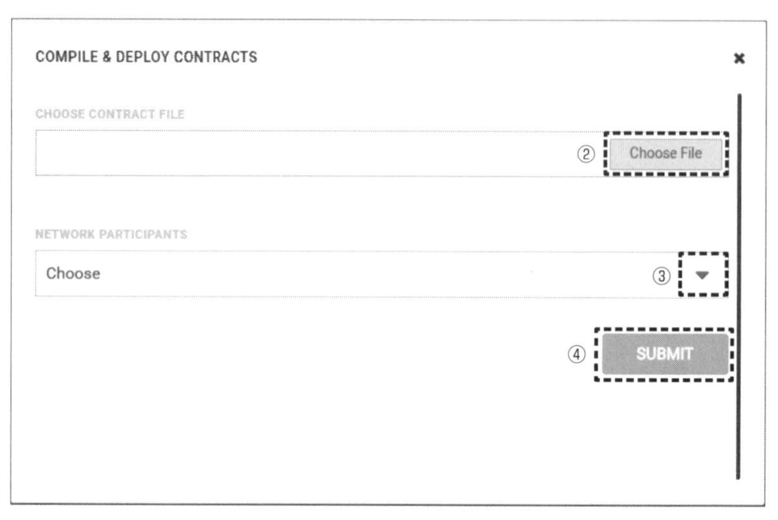

図 5　Solidity ファイル選択とデプロイ対象選択画面

- 「Choose File」ボタン（図 5 の②）を押下し、デプロイする Solidity ファイルを選択します
- 「Choose」ボタン（図 5 の③）を押下し、「node3」を選択します（node1 と node3 に指定した Solidity ファイルをデプロイします）
- 「SUBMIT」ボタン（図 5 の④）を押下します
- 図 6 のデプロイ結果画面が起動します

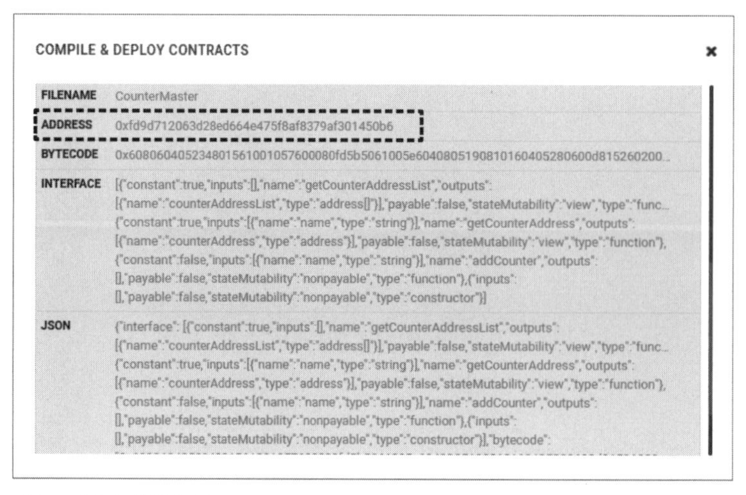

図 6　デプロイ結果画面

- 「Counter」と「CounterMaster」のデプロイ結果が表示されますので、「CounterMaster」の「ADDRESS」をコピーします。

3.3 bc_accessor.jsのプログラミング

EthereumとQuorumのプログラミングの違いは、トランザクション処理にあります。Quorumで特定ノードにデータを公開したい場合は、send()にQuorum用のオプションパラメータである「privateFor」を追加します。

表4 EthereumとQuorumにおけるパラメータの違い

Ethereum Quorum[public]	counterContract.methods.countUp().send({ from: args.id , gas: 50000 });
Quorum[private]	counterContract.methods.countUp().send({ from: args.id, gas: 50000 ,privateFor: ["OSegi9XKQ4w9OFvE+h0z5D2anV62F+O+iYg4C5AlDjI="]});

なお、パブリックトランザクションで作成したContractは、プライベートトランザクションを発行することはできません。同様に、プライベートトランザクションで作成したContractは、パブリックトランザクションを発行することはできません。

これらを踏まえて、第13章で作成した[bc_accessor.js]を修正していきます。

まず、接続するJSON-RPCサーバ(node1)のIPアドレスおよびポート番号を設定します。「リスト4 Quorum Makerの起動環境設定」で取得したIPとRPCが、IPアドレスとポート番号になります。

リスト11 [bc_accessor.js] 接続するJSON-RPCサーバ(node1)のIPアドレスおよびポート番号を設定

```
[bc_accessor.js]
2   const url = 'http://10.50.0.2:22000';
```

次に、先ほど取得したContractアドレスを設定します。

リスト12 [bc_accessor.js] Contract(CounterMaster)のアドレスを設定

```
[bc_accessor.js]
6   //接続するContract(CounterMaster)のアドレス
7   const counterMasterAddr = '0x6c99a4f1872fac3085a60dbe031cdbf5c6545596';
```

次に、プライベートトランザクションにて更新する処理を設定します。

リスト13　[bc_accessor.js] プライベートトランザクション設定

```
[bc_accessor.js]
64  // send実行
65  counterContract.methods.countUp().send({ from: args.id, gas: 50000 ,privateFor: ["0Segi9XK
    Q4w90FvE+h0z5D2anV62F+0+iYg4C5AlDjI="]});
```

上記はnode1で実行するため、node3の公開鍵を指定します。これでnode1とnode3を更新する設定になります。

さらに、今回はトランザクションマネージャにtesseraを使用していますが、tesseraのタイムスタンプの単位はナノ秒です。Ethereumでは秒でしたので、修正します。

リスト14　[bc_accessor.js] タイムスタンプ設定

```
[bc_accessor.js]
96  new Date(parseInt(blockData.timestamp) / 1000000).toString(),
```

次に、bc_accessor.jsで使用しているパッケージの設定を行います。これは第13章で作成した[package.json]と同じになります。

最後に以下のコマンドを実行して、必要なライブラリや共通部品をサンプルに取り込みます。

リスト15　必要なライブラリや共通部品の取り込み

```
cd ~/chapter14
npm install
```

これでサンプルを実行する準備が整いました。

3.4 サンプルアプリケーションの実行

それでは、サンプルアプリケーションを動かしてみましょう。

chapter14フォルダに移動し、nodeコマンドを実行します。これでAPサーバとして、node.jsのWebサーバモジュールであるexpressが起動します。

リスト16　Webサーバの起動

```
cd ~/chapter14
npm start
```

これでサーバが起動しましたので、ホストOSでWebブラウザを起動して、以下のURLにアクセスします。

リスト17　アプリケーションURL

```
http://localhost:3000/index.html
```

付録3で作成したカウンタ画面が表示したら、成功です。付録3のカウンタ画面の操作説明に沿って動かしてみてください。ユーザ名は「リスト6　アカウントの確認」で取得したアカウントを、パスワードは入力なしです。

このサンプルでは、node1が公開範囲（node1、node3）を絞り込んでいることを確認できます。

① 画面を表示し、ログインします（ユーザ名は「リスト6　アカウントの確認」結果の1行目です）。

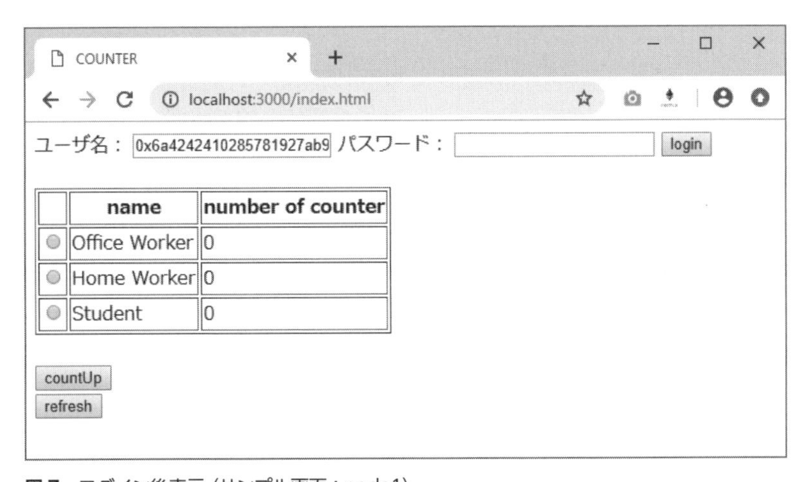

図7　ログイン後表示（サンプル画面：node1）

② “Home Worker” を選択し、「countUp」ボタンを押した後、「refresh」ボタンを押してください。

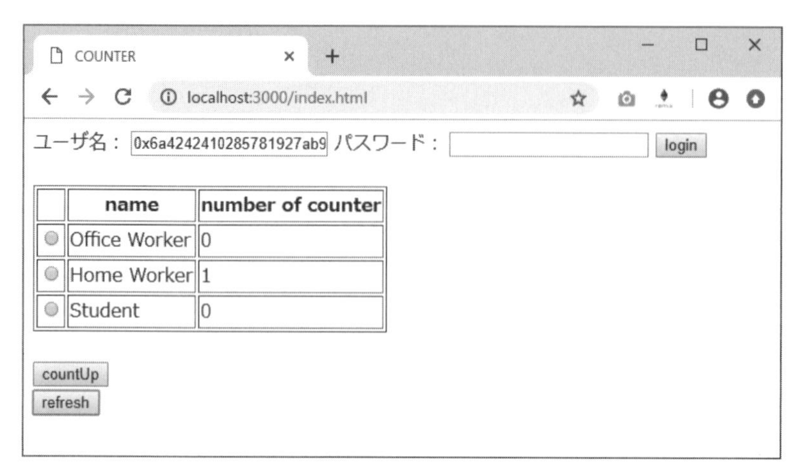

図 8　カウントアップ（サンプル画面：node1）

app.js のログに「putCount start.」と表示されます。

③ node2 を表示します。[bc_accessor.js] の JSON-RPC サーバの IP アドレスおよびポート番号を、"http://10.50.0.3:22000' に変更して、接続し直してください（ユーザ名は「リスト 6　アカウントの確認」結果の 2 行目です）。
node2 に Contract を共有していませんので、何も表示されません。

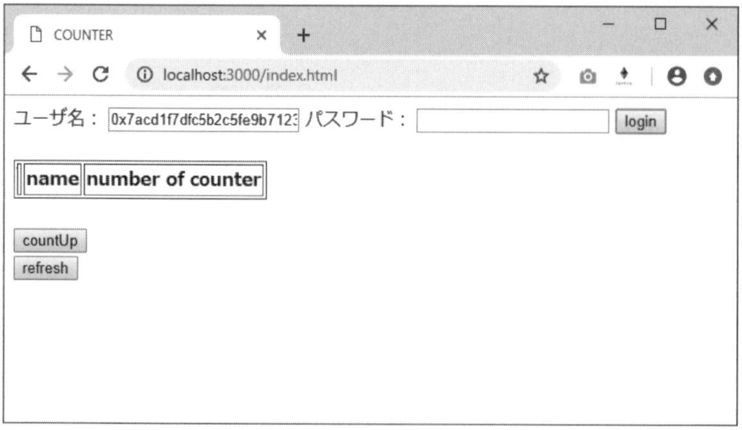

図 9　ログイン後表示（サンプル画面：node2）

app.js のログに「Error: Returned values aren't valid, did it run Out of Gas?」と表示されます。これは指定した Contract アドレスがない場合に表示されます。

④ node3を表示します。[bc_accessor.js]のJSON-RPCサーバのIPアドレスおよびポート番号を、'http://10.50.0.4:22000'に変更して、接続し直してください（ユーザ名は「リスト6　アカウントの確認」結果の3行目です）。
node3にはContractを共有していますので、node1と同じ表示になります。

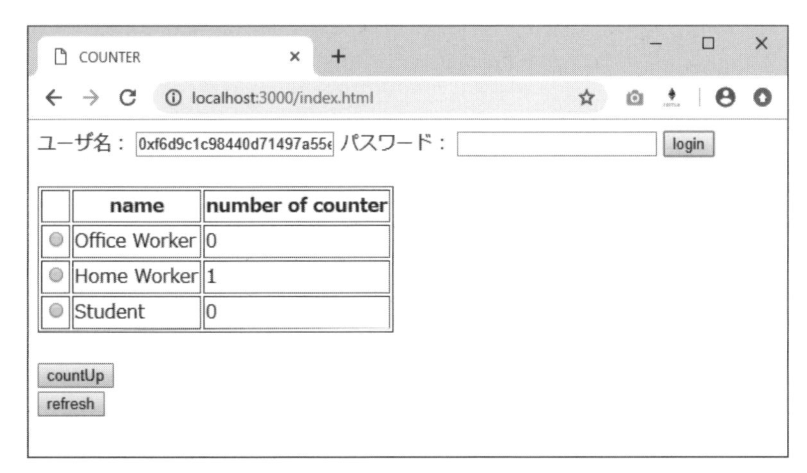

図10　ログイン後表示（サンプル画面：node3）

3.5　ブロック状態のモニタリングツールの実行

Ethereumと同じサンプルで動作しますので、実行してください。

本節のサンプルは、コンセンサスアルゴリズムにRaft-based Consensusを使っていますので、トランザクションが発生しない限りブロックを生成しません。ブロック生成を確認したい場合は、「countUp」ボタンを押してトランザクションを発生させてください。

ただし、データの実態はモニタリングツールでは表示されません。また、モニタリングツールはどのnodeに接続しても同じ結果が得られます。

11
12
13
14
15
16
17
A

第15章 Hyperledger Fabric

次に動かしてみるブロックチェーン基盤はHyperledger Fabricです。Hyperledger Fabricはエンタープライズ領域での利用を指向しており、パーミッション型ネットワークによる厳密なアカウント管理や、ファイナリティ確保が可能なコンセンサスアルゴリズムを備えている点が特徴です。2017年7月にリリースされたv1.0では、「組織」(Organization)および「チャネル」(Channel)という新たな管理単位を利用したプライバシーとセキュリティの制御や、スケーラビリティとパフォーマンスの向上を目的とした新たなコンセンサスの仕組みが導入されました。
ここでは、サンプルのチェーンコードを実行して基本的な使い方を学び、Fabricのスマートコントラクトであるチェーンコードの作成を通じて、Hyperledger Fabricのアプリケーション開発を体験します。

1 Hyperledger Fabricの概要

1.1 Hyperledger Fabricとは？

Hyperledger Fabric（以下、Fabric）はHyperledger Project[注1]（HLP）が開発しているブロックチェーン基盤です。

HLPは企業での利用に耐えるオープンソースの分散型台帳技術や関連ツールを開発するためのプロジェクトで、2016年2月に発足しました。単独のプロジェクトではなく、The Linux Foundation[注2]の協業プロジェクトの1つに位置付けられています。2018年9月時点で、テクノロジー・金融・製造・流通・政府機関・教育機関など世界中の様々な業界から270以上の企業と組織が参加しています。参加メンバの中には、IBM、アクセンチュア、JPモルガン、ドイツ銀行、ダイムラー、FedExなど、各業界における世界的な大手企業が含まれ、日本からは富士通、日立製作所、NEC、NTTデータ、ソラミツなどが参加[注3]しています。

HLPでは開発にライフサイクルプロセスを採用し、各プロジェクトの状態は提案（Proposal）やインキュベーション（Incubation）など、5つのプロジェクトステータスに区別されます。プロジェクトが提案（Proposal）され承認されると、インキュベーションステータスに入ります。法的コンプライアンス、コミュニティサポート、十分なテストなどのインキュベーション終了基準が満たされていると判断されると、アクティブ（Active）ステータスに入ります。

HLPにはFabricを含む複数の分散型台帳技術や関連ツールのプロジェクトが存在[注4]し、2019年3月末現在で、Fabric、INDY、SawtoothおよびIROHAがアクティブステータスとなっています。

Fabricのv0.6以前のバージョンでは、ファイナリティを持つパーミッション型ブロックチェーンとして、スケーラビリティや柔軟性、拡張性など様々な課題がありました。v1.0以降のバージョンではそれらを解決するために、新機能の追加とアーキテクチャの大幅な変更が行われました。

注1　https://www.hyperledger.org/

注2　The Linux Foundationは、複数の企業や団体が協力してオープンなソフトウェア開発を行うために、協業プロジェクト（collaborative project）という仕組みを用意しており、それらのプロジェクトに必要な組織、プロモーション、技術のインフラを提供しています。

注3　https://www.hyperledger.org/members

注4　https://www.hyperledger.org/projects

表1 Fabric v0.6以前のバージョンとv1.xのバージョンの比較表

	v0.6の特徴と課題	v1.0以降の特徴と対策
スケーラビリティとパフォーマンス	・ノード（Validating Peer）で一元的にトランザクション（Tx）を処理。 ・ノード増加によるパフォーマンス低下。 ・ノードの動的追加は不可。	・ノードの役割を分割[注5]。 ・Txの順序付けとブロック生成に特化したブロードキャスト型サービスの追加。 ・ノードの動的追加が可能。
コンセンサスアルゴリズム	・PBFTによる合意形成。 ・ビザンチン障害耐性を持つ。	・Endorsement-Ordering-Validationによる合意形成。 ・ビザンチン障害耐性を持たない。
プライバシー	・認可されたすべてのノードで情報共有。	・特定ノード間で情報共有を可能とするチャネル（Channel）の導入。
セキュリティ	・証明書を認証局（CA）で一元管理。 ・単一障害点となるリスク。	・組織（Organization）単位に認証局（CA）を分散配置可能。 ・単一障害点を排除可能。
アプリケーション開発	・REST APIを提供。 ・SDKはNode.js限定。 ・スマートコントラクト（チェーンコード）はGo/Javaで開発可能。	・REST APIの廃止。 ・Fabric SDKの提供（Node.js/Java/Go/Python）。 ・スマートコントラクト（チェーンコード）はGo/Java/Node.jsで開発可能。

Fabricは、2019年1月にリリースされたv1.4 LTSで長期サポート（Long Term Support）対象となりました。また、2018年4月にリリースされたv1.4.1ではビザンチン障害耐性を実現するための足掛かりとしてRaftが追加されました。さらに、2019年中にはv2.0がリリースされる予定です。

1.2 パーミッション型ネットワーク

Bitcoin CoreやEthereumは管理者が不在で、誰もが参加可能なパーミッションレス型であるのに対し、Fabricは選定された複数の信頼性の高い参加者で構成するパーミッション型ネットワークを前提としています。誰でも参加できるわけではなく、ネットワークに参加するノードやユーザはあらかじめ登録されている必要があります。

v1.0以降では、新たに「チャネル（Channel）」（以下、Channel）や「組織（Organization）」（以下、Organization）という管理単位が追加されました。

Channelは、特定のノード間のみでチェーンコードと台帳を共有し、情報のプライバシー保護を行う仕組みです。一方、Organizationは、Fabricネットワーク上の参加者を特定のノードや情報に結び付けてグルーピングすることができる論理的な管理単位です。v0.6以前では単一障害点となっていた認証局（CA）をOrganizationごとに分割配置できるようになりました。

注5 v1.0におけるノードは、主にPeer/Orderer/Clientの3つの役割があります。

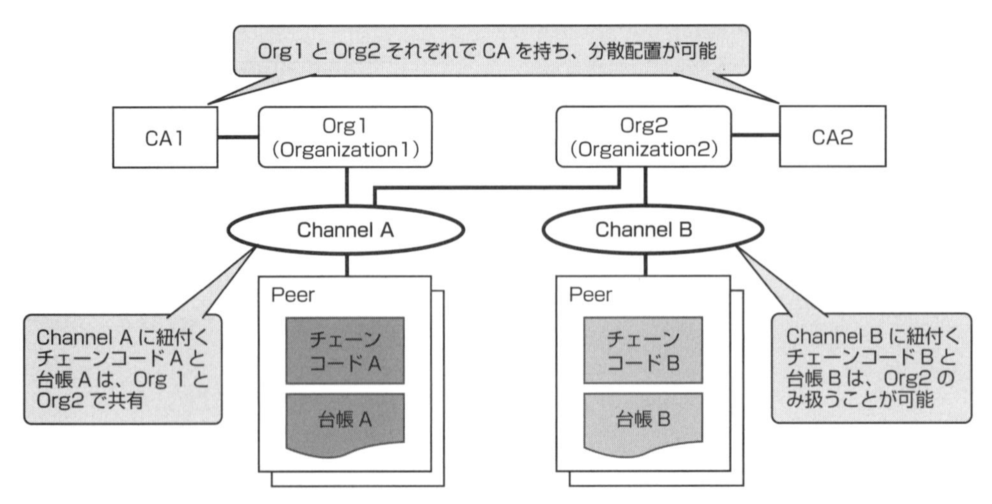

図 1　Fabric における Channel と Organization の構成例

1.3 Peer

Fabric のネットワークは、1 ノード以上の Peer から構成されています。Peer はスマートコントラクト（チェーンコード）や台帳を保持し、管理しています。

Peer は任意の Channel に参加することによって、その Channel に関連付けられた台帳の複製を保有します。Peer には以下の 4 種類の役割があります。

- Endorsing Peer（エンドージングピア）
  クライアントからトランザクションを受信し、承認ポリシー（後述）に沿った妥当性検証を行った後に、チェーンコードを実行し、その実行結果に署名をつけてクライアントへと返します
- Commiting Peer（コミッティングピア）
  Orderer または Leader Peer から配られたブロックを検証し、自身の台帳に反映します
- Leader Peer（リーダーピア）
  Orderer と Peer 間におけるブロック伝播の通信負荷を低減するために、1 ノードが代表して Orderer からブロックを受け取り、同一 Organization 内の Peer にブロックを伝播します。Leader Peer は交代可能であり、障害などにより役割継続が困難となった場合でも、残りの Peer 内から自動的に選出します
- Anchor Peer（アンカーピア）
  Peer が別の Organization の Peer と通信する必要がある場合、事前に定義された Anchor Peer を経由して行われます。Organization 間の通信はゴシッププロトコル[注6]で行われるため、Channel ごとに、少なく

注 6　分散システムにおいて、システムの参加者間で繰り返し確率的に情報を交換する手法であり、情報の拡散に利用されます。ランダムに選んだ相手と情報を交換し、自身が持つデータの更新を繰り返します。システムの参加者が不定期的に増減して全体を把握できない状況や、一時的に通信できない場合でも情報を伝搬できます。

とも 1 つの Anchor Peer が定義されている必要があります

1.4　Ordering Service

Ordering Service（以降、Orderer）はブロックを一元的に作成し、各 Peer に配信する役割を担っています。特に重要な役目は、ブロックチェーンにブロックを格納するときの順番を確定することです（Orderer という名前の所以です）。Orderer は、ブロック作成工場と言えるでしょう。

したがって Orderer は、一連の処理フローにおいてクリティカルパスとなるコンポーネントであり、単一障害点とならないクラスター構成をとるなど、可用性を確保する必要があります。

Orderer には、Solo、Kafka および Raft の 3 つの動作モードがあります。Solo は開発や試験用に 1 台構成で動作するモードです。Kafka は Apache Kafka と Apache ZooKeeper による複数ノードでクラスターを構成し、高いスループットと可用性を実現します。Raft は、v1.4.1 から追加された複数ノードで合意形成を行う仕組みです。

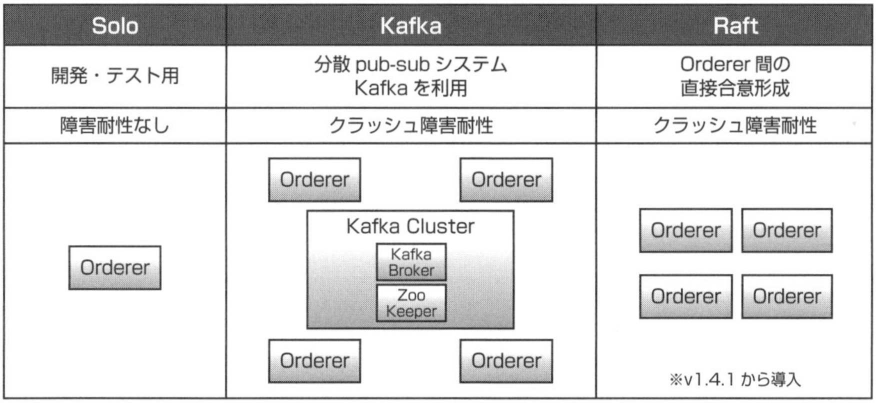

Solo	Kafka	Raft
開発・テスト用	分散 pub-sub システム Kafka を利用	Orderer 間の 直接合意形成
障害耐性なし	クラッシュ障害耐性	クラッシュ障害耐性
Orderer	Orderer　Orderer Kafka Cluster（Kafka Broker / Zoo Keeper） Orderer　Orderer	Orderer　Orderer Orderer　Orderer ※v1.4.1 から導入

図 2　Ordering Service

1.5　トランザクションワークフロー

Fabric のパーミッション型ネットワークでは、承認ポリシー（Endorsement Policy）に基づいてトランザクションの正しさを検証します。クライアントは、複数の Peer に要求を発し、返ってきた署名が承認ポリシーで規定した条件に合致するかどうか判断し、合致した結果を Orderer に送信してブロック作成を依頼します。承認ポリシーの設定例は、次のようになります。

- 例 1：Org1 に属する Peer と Org2 に属する Peer のいずれかの署名があれば了承
  OR("Org1.member", "Org2.member")

- 例 2：Org1 に属する Peer と Org2 に属する Peer の両方の署名があれば了承
  AND("Org1.member", "Org2.member")
- 例 3：Org1、Org2、Org3 それぞれに属する Peer の 2 つ以上の署名があれば了承
  OutOf(2, "Org1.member", "Org2.member", "Org3.member")

Fabric v0.6 ではコンセンサスアルゴリズムとして PBFT を採用していましたが、ノードが増加するに従い、パフォーマンスが低化していくという課題がありました。

このため Fabric v1.0 以降では、ノードの役割を Client、Peer、Orderer の 3 つに分け、各ノードが連携して処理を行うトランザクションワークフローでコンセンサスを得る仕組みに変わりました。

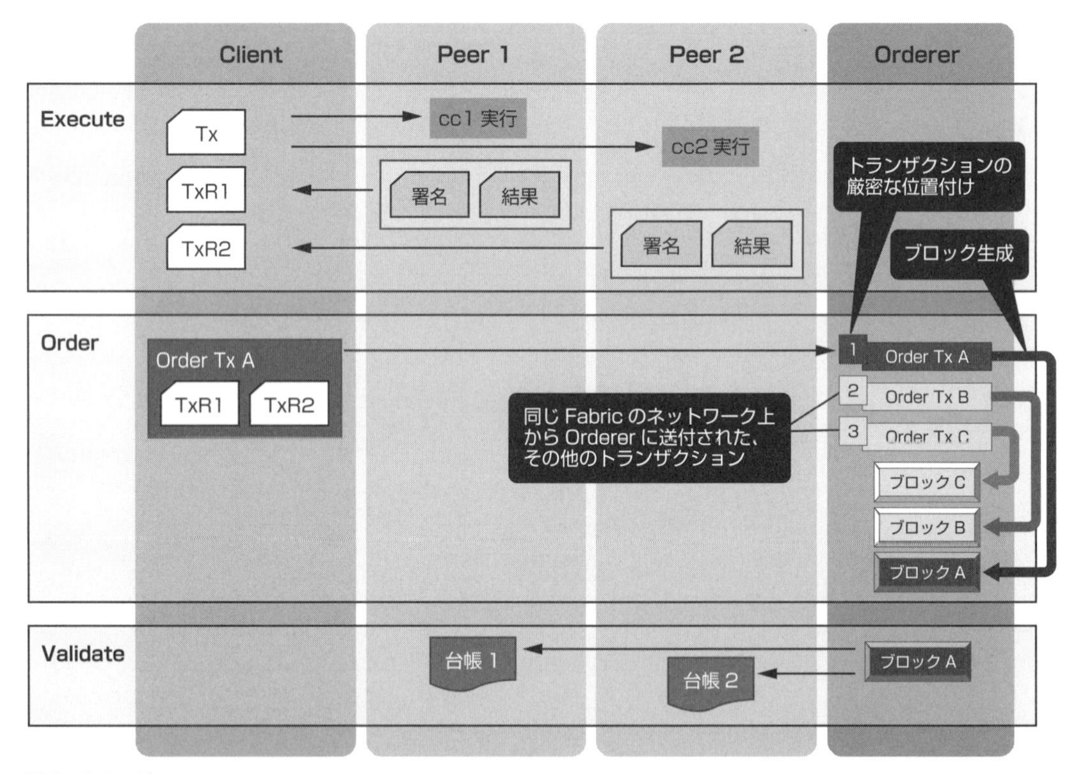

図 3　トランザクションワークフロー

- トランザクションワークフロー①　Execute (Endorsement)
  クライアントから各 Peer へ、トランザクション（Tx）を送付します。それぞれの Peer は独立してチェーンコードを実行し、実行結果に自身の署名を加えて、クライアントに応答を返します（TxR1、TxR2）。この段階では台帳は更新されず、シミュレーションが行われるだけです。クライアントは、集まった複数の実行結果が承認ポリシーに適合しなかった場合、それを破棄してワークフローを終了することができます

- トランザクションワークフロー② Order
  各Peerから返されたトランザクション結果（TxR1、TxR2）が、承認ポリシーに適合している場合、クライアントはOrdererに対し、ブロック作成を依頼するトランザクションを送信します（Order Tx A）。Ordererは受信したトランザクション（Order Tx A）に対し、台帳に結果を反映する順序を確定させて、ブロックを生成します（ブロックA）。このブロックには、①での各Peerのチェーンコードの実行結果や署名、前のブロックのハッシュ値等が含まれます
- トランザクションワークフロー③ Validate
  Ordererから全Peerに向けてブロックが送信されます。各Peerは受信したブロックに含まれる内容が承認ポリシーに従っているかなどを検証した後、正しいと判断したブロック注7を台帳に反映します。正しくないと判断した場合には台帳に反映されません。反映後、トランザクションの結果は覆ることがなく、ファイナリティが確保されています

11
12
13
14
15
16
17
A

1.6 Fabricの「台帳」

Fabricのネットワーク上のデータは「台帳（ledger）」と呼ばれます。台帳にはブロックチェーンだけではなく、ステートデータベース（以下、State DB）と呼ばれるNoSQL型データベースも含まれます。State DBはGoogleのシンプルなキーバリューストア（KVS）「LevelDB」と、Apacheのドキュメント指向型KVS「CouchDB」から選択可能です。後者を選択した場合は、CouchDBが持つリッチクエリなどの柔軟な検索機能を利用できますが、パフォーマンスとのトレードオフに注意が必要です。

Fabricでは、トランザクションが完了した時点の状態をState DBに格納します。ブロックチェーンはChainと呼ばれ、State DBの最新状態に至る変更の全履歴を蓄積しています（リレーショナルDBにおけるトランザクションログのようなものだと理解すればよいでしょう）。Chainはブロックの追加のみが可能で、過去に確定されたブロックの情報は不可変ですが、State DBに登録した情報は登録・更新・削除が可能です。

注7　ブロックの内容が正しいかの判断基準として、署名以外にReadSet/WriteSetの検証があります。②でClientからOrdererに送信するデータにはReadSet/WriteSetが含まれています。ReadSetは台帳に記録されている情報のバージョン情報であり、①の実行時のバージョンが入ります。WriteSetは実際に更新するKey/Valueそのものです。③でReadSetの値が①の実行時の内容と齟齬がないかを検証し、合致する場合に限りWriteSetの情報をもとに台帳を更新します。あるトランザクションが①の実行後から③の台帳更新時の間に、同一のReadSet/WriteSetを持つ他のトランザクションによる台帳更新や台帳の不正な改ざん等が行われていた場合、これらが一致しないためトランザクションが無効になります。

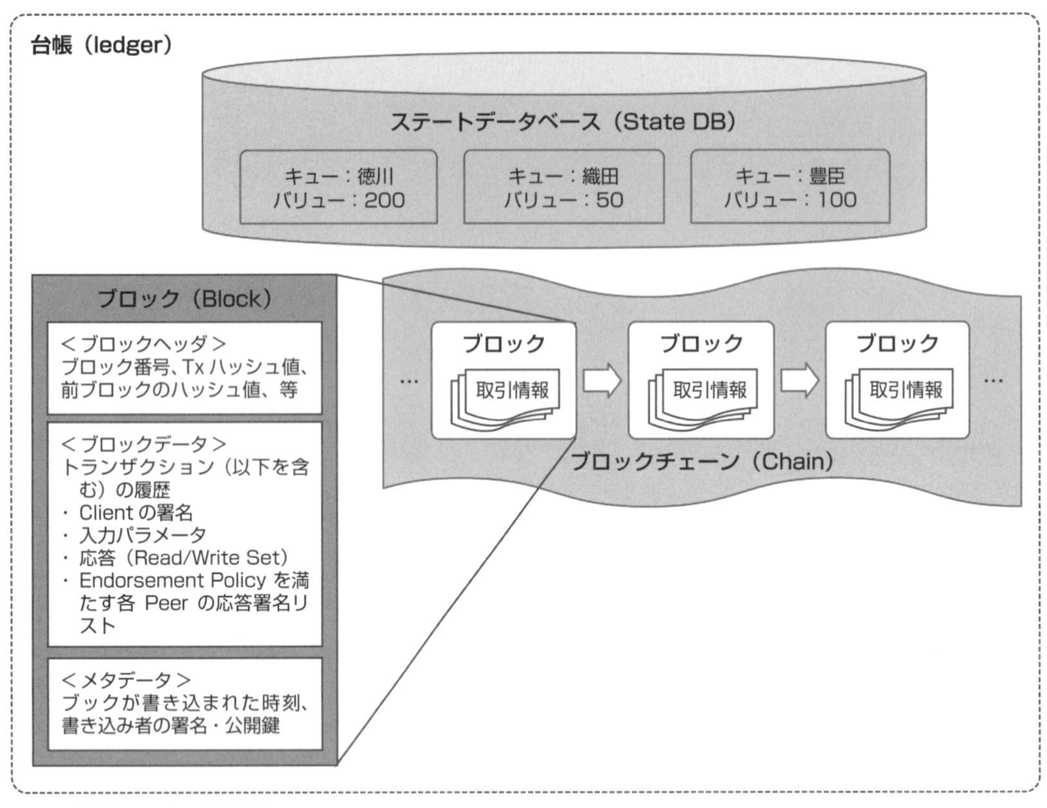

図4　台帳（ledger）の基本構造

1.7　チェーンコード

Fabricではスマートコントラクトとして、「チェーンコード」という差し替え可能なプログラムを記述することができます。チェーンコードはgo言語、JavaもしくはNode.jsで記述でき、以下に示す代表的な3つの機能を有しています。

- チェーンコードを初期化する（Init）
- クライアントの要求に応じて台帳を更新する（Invoke）
- クライアントの要求に応じて台帳の照会結果を返す（Query）

チェーンコードには「チェーンコードID」と呼ばれる識別子が付与され、1つのPeerに対して、複数の異なるチェーンコードを配置できます。なお、台帳はチェーンコードIDとChannelの組み合わせ単位で管理されているため、これをまたいだ更新はできません。

1.8 Fabric SDK

Fabric SDKは、クライアントの機能を独自アプリケーションに組み込むための専用ライブラリです。プログラミング言語は、Node.js（Fabric Node SDK）とJava SDK（Fabric Java SDK）等があります。開発中ではありますが、Python、Go、REST向けのSDKも存在しています。SDKで実行できる代表的な機能には、以下があります。

- Channelの作成
- PeerノードをChannelへ参加させる
- Peerノードへチェーンコードをデプロイする
- ChannelのチェーンコードをInit（初期化）する
- チェーンコードを呼び出してInvoke（取引実行）する
- ワールドステートまたはブロックチェーン（台帳）に対するQuery（照会）

2 Hyperledger Fabricを動かす

ここからはFabricの動かし方を説明していきます。まずは本節（第15章の第2節）を「基本編」と位置付け、サンプルコードの実行を通して、Fabricの基本的な操作方法を説明します。この後の第3節を「応用編」とし、チェーンコードを自作して、Fabric上で動作するサンプルアプリケーションを作成していきます。開発環境の構築、サンプルコードの実行、サンプルアプリケーションの作成を実施することにより、Fabricの動作を確認することを目的とします。実行環境は、付録に記載した仮想化環境を構築し動かすことを想定しています。

必要なハードウェアスペック

- CPU：Intel Core i3 64bit以上
- メモリ：8GB以上で、ゲストOSに4GB以上の割り当てを推奨（最低でも4GBで、ゲストOSに2GBの割り当て）

なお、関連するプログラム群を取得するために、インターネット接続環境（100Mbps以上を推奨）が必要となります。

v1.4.1から新しく追加されたRaftで動かしてみましょう。

ポートフォワーディングの設定

付録の1.2項で設定したポートフォワーディング設定を使用します。

11 12 13 14 15 16 17 A

2.1 開発環境のセットアップ

Fabricを動かすために、本書の付録を参考にして、仮想環境を構築してください。本節では、動作確認環境の構築後からの手順を説明していきます。なお、Fabricはv1.4.1を利用します。v1.4.1から新しく追加されたRaftで動かしてみましょう。

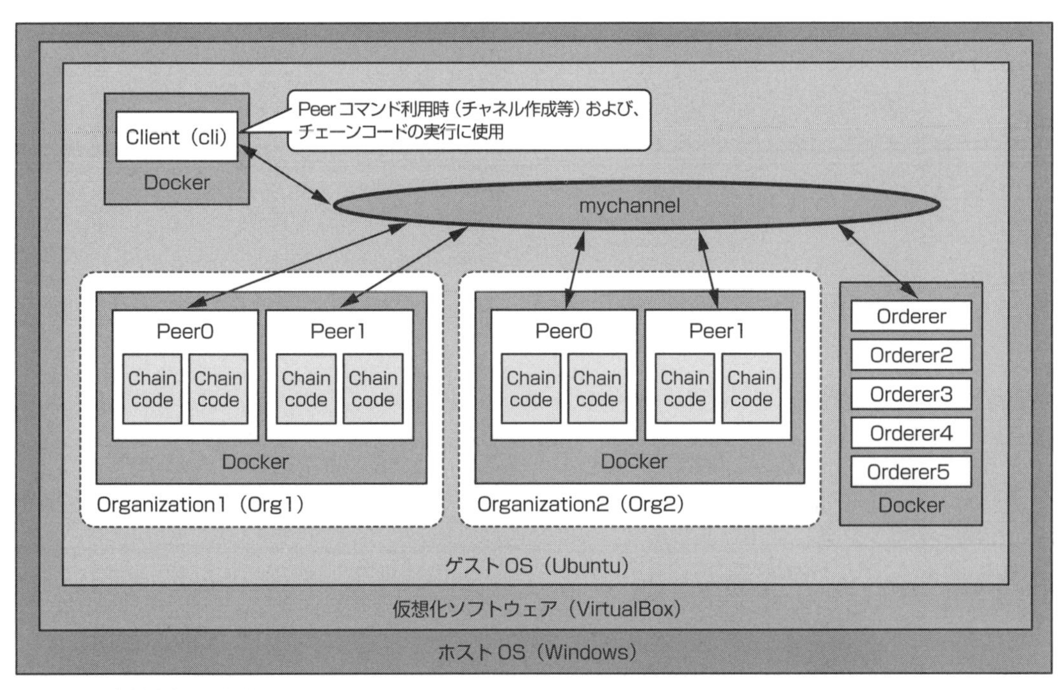

図5 本節（基本編）の環境構成

2.2 Fabric資材のダウンロード

付録で作成した仮想マシンに、ホストOSから接続します。接続にはTera TermのSSHを利用します。

続いて、動作確認環境のゲストOS内で、Fabric v1.4.1と公式サンプル一式をダウンロードします。Fabric用の作業ディレクトリとして、ホームディレクトリ内に「chapter15」ディレクトリを作成します。今後は、ここを作業ディレクトリとします。ターミナルで、以降のコマンドを実行してください。

リスト1 Fabric用作業ディレクトリの作成、Fabric v1.4.1のダウンロード

```
mkdir ~/chapter15
cd ~/chapter15
curl -sSL http://bit.ly/2ysbOFE | bash -s -- 1.4.1 1.4.1 0.4.15
```

結果：

```
===> List out hyperledger docker images
hyperledger/fabric-ca        1.4.1       3a1799cda5d7     7 weeks ago      252MB
hyperledger/fabric-ca        latest      3a1799cda5d7     7 weeks ago      252MB
hyperledger/fabric-tools     1.4.1       432c24764fbb     7 weeks ago      1.55GB
～省略～
```

リスト 2　Fabric インストール後のディレクトリ構成

```
ホームディレクトリ
|--chapter15
  |-- fabric-samples
```

2.3　Fabric ネットワークを開始する

ダウンロードした Fabric v1.4.1 と公式サンプル一式（fabric-samples）を利用して、サンプルアプリケーションを動かしてみましょう。fabric-samples の中には複数のサンプルプロジェクトが格納されていますが、ここでは first-network を使用します。その中には byfn.sh というシェルスクリプトが格納されており、環境構築に必要な一連の手順を、簡単なパラメータを与えるだけで実行できます。

リスト 3　generate コマンドの実行

```
cd fabric-samples/first-network

./byfn.sh generate -o etcdraft
```

※ byfn.sh -m [モードの選択。up: 起動、down: 停止、restart: 再起動、generate: 証明書の作成など]
　-m は省略可能です。
　-o [Orderer タイプの選択。solo、kafka、etcdraft から選択]

generate コマンドにより、証明書や Genesis ブロックの作成、Channel 設定ファイルの作成など、Fabric ネットワークに必要な最低限の設定を実行します。

up コマンドを実行すれば、Fabric ネットワークを開始できます。

リスト 4　Fabric の起動

```
./byfn.sh up -o etcdraft
```

結果：

```
========= All GOOD, BYFN execution completed ===========


 _____   _   _   ____
| ____| | \ | | |  _ \
|  _|   |  \| | | | | |
| |___  | |\  | | |_| |
|_____| |_| \_| |____/
```

上記のように、「END」と表示されれば成功です。

この処理の中では以下の一連の処理が実行されており（各処理は非同期で動いており、順番は異なる場合があります）、Chaincode として、a と b の 2 つの口座が存在するだけの BankTransfer という簡易送金アプリが動いています。

チェーンコードを動かすには、インストールとインスタンス化のためのコマンドを実行する必要があります。インストールとは、Peer にチェーンコードの資材（ソースコードや関連ライブラリ）を追加する行為です。

インスタンス化とは、チェーンコードが実際に Fabric ネットワークで動くように、インスタンスを生成することです。

① Docker-Compose で Peer、Orderer、CLI を起動
② チャネルの作成（mychannel）
③ ノード（peer0.Org1 ～ peer1.Org2）の mychannel への参加
④ 各 Organization への Anchor Peer の参加
⑤ Chaincode の peer0.Org1 ～ peer1.Org2 へのインストール
⑥ peer0.Org2 から Chaincode を、インスタンス化と初期化（口座 a、b に 100、200 を登録）
⑦ peer0.Org1 に対し、query を実行（"a" の残高が 100）
⑧ peer0.Org1 と peer0.Org2 に対し、invoke を実業（"a" から "b" に 10 を送金）
⑨ peer1.Org2 に対し、query を実行（"a" の残高が 90）

2.4 チェーンコードを呼び出す

それでは、サンプルアプリケーションを実際に動かしてみましょう。Chaincode を呼び出すにはクライアントアプリケーション（CLI）を使用するため、CLI コンテナにログインします。

リスト5 CLIコンテナへのログイン

```
docker exec -it cli bash
```

CLIコンテナからpeerコマンドを使用して、aとbの残高を確認してみます。

リスト6 Queryの実行（aの値の照会）

```
peer chaincode query -C mychannel -n mycc -c '{"Args":["query","a"]}'
```

結果：

```
90
```

リスト7 Queryの実行（bの値の照会）

```
peer chaincode query -C mychannel -n mycc -c '{"Args":["query","b"]}'
```

結果：

```
210
```

次に、送金処理として、aからbに10送金するInvokeトランザクションを実行します。パラメータが非常に長いのですが、チェーンコードへ渡す値は、Argsの["invoke","a","b","10"]です。

リスト8 Invokeの実行（aからbに10を送金）

```
peer chaincode invoke -o orderer.example.com:7050 --tls true --cafile /opt/gopath/src/github.
com/hyperledger/fabric/peer/crypto/ordererOrganizations/example.com/orderers/orderer.example.
com/msp/tlscacerts/tlsca.example.com-cert.pem -C mychannel -n mycc --peerAddresses peer0.org1.
example.com:7051 --tlsRootCertFiles /opt/gopath/src/github.com/hyperledger/fabric/peer/crypto/
peerOrganizations/org1.example.com/peers/peer0.org1.example.com/tls/ca.crt --peerAddresses
peer0.org2.example.com:9051 --tlsRootCertFiles /opt/gopath/src/github.com/hyperledger/fabric/
peer/crypto/peerOrganizations/org2.example.com/peers/peer0.org2.example.com/tls/ca.crt -c
'{"Args":["invoke","a","b","10"]}'
```

結果：

```
[chaincodeCmd] chaincodeInvokeOrQuery -> INFO 001 Chaincode invoke successful. result:
status:200
```

残高が変わっているかを確認してみます。

リスト9 実行結果の確認（aの値の照会）

```
peer chaincode query -C mychannel -n mycc -c '{"Args":["query","a"]}'
```

aの口座から10減っていることを確認できます。同様に、bも照会して10増えていることを確認してみてください。

結果：

```
80
```

以下のコマンドを実行して、コンテナからログオフします。

リスト10 コンテナからのログオフ

```
exit
```

最後に、Fabricを停止します。以下のコマンドを実行すると、構築した環境がすべて初期化されます。

リスト11 全コンテナの停止（環境の初期化）

```
cd ~/chapter15/fabric-samples/first-network

./byfn.sh down
```

「docker ps」でコンテナが削除されているか確認してください。

first-networkの操作方法は以上です。

3 チェーンコードを使ったサンプル開発

ここまで Fabric の概要を説明し、実行環境を構築して開発モードでチェーンコードを実行してみました。応用編となる本節では、第 13 章の Ethereum や第 14 章の Quorum と同様のカウンタアプリケーションをチェーンコードで作成します。作成したチェーンコードは、複数のノードで構成した P2P ネットワーク上で実行させます。

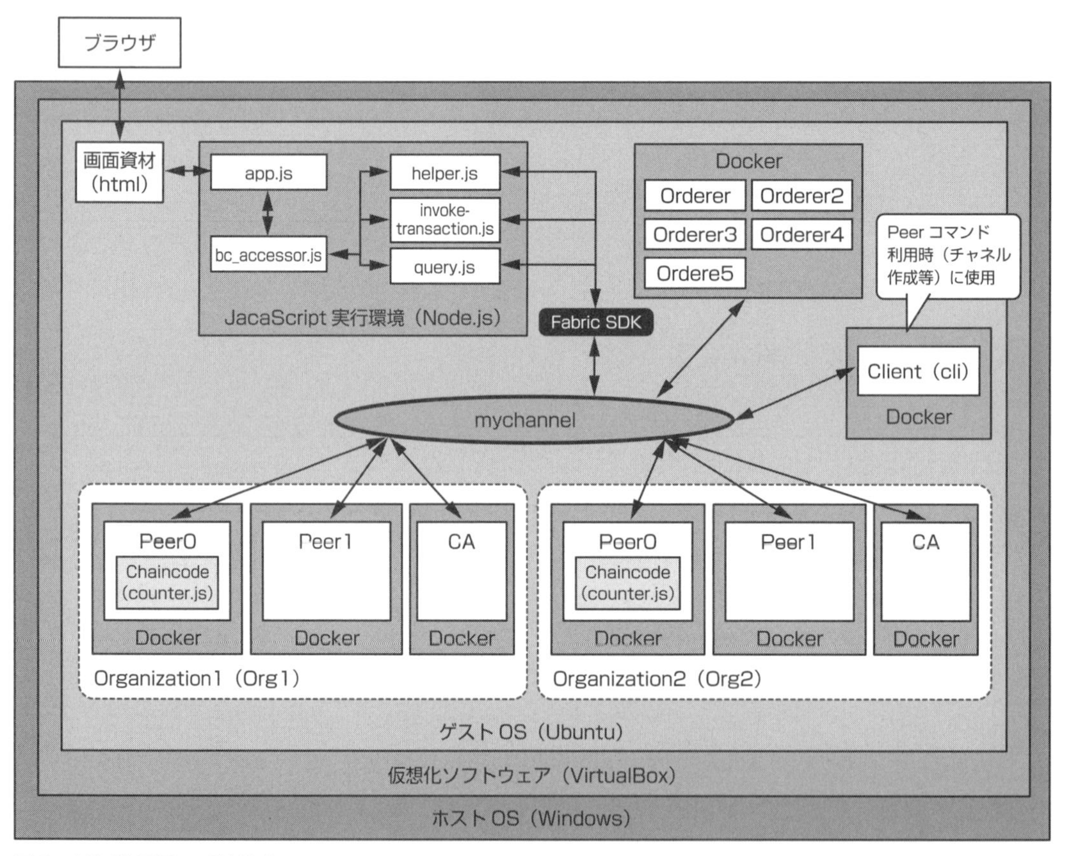

図 6　本節（応用編）の環境構成

3.1 開発環境のセットアップ

サンプルアプリケーション開発のために、まずは本書の付録を参考にして仮想環境を整えてください。基本編ではツールですべてを生成しましたが、本節ではチャネルの作成からチャネルの参加などを、コマンドで実行していきます。

なお、基本編で構築したDockerが起動状態の場合には、リスト11を実行して全コンテナを停止させ、環境を初期化してください。その後、証明書の発行および初期ブロック生成を実施しておきます。

リスト12 証明書の発行および初期ブロック生成

```
cd ~/chapter15/fabric-samples/first-network
./byfn.sh generate -o etcdraft
```

ディレクトリ構成は以下のようになっています。

以降で取り扱うファイルに絞って記載します。

```
ホームディレクトリ
    |--chapter15
    |    |-- fabric-samples
    |    |    |
    |    |    `-- chaincode
    |    |        |-- contract
    |    |            |-- counter.js  ・・・[リスト14 チェーンコードのソースコード（
JavaScript）[counter.js]（新規作成）]で作成
    |    |            `-- package.json  ・・・[リスト15 Node.jsの設定ファイル[package.json]（
新規作成）]で作成
    |    `-- api
    |         |--bc_accessor.js  ・・・[リスト17 ソースコード（JavaScript）[bc_accessor.js]（
新規作成）]で作成
    |         |--helper.js  ・・・[リスト18 ソースコード（JavaScript）[helper.js]（新規作成）
]で作成
    |         |--invoke-transaction.js  ・・・[リスト19 ソースコード（JavaScript）[invoke-
transaction.js]（新規作成）]で作成
    |         |--query.js  ・・・[リスト21-1、21-2 query.jsの修正]で作成
    |         |--package.json  ・・・[リスト22 Node.jsの設定ファイルの作成 [package.json]（新
規作成）]で作成
    |         |--config.js  ・・・[リスト24-1、24-2 config.jsの修正]で作成
    |         |--config.json  ・・・[リスト25 config.jsonのコピー]で作成
    |         |--org1.yaml  ・・・[リスト26 org1.yamlのコピー]で作成
    |         |--org2.yaml  ・・・[リスト27 org2.yamlのコピー]で作成
    |         |--network-config.yaml  ・・・[リスト30 network-config.yamlのコピー]で作成
    |
    `-- common
        |--api
        |   |--app.js  ・・・[付録]で作成
        |   `--package.json  ・・・[付録]で作成
```

```
    `-- ui
        |-- index.html   ・・・[付録]で作成
        `-- monitor.html  ・・・[付録]で作成
```

3.2 チェーンコードの作成

それでは実際に、チェーンコードを作成していきましょう。まずはチェーンコードとしてのJavaScriptのコードを作成します。「~/chapter15/fabric-samples/chaincode」ディレクトリ内に「contract」ディレクトリを作成したのち、2つのファイル（counter.js、package.json）を作成します。ここでは、Fabric v1.4.0から新しく追加されたfabric-contract-apiを使用します。

リスト13　チェーンコードの配置場所

```
mkdir ~/chapter15/fabric-samples/chaincode/contract
cd ~/chapter15/fabric-samples/chaincode/contract
```

リスト14　チェーンコードのソースコード（JavaScript）[counter.js]（新規作成）

```
1   'use strict';
2
3   const { Contract } = require('fabric-contract-api');
4
5   class Counter extends Contract {
6       // カウンタ情報の初期設定処理を行う
7       async initLedger(ctx) {
8           // 初期データの投入
9           const counters = ['Office Worker', 'Home Worker', 'Student'];
10          for (const counter of counters) {
11              await this.addCounter(ctx, [counter]);
12          }
13          // putState()した値は、同一トランザクション内でgetState()で取得できないため、
14          // addCounter内でkeyListの更新が正常に動作しない
15          // これを回避するため、initLedgerではサンプルデータのkeyListを直接StateDBに登録
16          await ctx.stub.putState('keyList', Buffer.from(JSON.stringify(counters)));
17      }
18      // 新規にカウンタを作成する
19      async addCounter(ctx, args) {
20          const key = args[0].toString();
21          // カウンタ情報をStateDBに保存する
22          await ctx.stub.putState(key, Buffer.from(String(0)));
23          // keyListを取得し、新しいkeyを追加する
```

```
24            const keyListBytes = await ctx.stub.getState('keyList');
25            let keyList = [];
26            if (keyListBytes.length) {
27                keyList = JSON.parse(keyListBytes.toString());
28            }
29            keyList.push(key);
30            // カウンタリストをStateDBに保存する
31            await ctx.stub.putState('keyList', Buffer.from(JSON.stringify(keyList)));
32        }
33        // カウンタ情報を更新する
34        async countUp(ctx, args) {
35            const key = args.toString();
36            // カウンタ情報を取得し、countsに1を加算する
37            const counterBytes = await ctx.stub.getState(key);
38            let counts = parseInt(counterBytes.toString());
39            counts++;
40            // 加算したカウンタ情報をStateDBに保存する
41            await ctx.stub.putState(key, Buffer.from(String(counts)));
42        }
43        // すべてのカウンタ情報を取得する
44        async getCounters(ctx) {
45            let counterList = [];
46            // keyListを取得する
47            const keyListBytes = await ctx.stub.getState('keyList');
48            if (!keyListBytes.length) {
49                return counterList;
50            }
51            const keyList = JSON.parse(keyListBytes.toString());
52            // カウンタ情報を生成する
53            for (const key of keyList) {
54                const counterBytes = await ctx.stub.getState(key);
55                counterList.push({
56                    "key": key,
57                    "value": counterBytes.toString()
58                });
59            }
60            return counterList;
61        }
62    };
63
64    const contracts = [Counter];
65    module.exports = {
66        contracts
67    }
```

同じ場所に、Node.js の設定ファイルを次のとおりに作成します。

リスト 15　Node.js の設定ファイル [package.json]（新規作成）

```
1    {
2      "name": "counter",
3      "version": "1.0.0",
4      "description": "node-js version of counter chaincode",
5      "main": "counter.js",
6      "scripts": {
7        "start": "fabric-chaincode-node start"
8      },
9      "author": "",
10     "license": "Apache-2.0",
11     "dependencies": {
12       "fabric-contract-api": "1.4.1",
13       "fabric-shim": "1.4.1"
14     }
15   }
```

3.3 AP サーバ機能の作成

Fabric SDK を使って、チェーンコードを実行する AP サーバ機能を作成します。

作業ディレクトリ内に「api」ディレクトリを作成したのち、プログラムを配置します。bc accessor.js と helper.js、invoke-transaction.js、package.json を新規に作成し、query.js は、Fabric フォルダからコピーして編集します。

リスト 16　作業ディレクトリの作成

```
mkdir ~/chapter15/api
cd ~/chapter15/api
```

リスト 17　ソースコード（JavaScript）[bc_accessor.js]（新規作成）

```
1    'use strict';
2
3    // Fabric SDKの設定ファイル読み込み
4    require('./config.js');
5
6    // 外部ライブラリ参照宣言
7    const helper = require('./helper.js');
```

```
8    const invoke = require('./invoke-transaction.js');
9    const query = require('./query.js');
10
11   // 管理者ユーザ
12   const ADMIN_USER = 'admin';
13   // 操作対象Organization (org)
14   const ORG_NAME = 'Org1';
15   // 操作対象Channel
16   const CHANNEL_NAME = 'mychannel';
17   // 操作対象チェーンコード名
18   const CHAIN_CODE_NAME = 'counter';
19   // Query処理の接続先Peer
20   const PEER_NAME = 'peer0.org1.example.com';
21   // Invoke処理の接続先Peer
22   const PEER_NAMES = ['peer0.org1.example.com', 'peer0.org2.example.com'];
23
24   /**
25    * ログイン
26    * @param  {object} args ユーザ情報
27    * @return  {object} response 認証結果の真偽値
28    */
29   const login = async (args) => {
30       const userName = args.id;
31       const response = {
32           result: false
33       };
34       // ユーザ認証（初回ログオンはユーザ作成/エンロールを行う）
35       // ユーザ認証成功時は戻り値なし
36       const res = await helper.getRegisteredUser(userName, ORG_NAME);
37       if (!res) {
38           // ユーザ認証成功
39           response.result = true;
40       } else {
41           // ユーザ認証失敗
42           throw new Error(res);
43       }
44       return response;
45   };
46   /**
47    * カウンタリストの取得
48    * @param  {object} reqArgs ユーザ情報
49    * @return  {list[object]} response カウンタリスト
50    */
```

```
51  const getList = async (reqArgs) => {
52      const userName = reqArgs.id;
53      const args = '';
54      const fcn = 'getCounters';
55      // Queryチェーンコードを同期呼び出し
56      let res = await query.queryChaincode(CHANNEL_NAME, CHAIN_CODE_NAME, args, fcn,
    userName);
57      res = JSON.parse(res.toString('utf8'));
58      const response = {
59          list: [],
60      };
61      for (const counter of res) {
62          response.list.push({
63              name: counter.key,
64              value: counter.value,
65          });
66      }
67      return response;
68  }
69  // カウントアップ
70  /**
71   * @param  {object} reqArgs  ユーザ情報、カウントアップ対象カウンタ名
72   */
73  const putCount = async (reqArgs) => {
74      const userName = reqArgs.id;
75      const args = reqArgs.name;
76      const fcn = 'countUp';
77      // Invokeチェーンコードを同期呼び出し
78      await invoke.invokeChaincode(CHANNEL_NAME, CHAIN_CODE_NAME, fcn, args, userName);
79      return {};
80  }
81  // ブロックリストの取得
82  /**
83   * @param  {object} reqArgs 取得開始ブロック行番号、取得行数
84   * @return  {list[object]} response カウンタリスト
85   */
86  const getBlocks = async (reqArgs) => {
87      const response = {
88          headerList: ['Block Number', 'BlockHash', 'TxHeaders'],
89          recordList: [],
90      };
91      const start = parseInt(reqArgs.start);
92      let end = parseInt(start) + parseInt(reqArgs.row) - 1;
```

```
93      // ブロックチェーン情報を取得
94      const res = await query.getChainInfo(PEER_NAME, CHANNEL_NAME, ADMIN_USER, ORG_NAME);
95      const height = res.height - 1;
96      end = end > height ? height : end;
97      for (let i = start; i <= end; i++) {
98          // ブロック情報を取得
99          const blockData = await query.getBlockByNumber(PEER_NAME, CHANNEL_NAME, i, ADMIN_
    USER, ORG_NAME);
100         // 取得したブロック情報からトランザクションを抽出
101         // ブロック情報の構造はこちら参照
102         // https://fabric-sdk-node.github.io/global.html#Block
103         if (blockData.data.data.legnth !== 0) {
104             const txsData = [];
105             for (const transaction of blockData.data.data) {
106                 // 抽出したトランザクションのヘッダ情報を取得
107                 txsData.push(transaction.payload.header.channel_header);
108             }
109             const data = [
110                 i,
111                 blockData.header.data_hash.toString(),
112                 JSON.stringify(txsData)
113             ];
114             response.recordList.push(data);
115         } else {
116             const data = [
117                 i,
118                 '',
119                 ''
120             ];
121             response.recordList.push(data);
122         }
123     }
124     return response;
125 }
126
127 module.exports = {
128     login, getList, putCount, getBlocks
129 };
```

リスト 18　ソースコード (JavaScript) [helper.js] (新規作成)

```
1   'use strict';
2
3   // 各種必要なパッケージをインポート
4   const log4js = require('log4js');
5   const logger = log4js.getLogger('Helper');
6   logger.setLevel('DEBUG');
7   const path = require('path');
8   const fs = require('fs');
9   const util = require('util');
10  const hfc = require('fabric-client');
11  hfc.setLogger(logger);
12  const yaml = require('js-yaml');
13  const {
14      FileSystemWallet,
15      Gateway,
16      X509WalletMixin
17  } = require('fabric-network');
18
19  //接続するブロックチェーンネットワークの情報が書かれた connection プロファイルを指定
20  const ccpPath = path.resolve(__dirname, '..', '..', 'chapter15', 'api', 'network-config.
    yaml');
21  const ccpYaml = fs.readFileSync(ccpPath, 'utf8');
22  const ccp = yaml.safeLoad(ccpYaml);
23
24  const getClientForOrg = async (userorg, username) => {
25      // configを読み込み、クライアントインスタンスを取得
26      const config = '-connection-profile-path';
27      const client = hfc.loadFromConfig(hfc.getConfigSetting('network' + config));
28      client.loadFromConfig(hfc.getConfigSetting(userorg + config));
29      // StateストアおよびCryptoストアを初期化
30      await client.initCredentialStores();
31      if (username) {
32          // 対象のユーザコンテキストを取得
33          const user = await client.getUserContext(username, true);
34          // コンテキストが取得できなければ、エラーを返却
35          if (!user) {
36              throw new Error(util.format('User was not found :', username));
37          }
38      }
39      return client;
40  }
41
```

```
42 const getFabricNetwork = async (channelName, username) => {
43     try {
44         // ユーザの鍵や証明書が格納されているディレクトリインスタンスを取得
45         const wallet = await getWallet('wallet');
46         // ユーザチェック
47         const userExists = await wallet.exists(username);
48         if (!userExists) {
49             return;
50         }
51         // ブロックチェーンネットワークに接続
52         const gateway = new Gateway();
53         await gateway.connect(ccp, {
54             wallet,
55             identity: username,
56             discovery: {
57                 enabled: false
58             }
59         });
60         // 対象のFabricネットワークインスタンスを取得
61         return await gateway.getNetwork(channelName);
62     } catch (error) {
63         process.exit(1);
64     }
65 }
66 
67 const getRegisteredUser = async (username, userOrg) => {
68     try {
69         // Fabricクライアントインスタンスを取得
70         const client = await getClientForOrg(userOrg);
71         // ユーザコンテキストを取得
72         const user = await client.getUserContext(username, true);
73         // ユーザがenroll済みかを確認
74         if (!(user && user.isEnrolled())) {
75             // configファイルからadminsの設定情報を取得
76             const admins = hfc.getConfigSetting('admins');
77             // adminのユーザネームとパスワードからユーザコンテキストを生成し、
78             // それをクライアントインスタンスに設定
79             const adminUserObj = await client.setUserContext({
80                 username: admins[0].username,
81                 password: admins[0].secret
82             });
83             // ロードされているネットワークとクライアント構成の設定で定義されているCAを取得
84             const caClient = client.getCertificateAuthority();
```

```
85              // CAから証明書を取得
86              const secret = await caClient.register({
87                  enrollmentID: username,
88                  affiliation: userOrg.toLowerCase() + '.department1'
89              }, adminUserObj);
90              // enroll実行
91              const enrollment = await caClient.enroll({
92                  enrollmentID: username,
93                  enrollmentSecret: secret
94              });
95              // ユーザの鍵や証明書が格納されるディレクトリインスタンスを取得
96              const wallet = await getWallet('wallet');
97              // X509資格情報を使用してIDオブジェクトを作成
98              const userIdentity = X509WalletMixin.createIdentity('Org1MSP', enrollment.
    certificate, enrollment.key.toBytes());
99              // walletにIDオブジェクトを格納
100             await wallet.import(username, userIdentity);
101         }
102     } catch (error) {
103         return 'failed ' + error.toString();
104     }
105 };
106 
107 const getWallet = async (walletName) => {
108     // ユーザの鍵や証明書が格納されているディレクトリを設定
109     const walletPath = path.join(process.cwd(), walletName);
110     return  new FileSystemWallet(walletPath);
111 }
112 
113 const getLogger = (moduleName) => {
114     // ログ出力レベルの設定
115     const logger = log4js.getLogger(moduleName);
116     logger.setLevel('DEBUG');
117     return logger;
118 };
119 
120 module.exports = {
121     getClientForOrg, getFabricNetwork, getLogger, getRegisteredUser
122 }
```

リスト19　ソースコード（JavaScript）[invoke-transaction.js]（新規作成）

```
1    'use strict';
2
3    const helper = require('./helper.js');
4
5    const invokeChaincode = async (channelName, chaincodeName, fcn, args, username) => {
6        try {
7            // Fabricネットワークへのアクセス
8            const fabricNetwork = await helper.getFabricNetwork(channelName, username);
9
10           // ネットワークからコントラクトを取得
11           const contract = fabricNetwork.getContract(chaincodeName);
12
13           // トランザクション送信
14           await contract.submitTransaction(fcn, args);
15       } catch (error) {
16           console.error(`Failed to invoke transaction: ${error}`);
17       }
18   };
19
20   module.exports = {
21       invokeChaincode
22   }
```

query.jsはそのままだと使いにくいため、若干編集します。

リスト20　query.jsのコピー

```
cp ../fabric-samples/balance-transfer/app/query.js ./
```

query.jsの20行目から61行目を修正します。

リスト21-1　query.jsの修正（修正前）

```
20   var queryChaincode = async function(peer, channelName, chaincodeName, args, fcn, username,
     org_name) {
21           let client = null;
22           let channel = null;
23           try {
24                   // first setup the client for this org
25                   client = await helper.getClientForOrg(org_name, username);
```

```
26                    logger.debug('Successfully got the fabric client for the organization
    "%s"', org_name);
27                    channel = client.getChannel(channelName);
28                    if(!channel) {
29                            let message = util.format('Channel %s was not defined in the
    connection profile', channelName);
30                            logger.error(message);
31                            throw new Error(message);
32                    }
33
34                    // send query
35                    var request = {
36                            targets : [peer], //queryByChaincode allows for multiple targets
37                            chaincodeId: chaincodeName,
38                            fcn: fcn,
39                            args: args
40                    };
41                    let response_payloads = await channel.queryByChaincode(request);
42                    if (response_payloads) {
43                            for (let i = 0; i < response_payloads.length; i++) {
44                                    logger.info(args[0]+' now has ' + response_payloads[i].
    toString('utf8') +
45                                            ' after the move');
46                            }
47                            return args[0]+' now has ' + response_payloads[0].toString('utf8') +
48                                    ' after the move';
49                    } else {
50                            logger.error('response_payloads is null');
51                            return 'response_payloads is null';
52                    }
53            } catch(error) {
54                    logger.error('Failed to query due to error: ' + error.stack ? error.stack :
    error);
55                    return error.toString();
56            } finally {
57                    if (channel) {
58                            channel.close();
59                    }
60            }
61    };
```

リスト 21-2 query.js の修正（修正後）

```
20  const queryChaincode = async (channelName, chaincodeName, args, fcn, username) => {
21          try {
22                  // Fabricネットワークへのアクセス
23                  const fabricNetwork = await helper.getFabricNetwork(channelName,
    username);
24                  // ネットワークからコントラクトを取得
25                  const contract = fabricNetwork.getContract(chaincodeName);
26                  // 参照系トランザクションの実行
27                  return await contract.evaluateTransaction(fcn, args);
28          } catch (error) {
29                  logger.error(`Failed to evaluate transaction: ${error}`);
30          }
31  };
```

リスト 22 Node.js の設定ファイルの作成 [package.json]（新規作成）

```
1   {
2     "name": "fabric-sample-project",
3     "version": "1.0.0",
4     "description": "",
5     "main": "../../common/api/app.js",
6     "scripts": {
7       "test": "echo \"Error: no test specified\" && exit 1",
8       "start": "node ./node_modules/common/app.js"
9     },
10    "dependencies": {
11      "common": "file:../../common/api",
12      "fabric-ca-client": "1.4.1",
13      "fabric-client": "1.4.1",
14      "fabric-network": "1.4.1",
15      "js-yaml": "3.12.1",
16      "log4js": "0.6.38"
17    },
18    "devDependencies": {},
19    "author": "",
20    "license": "ISC"
21  }
```

次に、サンプルアプリケーション実行環境用に設定ファイルの複製・修正を行います。

リスト23 config.js のコピー

```
cp ../fabric-samples/balance-transfer/config.js ./
```

リスト24-1 config.js の修正（14〜16行目、修正前）

```
14  hfc.setConfigSetting('network-connection-profile-path',path.join(__dirname, 'artifacts'
    ,file));
15  hfc.setConfigSetting('Org1-connection-profile-path',path.join(__dirname, 'artifacts',
    'org1.yaml'));
16  hfc.setConfigSetting('Org2-connection-profile-path',path.join(__dirname, 'artifacts',
    'org2.yaml'));
```

リスト24-2 config.js の修正（14〜16行目、修正後）

```
14  hfc.setConfigSetting('network-connection-profile-path', path.join(__dirname, file));
15  hfc.setConfigSetting('Org1-connection-profile-path', path.join(__dirname, 'org1.yaml'));
16  hfc.setConfigSetting('Org2-connection-profile-path', path.join(__dirname, 'org2.yaml'));
```

リスト25 config.json のコピー

```
cp ../fabric-samples/balance-transfer/config.json ./
```

リスト26 org1.yaml のコピー

```
cp ../fabric-samples/balance-transfer/artifacts/org1.yaml ./
```

リスト27 org2.yaml のコピー

```
cp ../fabric-samples/balance-transfer/artifacts/org2.yaml ./
```

次に、Fabric ネットワークの設定ファイルをコピーして編集します。まず、証明書のパス情報が必要なため、以下の結果にある①と②をメモしておきます。

リスト28 Org1 Peer の証明書

```
ls ../fabric-samples/first-network/crypto-\
config/peerOrganizations/org1.example.com/users/Admin@org1.example.com/msp/keystore
```

結果：(値は環境によって変わる)

```
b1bb66d9937c7384dfaf824106dd9696c7344b169743f87af713ed10dbe0b90a_sk  ・・・①
```

リスト 29 Org2 Peer の証明書

```
ls ../fabric-samples/first-network/crypto-\
config/peerOrganizations/org2.example.com/users/Admin@org2.example.com/msp/keystore
```

結果：(値は環境によって変わる)

```
75ac69aa6ac29ac335f3e41f04800508008f1634e71d2c20cdc55b470363fb32_sk  ・・・②
```

ネットワーク設定ファイルをコピーして編集します。

リスト 30 network-config.yaml のコピー

```
cp ../fabric-samples/balance-transfer/artifacts/network-config.yaml ./
```

リスト 31 パスの一括置換

```
sed -i 's!artifacts/channel!../fabric-samples/first-network!' network-config.yaml
```

続いて、network-config.yaml の 123 行目を org1 の証明書（①）に、140 行目を org2 の証明書（②）に上書きします。

リスト 32-1 network-config.yaml の編集（123 行目、140 行目の修正前）

```
123  path: ../fabric-samples/first-network/crypto-config/peerOrganizations/org1.example.com/
     users/Admin@org1.example.com/msp/keystore/5890f0061619c06fb29dea8cb304edecc020fe63f41a6db
     109f1e227cc1cb2a8_sk
140  path: ../fabric-samples/first-network/crypto-config/peerOrganizations/org2.example.com/
     users/Admin@org2.example.com/msp/keystore/ b22b12c33938783fec59805064fba93c83b7737335305c
     65b8de68e53f8ea291_sk
```

リスト 32-2 network-config.yaml の編集（123 行目、140 行目の修正後）

```
123  path: ../fabric-samples/first-network/crypto-config/peerOrganizations/org1.example.com/
     users/Admin@org1.example.com/msp/keystore/ b1bb66d9937c7384dfaf824106dd9696c7344b169743f8
     7af713ed10dbe0b90a_sk
140  path: ../fabric-samples/first-network/crypto-config/peerOrganizations/org2.example.com/
     users/Admin@org2.example.com/msp/keystore/ 75ac69aa6ac29ac335f3e41f04800508008f1634e71d2c
     20cdc55b470363fb32_sk
```

network-config.yamlの169行目を修正します。

リスト32-3　network-config.yamlの編集（169行目の修正前）

```
169
```

リスト32-4　network-config.yamlの編集（169行目の修正後）

```
169  eventUrl: grpcs://localhost:7053
```

network-config.yamlの183行目を修正し、行を追加します。

リスト32-5　network-config.yamlの編集（183行目の修正前）

```
183  url: grpcs://localhost:8051
```

リスト32-6　network-config.yamlの編集（183行目の修正後）

```
183  url: grpcs://localhost:9051
ADD  eventUrl: grpcs://localhost:9053
```

次に、Docker-Composeの設定ファイルを作成します。

リスト33　Org1 CAの証明書

```
cd ~/chapter15/fabric-samples/first-network

ls crypto-config/peerOrganizations/org1.example.com/ca/*sk
```

Org1 CAの証明書のパス情報を、③としてメモしておきます。

結果：

```
e66e5abf6ef8131be01947138cbc3d2b11d07870e3a2fd8795636a8832793668_sk  ・・・③
```

リスト34　Org2 CAの証明書

```
ls crypto-config/peerOrganizations/org2.example.com/ca/*sk
```

Org2 CAの証明書のパス情報を、④としてメモしておきます。

結果：

```
1d9dae9e97f64454a0709992de6a9d09375995b2bf1de38194fbbd457517b396_sk  ・・・④
```

docker-compose-e2e-counter.yaml ファイルを作成し、編集します。

リスト 35 docker-compose-e2e-counter.yaml のコピー

```
cp ./docker-compose-e2e-template.yaml ./docker-compose-e2e-counter.yaml
```

docker-compose-e2e-counter.yaml の 25 行目と 28 行目を、org1 の CA 証明書（③）で上書きします。

リスト 36-1 docker-compose-e2e-counter.yaml の編集（25 行目と 28 行目、修正前）

```
25  - FABRIC_CA_SERVER_TLS_KEYFILE=/etc/hyperledger/fabric-ca-server-config/CA1_PRIVATE_KEY
28  command: sh -c 'fabric-ca-server start --ca.certfile /etc/hyperledger/fabric-ca-server-
    config/ca.org1.example.com-cert.pem --ca.keyfile /etc/hyperledger/fabric-ca-server-
    config/CA1_PRIVATE_KEY -b admin:adminpw -d'
```

リスト 36-2 docker-compose-e2e-counter.yaml の編集（25 行目と 28 行目、修正後）

```
25  - FABRIC_CA_SERVER_TLS_KEYFILE=/etc/hyperledger/fabric-ca-server-config/e66e5abf6ef8131be
    01947138cbc3d2b11d07870e3a2fd8795636a8832793668_sk
28  command: sh -c 'fabric-ca-server start --ca.certfile /etc/hyperledger/fabric-ca-
    server-config/ca.org1.example.com-cert.pem --ca.keyfile /etc/hyperledger/fabric-ca-
    server-config/e66e5abf6ef8131be01947138cbc3d2b11d07870e3a2fd8795636a8832793668_sk -b
    admin:adminpw -d'
```

docker-compose-e2e-counter.yaml の 42 行目と 45 行目を、org2 の CA 証明書（④）で上書きします。

リスト 36-3 docker-compose-e2e-counter.yaml の編集（42 行目と 45 行目、修正前）

```
42  - FABRIC_CA_SERVER_TLS_KEYFILE=/etc/hyperledger/fabric-ca-server-config/CA2_PRIVATE_KEY
45  command: sh -c 'fabric-ca-server start --ca.certfile /etc/hyperledger/fabric-ca-server-
    config/ca.org2.example.com-cert.pem --ca.keyfile /etc/hyperledger/fabric-ca-server-
    config/CA2_PRIVATE_KEY -b admin:adminpw -d'
```

リスト 36-4 docker-compose-e2e-counter.yaml の編集（42 行目と 45 行目、修正後）

```
42  - FABRIC_CA_SERVER_TLS_KEYFILE=/etc/hyperledger/fabric-ca-server-config/1d9dae9e97f64454a
    0709992de6a9d09375995b2bf1de38194fbbd457517b396_sk
```

```
45  command: sh -c 'fabric-ca-server start --ca.certfile /etc/hyperledger/fabric-ca-server-
    config/ca.org2.example.com-cert.pem --ca.keyfile /etc/hyperledger/fabric-ca-server-config
    /1d9dae9e97f64454a0709992de6a9d09375995b2bf1de38194fbbd457517b396_sk -b admin:adminpw -d'
```

3.4 チェーンコードのインストールとインスタンス化

Fabricネットワークを起動し、「3.2　チェーンコードの作成」で作成したサンプルコードをインストールします。

リスト37　コンテナの起動（peer、orderer、cli）

```
cd ~/chapter15/fabric-samples/first-network
docker-compose -f docker-compose-cli.yaml -f docker-compose-e2e-counter.yaml -f docker-
compose-etcdraft2.yaml up -d
```

結果：

```
Creating peer1.org1.example.com ... done
～中略～
Creating cli                    ... done
```

CLIコンテナからPeerコマンドを使って、Channelの作成を行います。

リスト38　CLIコンテナへのログイン

```
docker exec -it cli /bin/bash
```

リスト39　ユーティリティの読み込み（先頭に"."があることに注意）

```
. scripts/utils.sh
```

リスト40　Channel"mychannel"の作成

```
peer channel create -o orderer.example.com:7050 -c mychannel -f ./channel-artifacts/
channel.tx --tls true --cafile /opt/gopath/src/github.com/hyperledger/fabric/peer/crypto/
ordererOrganizations/example.com/orderers/orderer.example.com/msp/tlscacerts/tlsca.example.
com-cert.pem
```

結果：(末尾のみ)

```
[cli.common] readBlock -> INFO 002 Received block: 0
```

PeerをChannelに参加させるには、環境変数に対象のPeerとOrg名を指定する必要があります。先ほど読み込んだユーティリティのsetGlobalsコマンドを使うと、簡単に切り替えることができます。

リスト41　Org1 Peer0の指定

```
setGlobals 0 1
```

※setGlobals [peer*の*を指定する] [Org*の*を指定する]

リスト42　Org1 Peer0をChannel"mychannel"に参加させる

```
peer channel join -b mychannel.block
```

結果：(末尾のみ)

```
[channelCmd] executeJoin -> INFO 002 Successfully submitted proposal to join channel
```

上記で、Org1のPeer0をChannelに参加させることができました。同様に残り3台を参加させます。

リスト43　Peerの残りをChannelに参加

```
setGlobals 1 1  ・・・Org1 Peer1を参加させる
peer channel join -b mychannel.block
setGlobals 0 2  ・・・Org2 Peer0を参加させる
peer channel join -b mychannel.block
setGlobals 1 2  ・・・Org2 Peer1を参加させる
peer channel join -b mychannel.block
```

インストールは各Orgに対して行う必要があるので、Org1、Org2のそれぞれで実行します。ここでは、チェーンコード名をcounter、バージョンを1.0.4とし、言語をnode（JavaScript）としています。

リスト44　Org1 Peer0にチェーンコード"counter"をインストールする

```
setGlobals 0 1
peer chaincode install -n counter -v 1.0.4 -l node -p /opt/gopath/src/github.com/chaincode/
contract
```

結果：(末尾のみ)

```
[chaincodeCmd] install -> INFO 003 Installed remotely response:<status:200 payload:"OK" >
```

リスト45　Org2 Peer0にチェーンコード"counter"をインストールする

```
setGlobals 0 2
peer chaincode install -n counter -v 1.0.4 -l node -p /opt/gopath/src/github.com/chaincode/
contract/
```

結果：(末尾のみ)

```
[chaincodeCmd] install -> INFO 003 Installed remotely response:<status:200 payload:"OK" >
```

インストールが完了したら、今度はインスタンス化を行います。こちらは1回実行するだけです。

リスト46　チェーンコードのインスタンス化(少し時間がかかる)

```
peer chaincode instantiate -o orderer.example.com:7050 --tls $CORE_PEER_TLS_ENABLED --cafile
$ORDERER_CA -C mychannel -n counter -l node -v 1.0.4 -c '{"Args":[]}'
```

結果：(末尾のみ)

```
[chaincodeCmd] checkChaincodeCmdParams -> INFO 002 Using default vscc
```

リスト47　チェーンコード"counter"が正しくインスタンス化されたかの確認

```
peer chaincode list --instantiated -C mychannel | grep counter
```

結果：

```
Name: counter, Version: 1.0.4, Path: /opt/gopath/src/github.com/chaincode/contract/, Escc:
escc, Vscc: vscc
```

リスト48　初期データ(ユーザ・カウンタの初期値)の登録

```
peer chaincode invoke -o orderer.example.com:7050 --tls $CORE_PEER_TLS_ENABLED --cafile
$ORDERER_CA -C mychannel -n counter -c '{"Args":["initLedger"]}'
```

結果：

```
[chaincodeCmd] chaincodeInvokeOrQuery -> INFO 001 Chaincode invoke successful. result:
status:200
```

リスト 49　CLI コンテナからのログオフ

```
exit
```

3.5 サンプルアプリケーションの実行

それでは、サンプルアプリケーションを動かしてみましょう。「付録 3.3　共通部品の作成（カウンタ画面）」「付録 3.4　共通部品の作成（モニタリング画面）」に従って、画面資材とサーバアプリケーションを作成してください。作成完了後、Node.js のパッケージをインストールします。

リスト 50　Node.js のパッケージインストール

```
cd ~/chapter15/api
npm install
```

次に、作成したアプリケーションを起動します。

リスト 51　アプリケーションの起動

```
npm start
```

AP サーバ起動後、ホスト OS から Web ブラウザで http://localhost:3000 にアクセスしてみましょう。ログイン画面が表示されれば成功です。

初回ログイン時に、ユーザ名とパスワード（双方とも任意の半角英数字）を入力して CA にエンロール（登録）します。カウントアップ機能で、Fabric 内で Invoke 処理（Org1/Org2 の各 Peer 間でエンドースメントが行われ、Orderering Service によるブロックの生成）が実行されます。

画面更新機能では Query 処理が行われ、台帳の照会結果を参照できます。モニタリング画面（http://localhost:3000/monitor.html）の動作確認を含め、画面操作方法については付録を参照してください。

最後に全コンテナを停止してください。

リスト52 全コンテナの停止（初期化）

```
docker-compose -f docker-compose-cli.yaml -f docker-compose-e2e-counter.yaml -f docker-
compose-etcdraft2.yaml down
```

なお、環境を初期化したくない場合には、付録にある「docker-compose stop」を使用します。

リスト53 全コンテナの一時停止

```
docker-compose -f docker-compose-cli.yaml -f docker-compose-e2e-counter.yaml -f docker-
compose-etcdraft2.yaml stop
```

第16章 Corda

Corda は、エンタープライズ向けのブロックチェーン基盤であり、限定したノード間での情報共有を特徴としています。世界中の金融機関が参加する R3 コンソーシアムにおいて、金融分野で活用可能なように開発されました。信頼された参加者同士が直接情報連携を行う点で、他のブロックチェーンとは異なるアプローチで設計されています。そのため R3 の開発者は、「Corda はブロックチェーンではない」とまで言っています。
しかしながら、本書では様々なブロックチェーンを機能的に比較し、それぞれの特徴を明らかにするため、多くの実証実験で採用されている Corda を紹介したいと思います。本章では、Corda の概要と各コンポーネントの役割を説明した後、サンプルアプリケーションの実行と、Corda のスマートコントラクトである CorDapp の作成を通じて、Corda のアプリケーション開発を体験します。

1 Cordaの概要

1.1 R3とCorda

Cordaの開発元であるR3（R3CEV LLC）社は、分散台帳技術を開発する企業です。R3社はDavid Rutter氏によって2014年に設立され、本社はニューヨーク市にあります。2015年9月には、金融システムにおける分散台帳技術の活用を検討する目的でR3コンソーシアムが発足し、70社以上の金融機関が参加するまでに成長しました。代表的なメンバは、バークレイズ、ゴールドマンサックス、BBVA、JPモルガン、モルガン・スタンレー、バンク・オブ・アメリカなどで、日本からは三菱UFJフィナンシャルグループ、三井住友銀行、みずほ銀行、SBIホールディングスなどが参加[注1]しています。

Cordaはパーミッション型の分散台帳基盤です。ブロックチェーン技術の特性を備えた金融取引特化型のプラットフォームとして開発されました。

ビットコインに代表される従来のブロックチェーンでは、すべてのトランザクションがすべての参加者で共有され、相互検証を行う前提でした。しかし企業間の取引には、「直接取引を行う相手以外には情報を公開したくない」というニーズがあります。Cordaにおける情報共有は、基本的に2者間で直接トランザクションを送り合うことで行い、「知る必要のある範囲で共有する」という形式をとっています。

R3コンソーシアムは当初、ブロックチェーン技術を活用し、銀行間送金を含む、すべての銀行業を包含した金融システムにおけるデータ管理の効率化やコスト削減などを目指していました。しかし、2017年2月に、「ブロックチェーンを国際送金に適用するには、スケーラビリティやパフォーマンスの面で限界がある」とし、自社プロダクトへのブロックチェーンの適用を断念しました[注2]。とは言え、ブロックチェーンの概念を残した分散型台帳技術の研究は継続しているようです。

Cordaはそのような検討経緯を辿っているため、ブロックチェーン基盤としては様々な意味で特殊な形態になっていると言えます。

注1　2016年には、ブロックチェーンに関するスタンスの違いから、ゴールドマンサックス、モルガン・スタンレー、JPモルガンなど数社が脱退しています。

注2　https://cointelegraph.com/news/we-dont-need-blockchain-r3-consortium-after-59-million-research

1.2 Cordaの特徴

Cordaの最も大きな特徴は、「当事者間に限定した情報共有」を基本としていることです。取引に関わる当事者の間で、署名付きトランザクションを相互に交換して情報を共有します。一般的なブロックチェーン基盤と異なり、トランザクションのブロードキャストは行いません。ただし、二重取引を防止してトランザクションの一意性を担保するNotary（ノータリー）や、改ざん防止のためのトランザクションハッシュチェーン（ブロックではなくトランザクション単位で構成）、UTXO形式で記録されるレコードなど、多くの点でブロックチェーンと共通する特徴を有しています。

1.3 Cordaネットワークの構成要素

Cordaのネットワークは、図1のような構成となっています。各種の構成要素を順に説明していきます。

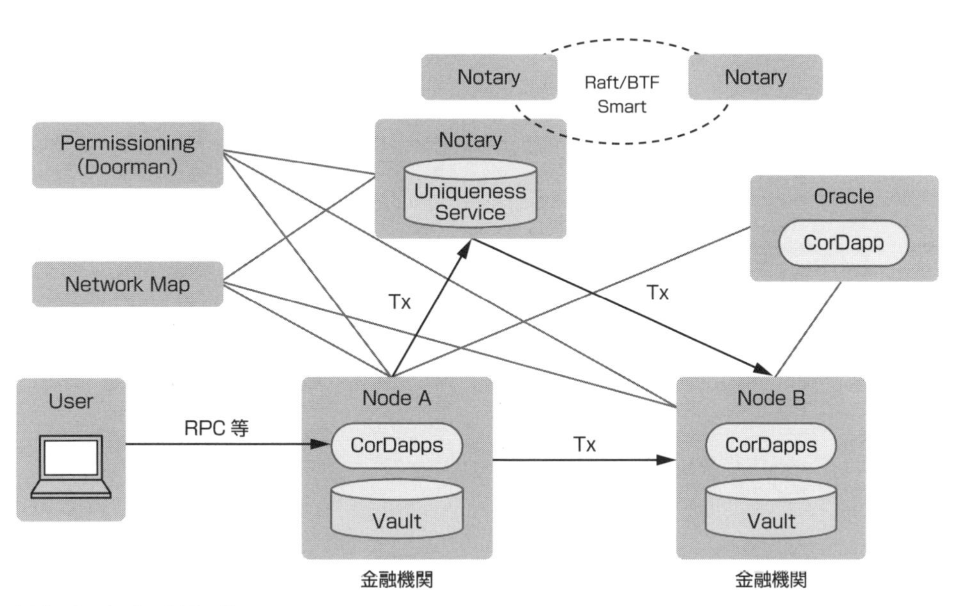

図1 Cordaネットワーク

Node

NodeはCordaの主な構成要素であり、各金融機関が保有します。その役割は、関係者間でのトランザクションの受け渡しと、分散台帳（Vault）の維持管理です。実態は、CordaサービスをホストするJVM（Java Virtual Machine）であり、Cordaの分散アプリケーションであるCorDappの実行環境を提供しています。また、Cordaネットワーク外との接続ポイントにもなっており、金融機関が提供するサービスをスマートコントラクトであるCorDappとして、RPC等を介して利用者に提供することもできます。

Notary Service

トランザクションの一意性をチェックし、二重実行を防止する役割を担っています。Nodeが発行したトランザクションに指定された入力情報が消費済みでない（いまだ利用されていない）ことを確認し、署名を付与します。また、Notaryは複数設置することが可能です。

Network permissioning (Doorman)

Cordaネットワークへの参加を希望するNodeに対して、参加資格を提供します。NodeがCordaネットワークに参加するためには、Doormanに対して必要な情報を提供し、許可を得る必要があります。許可されたNodeはDoormanからTLS証明書を取得し、他の参加者との通信を開始することができます。

Network Map

Cordaネットワークに参加しているNodeの名前とネットワークロケーションを管理しています。Nodeが他のNodeへ直接通信する際に参照されます。

Oracle Service

トランザクションに含まれる外部リソース情報の正当性を保証します。Nodeが発行したトランザクションに外部リソース情報が含まれるとき、事実の確認を行い、トランザクションの一部に署名を付与します。また、外部リソース情報そのものを提供することもあります。例えば、為替情報を参照する処理などが考えられます。

1.4　台帳の正当性

Cordaにおける台帳の正当性は、「Validityコンセンサス」と「Uniquenessコンセンサス」によって保証されています。

Validityコンセンサス

トランザクションの有効性に関与するコンセンサスです。取引の当事者間でトランザクションの検証ロジックを実行し、相互に署名することで、トランザクションの有効性について合意します。

Uniquenessコンセンサス

トランザクションの一意性に関与するコンセンサスです。CordaのトランザクションのUTXO

であるため、同じ入力情報を指定したトランザクションは、ネットワーク全体で一意である必要があります。

一般的なブロックチェーンでは、トランザクションはブロードキャストされるため、参加者全員がトランザクションの一意性を確認することができます。しかし、Cordaは限定された当事者間でしかトランザクションを共有しないため、トランザクションの一意性を保証する仕組みが必要になります。そこでCordaでは、Notary（公証人）という役割を持つコンポーネントがトランザクションの一意性を一元的に確認し、署名を付与することによって保証しています。

なお、Notaryを複数の運営主体で構成する場合は、Notary同士でもコンセンサスが必要になります。Notary間のコンセンサスアルゴリズムについては、Raftもしくは、ビザンチン障害耐性のあるBFT Smartを選択することができます。

1.5 台帳の共有

Cordaの台帳情報（Vault）は、参加者自身が関係する情報のみ格納されています。各ノードが持つ台帳情報は、当事者間の合意のもと同じであることがValidityコンセンサスにより保障され、また、Uniquenessコンセンサスにより一意であることが保証されています。

Cordaでは台帳情報が関係者間で閉じられている反面、いわゆる通常のブロックチェーンのように、すべての記録を保持することができません。そのような台帳を作るためには、意図的にトランザクションをやり取りする当事者間に、情報を共有したいメンバを入れておく必要があります。

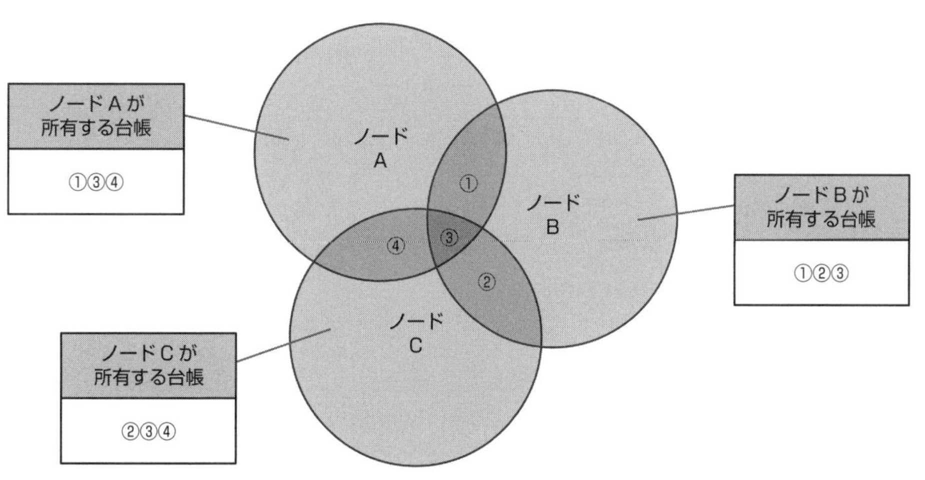

図2 台帳の共有

1.6 Cordaのトランザクション

CordaのトランザクションはStateを扱います。Stateとは台帳間で共有する資産情報であり、その名のとおり「状態」を持ちます。実体はJavaのオブジェクトです。

Stateは不変であり、一度使用されたStateは新しいStateに置き換えられます。この一連の流れはビットコインのデータモデルであるUTXOモデルで表現されており、状態は分散台帳（Vault）に記録されます。

UTXOは入力情報（Input）となるStateと出力情報（Output）となるStateで構成され、Outputとなった State は次のトランザクションの Input として使用されます。

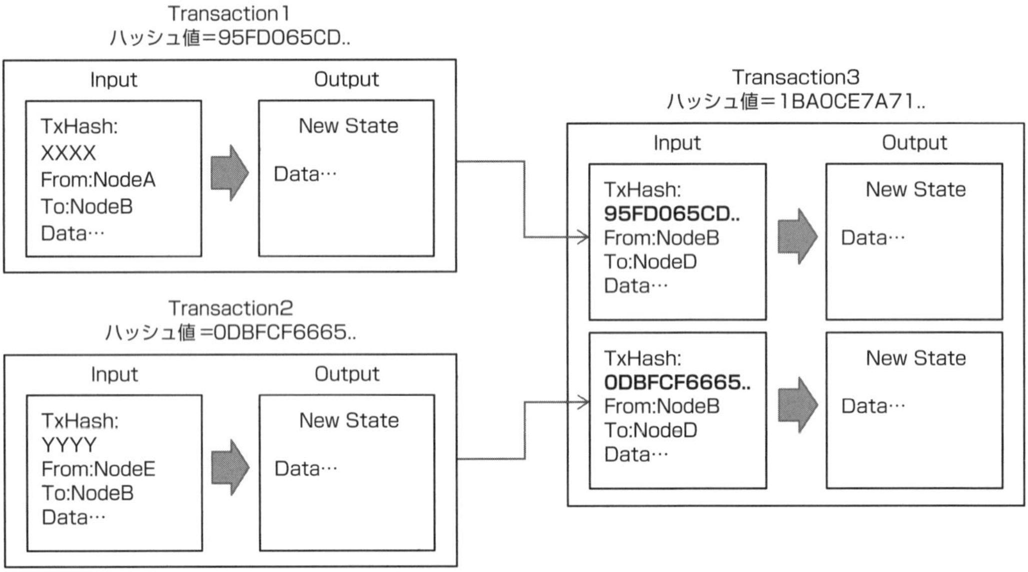

Transaction1
ハッシュ値=95FD065CD..
Input
TxHash:
XXXX
From:NodeA
To:NodeB
Data…
Output
New State
Data…

Transaction2
ハッシュ値=0DBFCF6665..
Input
TxHash:
YYYY
From:NodeE
To:NodeB
Data…
Output
New State
Data…

Transaction3
ハッシュ値=1BA0CE7A71..
Input
TxHash:
95FD065CD..
From:NodeB
To:NodeD
Data…
TxHash:
0DBFCF6665..
From:NodeB
To:NodeD
Data…
Output
New State
Data…
New State
Data…

図3　Cordaのトランザクション（UTXOモデル）

2 Corda を動かす

ここからは、Corda の動かし方を説明していきます。まずは本節を「基本編」と位置付け、サンプルプログラムの実行を通して、Corda の基本的な操作方法を説明します。次節の「応用編」では、独自の CorDapp を作成するほか、CorDapp と連携する簡単な Web アプリケーションを作成します。

サンプルプログラムの実行には、下記の環境が必要となります。実行環境は、付録に記載した仮想化環境を構築し動かすことを想定しています。なお、関連するプログラム群を取得するために、インターネット接続環境も必要となります。

必要なアプリケーション

- OpenJDK version 1.8.0_171 以上

必要なハードウェアスペック

- CPU：Intel Core i5-6500 Processor (6M Cache、3.20 GHz) と同等以上
- メモリ：8GB 以上 (ゲスト OS のメインメモリに 4.0GB を設定)

ポートフォワーディングの設定

付録の 1.2 項で設定したポートフォワーディング設定に加え、表 1 の設定を追加してください。

表 1　ポートフォワーディング設定

プロトコル	ホストポート	ゲストポート
TCP	10007	10007
TCP	10009	10009
TCP	10010	10010
TCP	10012	10012
TCP	10015	10015

本章では、ホスト OS のポート 3022、10007、10009、10010、10012、10015 を使用します。

2.1 実行環境のセットアップ

本書では、ホームディレクトリ直下にブロックチェーン基盤製品ごとの作業用ディレクトリを作成[注3]し、そこを起点に以降の処理を行っていきます。

作業ディレクトリを作成後、サンプルプログラム実行に必要なソフトウェアをインストールします[注4]。Corda ネットワークを構成するノードは、Ubuntu を OS とするマシン上で動作します。

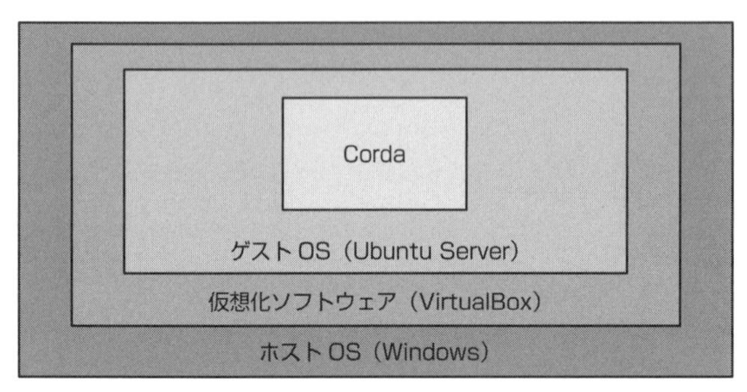

図4　本章の環境構成

リスト1　作業ディレクトリの作成

```
$ mkdir ~/chapter16
$ cd ~/chapter16
```

リスト2　パッケージリストの更新

```
$ sudo apt update
```

リスト3　JDK のインストール

```
$ sudo apt install -y openjdk-8-jdk:amd64
```

リスト4　JDK のインストール確認

```
$ java -version
```

結果：

```
openjdk version "1.8.0_212"
```

注3　作業用ディレクトリの作成については、本書の付録を参照してください。

注4　公式環境構築手順（https://docs.corda.net/getting-set-up.html）も参照してください。

```
OpenJDK Runtime Environment (build 1.8.0_212-8u212-b03-0ubuntu1.18.04.1-b03)
OpenJDK 64-Bit Server VM (build 25.212-b03, mixed mode)
```

JDKのバージョンについて、Corda v3.3が要求する1.8.0_171以上となっていることを確認します。

2.2 サンプルプロジェクトの取得

GitHubからCordaのサンプルプロジェクト（cordapp-example）を取得します。ホームディレクトリに作業用ディレクトリを作成し、その中にサンプルプロジェクトをダウンロードします。

リスト5 Cordaサンプルプロジェクトの取得

```
$ mkdir api
$ cd ./api
$ git clone https://github.com/corda/cordapp-example -b release-V3
```

サンプルプロジェクト取得時に指定したrelease-V3は、日々更新されています。本書の手順が更新によって動かなくなることを避けるために、今回はCordaのバージョンを、執筆時に確認したバージョンに固定してチェックアウトを行います。

リスト6 Cordaサンプルプロジェクトのコミット指定

```
$ cd ./cordapp-example
$ git checkout b6a06b
```

結果（末尾のみ）：

```
HEAD is now at b6a06b9... Update to Corda 3.3.
```

サンプルプロジェクト取得後のディレクトリ構成は、以下のようになっています。サンプルプロジェクト内にはファイルが多数存在しますが、ここでは、コマンドで実行する必要があるファイルに絞って記載します。

リスト7　ディレクトリ構成

```
ホームディレクトリ
    `--chapter16
        `-- api
            `-- cordapp-example
                |-- gradlew  ・・・[リスト8　サンプルプロジェクトのビルド]で使用
                `-- java-source
                    `-- build/nodes/runnodes  ・・・ビルドで自動作成、[リスト9　サンプルプロ
                                                  ジェクトの起動]で使用
```

2.3　Cordaのビルド

GitHubから取得したサンプルプロジェクトのディレクトリに移動し、ビルドを実行します。このサンプルプロジェクトはソースや設定を変更することなく、そのままビルドや実行が可能です。

リスト8　サンプルプロジェクトのビルド

```
$ ./gradlew deployNodes
```

結果(末尾のみ)：

```
BUILD SUCCESSFUL in 3m 42s
10 actionable tasks: 10 executed
```

2.4　Cordaの起動

では、サンプルプロジェクトを起動してみましょう。ビルド時に起動用のシェルも一緒に作成されているので、シェルを使用して起動します。Nodeの起動タイミングによっては、「NullPointerException」が表示される場合がありますが、自動的にリトライしますので、そのまま待っていれば起動が完了します。

リスト9　サンプルプロジェクトの起動

```
$ ./java-source/build/nodes/runnodes
```

結果(末尾のみ)：

```
Webserver started up in 85.43 sec
```

```
Webserver started up in 87.7 sec
Webserver started up in 87.63 sec
```


2.5 ブラウザからのアクセス

起動が完了すると、ブラウザからサンプルプロジェクトにアクセスできます。サンプルプロジェクトは、NodeとWebAPがそれぞれ3台ずつとNotaryが1台の構成で、IOU（借用証書）のやり取りを行うアプリケーションになっています。

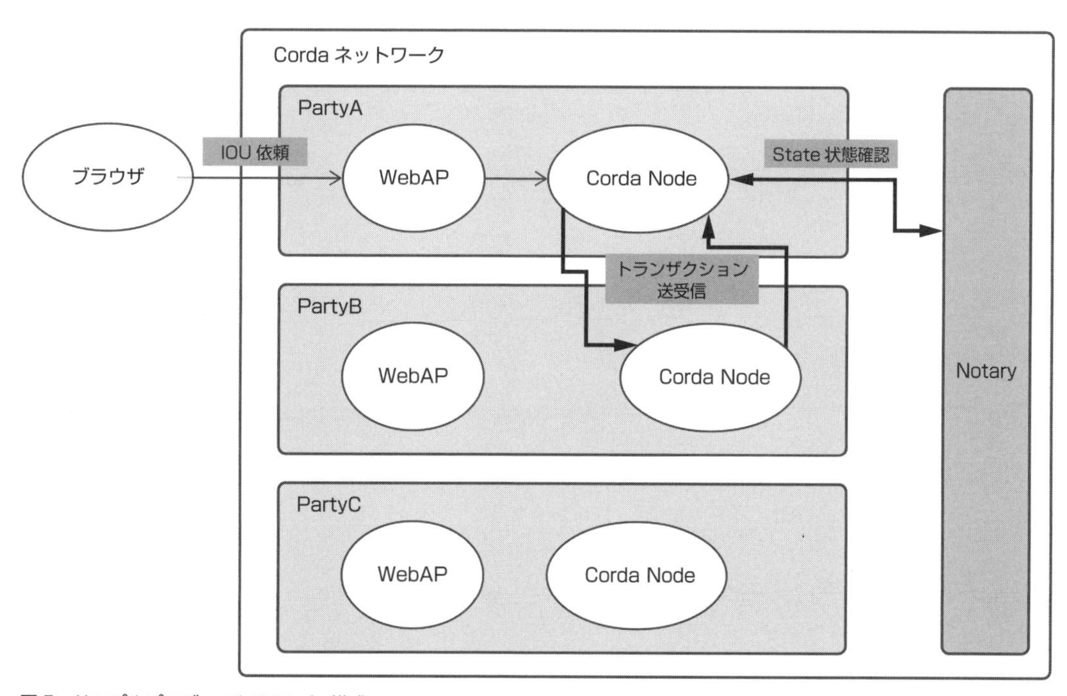

図5 サンプルプロジェクトのNode構成

localhostの部分は、Nodeを起動したホストマシンのIPアドレスに適宜置き換えてください。本書の手順どおりに環境を構築していれば、localhostのままで大丈夫です。

リスト10 URL (Node:)

```
PartyA  :  http://localhost:10009/web/example/
PartyB  :  http://localhost:10012/web/example/
PartyC  :  http://localhost:10015/web/example/
```

まずは、PartyA の Node にアクセスしてみましょう。ホスト OS からブラウザを開いて、以下の URL にアクセスしてください。

http://localhost:10009/web/example/

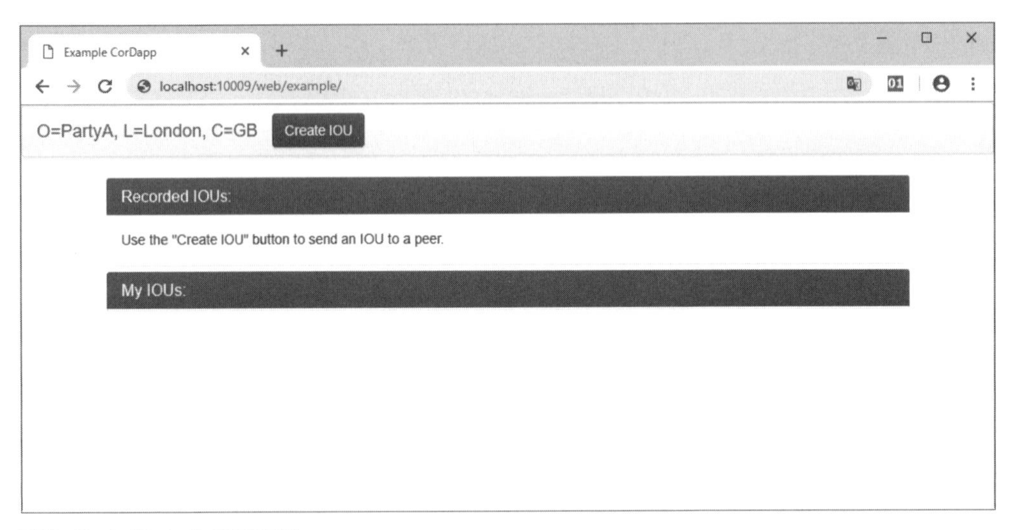

図 6　Node (PartyA) の初期画面

画面上部の「Create IOU」ボタンを押下し、IOU 情報を指定 Node と共有します。PartyA から PartyB に IOU 情報を共有した場合、PartyA では以下のような表示になります。PartyC には IOU 情報は共有されないため、初期画面から変化はありません。URL を変えて確認してみてください。

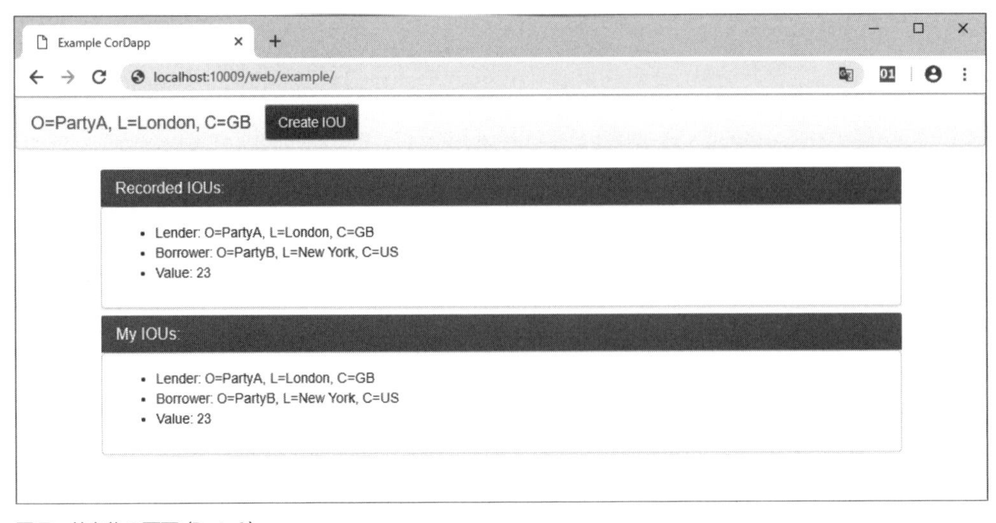

図 7　共有後の画面 (PartyA)

2.6 CorDappの停止

サンプルプロジェクトの動作からCordaの動きを確認できたので、停止を行います。公式からは停止方法が提供されていないので、直接プロセスを停止します。

リスト11 CorDappの停止

```
ps -ef | grep PartyA | grep -v grep | awk '{ print $2 }' | xargs kill -9
ps -ef | grep PartyB | grep -v grep | awk '{ print $2 }' | xargs kill -9
ps -ef | grep PartyC | grep -v grep | awk '{ print $2 }' | xargs kill -9
ps -ef | grep Notary | grep -v grep | awk '{ print $2 }' | xargs kill -9
```

3 CorDappの作成

前節では、サンプルプログラムを利用した動作確認を行いました。本節では「応用編」として、他のブロックチェーン基盤でも作成しているカウンタアプリケーションをCorDappで作成します。他のブロックチェーン基盤では、APサーバにあたる共通処理を付録で提供していますが、Cordaはテンプレートプロジェクトが公開されているので、それを利用して作成していきます。共通部分で使用するのは画面のみになります。

3.1 テンプレートプロジェクトを取得

GitHubからテンプレートプロジェクトを取得します。Cordaは対応言語にJavaとKotlinがありますが、本書ではJavaを対象とします。前節で作成した作業用ディレクトリの配下に、テンプレートプロジェクトをダウンロードします。

リスト12　テンプレートプロジェクトの取得

```
$ cd ~/chapter16/api/
$ git clone https://github.com/corda/cordapp-template-java -b release-V3
```

テンプレートプロジェクトについても、サンプルプロジェクトと同様に日々更新されているため、コミット番号を指定してチェックアウトを行います。

リスト13　テンプレートプロジェクトのコミット指定

```
$ cd cordapp-template-java
$ git checkout 9acfda
```

結果(末尾のみ):

```
HEAD is now at 9acfda7... Update README.md
```

テンプレートプロジェクト取得後のディレクトリ構成は以下のようになっています。サンプルプロジェクトと同様、ファイルが多数存在しますが、ここでは、コマンドで実行する必要があるファイルや編集を行うファイルに絞って記載します。

リスト14 ディレクトリ構成

```
ホームディレクトリ
    |--chapter16
    |     `-- api
    |         |-- cordapp-example  ・・・[2.2 サンプルプロジェクトの取得]で取得
    |         |
    |         `-- cordapp-template-java
    |             |-- gradlew  ・・・[リスト23 CorDappのビルド]で使用
    |             |-- cordapp-contracts-states/src/main/java/com/template
    |             |   `-- TemplateState.java  ・・・[リスト15 TemplateStateの編集]で編集
    |             |
    |             |-- cordapp/src/main
    |             |   |-- java/com/template
    |             |   |   |-- TemplateApi.java  ・・・[リスト16 TemplateApiの編集]で編集
    |             |   |   |-- TemplateWebPlugin.java  ・・・[リスト17 TemplateWebPluginの編集]
    |                                                     で編集
    |             |   |   |-- CreateCounterFlow.java  ・・・[リスト18 CreateCounterFlowの作成]
    |                                                     で作成
    |             |   |   `-- CountUpFlow.java  ・・・[リスト19 CountUpFlowの作成]で作成
    |             |   |
    |             |   `-- resources/templateWeb
    |             |       |-- index.html  ・・・[リスト20 共通資材（画面）のコピー]でコピー
    |             |       |  ・・・[リスト21 index.htmlの編集]で編集
    |             |       `-- monitor.html  ・・・[リスト20 共通資材（画面）のコピー]でコピー
    |             |  ・・・[リスト22-1、22-2 monitor.htmlの編集]で編集
    |             |
    |             `-- build/nodes
    |                 `-- runnodes  ・・・ビルドで自動作成、[リスト25 CorDappの起動]で使用
    |
    `-- common
        `-- ui
            |-- index.html   ・・・[付録]で作成
            `-- monitor.html  ・・・[付録]で作成
```

3.2 CorDappの作成

それでは、実際にアプリケーションを作成していきましょう。

今回使用するテンプレートプロジェクトは、NodeとWebAPが2台ずつとNotaryが1台の構成です。2台のNodeで共有するStateを保持し、そのStateにインクリメントが可能なカウンタを配置するアプリケーションを構築します。

今回編集する各ソースファイルと、Node 内での関連を示します。太枠で表示しているファイルを編集する必要があります。

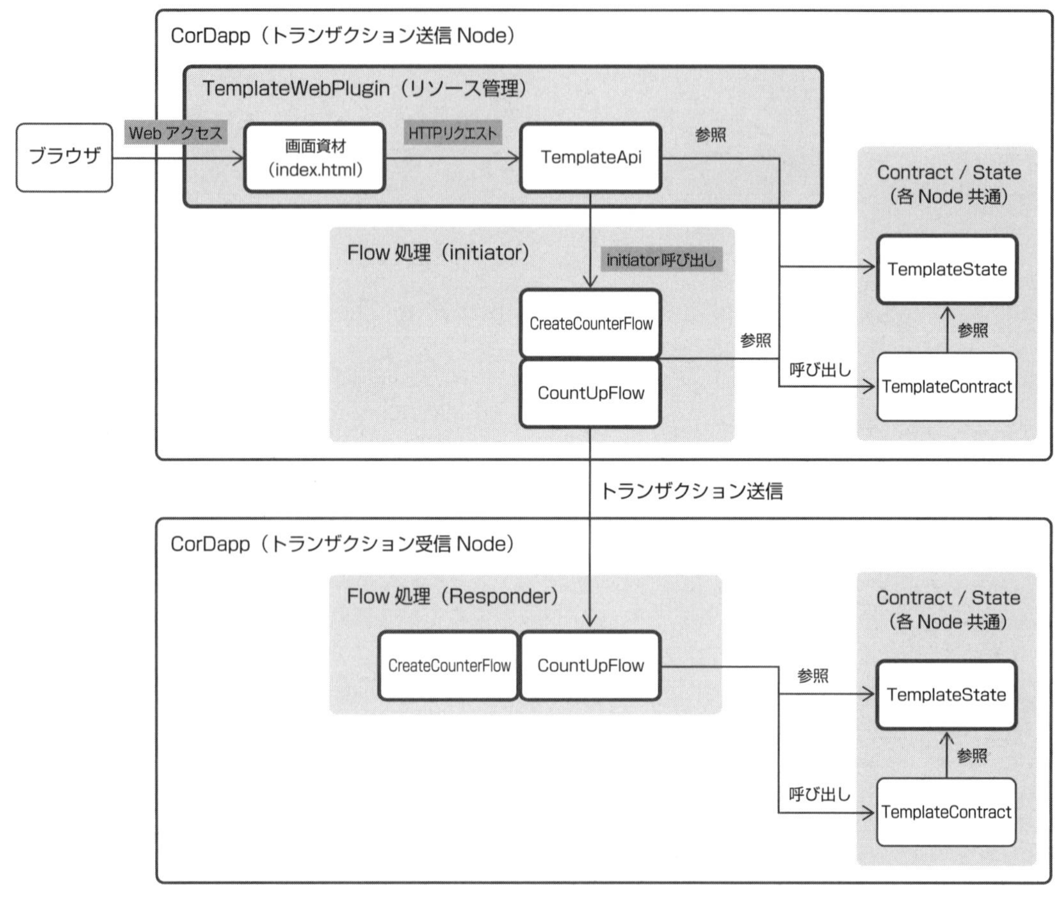

図 8　テンプレートプロジェクトの各クラスの関連図

State クラスの作成

State クラスには Node 間で共有する情報を定義します。テンプレートプロジェクトで提供されている「TemplateState」をベースに作成します。State 内に、カウンタの管理を行う counterMap と、順に管理を行えるように version の変数とを追加し、コンストラクタでの初期化処理を追加します。また、それぞれの変数の取得変数を追加します。ロジックの見通しをよくするため、ロジック全体を記載します。なお、読み込むライブラリを定義した import 文については、紙面の都合上記載を省略しています。

リスト15 TemplateStateの編集

```
[~/chapter16/api/cordapp-template-java/cordapp-contracts-states/src/main/java/com/template/
    TemplateState.java]

/**
 * Define your state object here.
 */
public class TemplateState implements ContractState {
    private List<AbstractParty> participants;
    private final Map<String, Integer> counterMap;

    public TemplateState(List<AbstractParty> participants, Map<String, Integer> counterMap) {
        this.participants = participants;
        this.counterMap = counterMap;
    }

    /** The public keys of the involved parties. */
    @Override public List<AbstractParty> getParticipants() {
        return participants;
    }
    public Map<String, Integer> getCounter() {
        return counterMap;
    }
    }
}
```

APIクラスの作成

APIクラスには、Webコンテンツとして公開するAPIを定義します。テンプレートプロジェクトで提供されている「TemplateApi」をベースに作成します。付録の共通資材を利用したいので、API本体のルートパスからtemplateを削除します。

また、画面から呼び出される5つのAPI定義を追加します。なお、本テンプレートには認証機能がないので、ログイン用のAPIは今回作成しません。こちらも、ロジックのみを記載し、import文は省略します。

リスト16 TemplateApiの編集

```
[~/chapter16/api/cordapp-template-java/cordapp/src/main/java/com/template/TemplateApi.java]

1   // This API is accessible from /api/template. The endpoint paths specified below are
    relative to it.
```

```
2	@Path("")
3	public class TemplateApi {
4	    private final CordaRPCOps rpcOps;
5	
6	    public TemplateApi(CordaRPCOps services) {
7	        this.rpcOps = services;
8	    }
9	
10	    /**
11	     * Accessible at /api/template/templateGetEndpoint.
12	     */
13	    @GET
14	    @Path("templateGetEndpoint")
15	    @Produces(MediaType.APPLICATION_JSON)
16	    public Response templateGetEndpoint() {
17	        return Response.ok("Template GET endpoint.").build();
18	    }
19	
20	    /**
21	     * 最新のカウンタ情報を取得する.
22	     * @param id ログインID, Corda はログイン不要のため参照しない
23	     * @return
24	     */
25	    @GET
26	    @Path("list")
27	    @Produces(MediaType.APPLICATION_JSON)
28	    public Map<String, List<Map<String, String>>> list(@QueryParam("id") String id) {
29	
30	        // 未消費のStateを取得する
31	        QueryCriteria.VaultQueryCriteria criteria = new QueryCriteria.
	VaultQueryCriteria(Vault.StateStatus.UNCONSUMED);
32	        List<StateAndRef<TemplateState>> stateAndRefs = this.rpcOps.
	vaultQueryByCriteria(criteria, TemplateState.class).getStates();
33	
34	        // 返却値に設定するカウンタ情報リストを生成する
35	        Map<String, List<Map<String, String>>> retMap = new LinkedHashMap<String,
	List<Map<String, String>>>();
36	        List<Map<String, String>> counterList = new ArrayList<Map<String, String>>();
37	
38	        // 未消費のStateからカウンタ情報を取得する
39	        stateAndRefs.forEach(stateAndRef -> {
40	            Map<String, Integer> counterMap = stateAndRef.getState().getData().
	getCounter();
```

```
41              Iterator<Map.Entry<String, Integer>> iterator = counterMap.entrySet().
    iterator();
42
43              // Stateが持つカウンタ情報を設定する
44              while(iterator.hasNext()) {
45                  Map.Entry<String, Integer> entry = iterator.next();
46
47                  Map<String, String> map = new LinkedHashMap<String, String>();
48                  map.put("name", entry.getKey());
49                  map.put("value", entry.getValue().toString());
50                  counterList.add(map);
51              }
52          });
53
54          // カウンタ情報を返却値に設定する
55          retMap.put("list", counterList);
56          return retMap;
57      }
58
59      /**
60       * カウンタの初期設定.
61       * カウンタの初期化を行う.
62       * @return
63       */
64      @POST
65      @Path("init")
66      @Consumes("application/json")
67      @Produces(MediaType.APPLICATION_JSON)
68      public Map<String, Boolean> init() {
69          Map<String, Boolean> retMap = new LinkedHashMap<String, Boolean>();
70
71          try {
72              // 未消費のStateを取得する
73              QueryCriteria.VaultQueryCriteria criteria = new QueryCriteria.
    VaultQueryCriteria(Vault.StateStatus.UNCONSUMED);
74              List<StateAndRef<TemplateState>> stateAndRefs = this.rpcOps.
    vaultQueryByCriteria(criteria, TemplateState.class).getStates();
75
76              if (stateAndRefs.size() < 1) {
77                  // Stateなしのため、カウンタ用データ初期登録する
78                  rpcOps.startTrackedFlowDynamic(CreateCounterFlow.Initiator.class)
79                          .getReturnValue().get();
80                  retMap.put("result", true);
```

```
81                } else {
82                    // Stateあり（初期化済み）のため、失敗を返却する
83                    retMap.put("result", false);
84                }
85            } catch (Throwable ex) {
86                // 例外発生のため、失敗を返却する
87                retMap.put("result", false);
88            }
89
90            return retMap;
91        }
92
93        /**
94         * カウントアップ実行.
95         * @param arg 入力パラメータ、文字列化したJSON形式
96         * @return
97         */
98        @PUT
99        @Path("count")
100       @Consumes("application/json")
101       @Produces(MediaType.APPLICATION_JSON)
102       public Map<String, Boolean> countUp(String arg) {
103           Map<String, Boolean> retMap = new LinkedHashMap<String, Boolean>();
104
105           try {
106               // 入力パラメータから、JSON形式にパースする
107               ObjectMapper mapper = new ObjectMapper();
108               CountUpArg params = mapper.readValue(arg, CountUpArg.class);
109
110               // パラメータチェック
111               if (params.name == null) {
112                   // カウンタ名なしのため失敗を返却する
113                   retMap.put("result", false);
114                   return retMap;
115               }
116
117               // 指定カウンタ名を使用し更新する
118               rpcOps.startTrackedFlowDynamic(CountUpFlow.Initiator.class, params.name)
119                       .getReturnValue().get();
120
121               retMap.put("result", true);
122           } catch (Throwable ex) {
123               retMap.put("result", false);
```

```
124             }
125 
126             return retMap;
127         }
128 
129         /**
130          * パラメータのJSONパース用objectClass
131          */
132         static class CountUpArg {
133             // ログインID, Corda はログイン不要のため参照しない
134             public String id;
135             // カウンタ名
136             public String name;
137 
138             // constructor
139             public CountUpArg() {
140             }
141         }
142 
143         /**
144          * ブロック (=State) 情報取得.
145          * @param start State取得開始位置
146          * @param row State取得件数
147          * @return
148          */
149         @GET
150         @Path("blocks")
151         @Produces(MediaType.APPLICATION_JSON)
152         public Map<String, List<Object>> blocks(@QueryParam("start") String start, @
    QueryParam("row") String row) {
153             Map<String, List<Object>> retMap = new LinkedHashMap<String, List<Object>>();
154             // ヘッダー要素を設定
155             List<Object> headerList = new ArrayList<Object>();
156             // number
157             headerList.add("No.");
158             // recordedTime
159             headerList.add("timeStamp");
160             // txid
161             headerList.add("transactionHash");
162             // stateData
163             headerList.add("data");
164             retMap.put("headerList", headerList);
165 
```

```
166         // レコード要素を設定
167         List<Object> recordList = new ArrayList<Object>();
168 
169         // 登録時刻でソートした状態で全Page情報を取得する
170         QueryCriteria.VaultQueryCriteria criteria = new QueryCriteria.
    VaultQueryCriteria(Vault.StateStatus.ALL);
171         SortAttribute attribute = new SortAttribute.Standard(Sort.VaultStateAttribute.
    RECORDED_TIME);
172         Sort sort = new Sort(Arrays.asList(new Sort.SortColumn(attribute, Sort.Direction.
    ASC)));
173         Vault.Page<TemplateState> page = this.rpcOps.vaultQueryByWithSorting(TemplateSta
    te.class, criteria, sort);
174         // Pageから、Stateとメタデータを取得する
175         List<StateAndRef<TemplateState>> stateAndRefList = page.getStates();
176         List<Vault.StateMetadata> metadataList = page.getStatesMetadata();
177 
178         // 取得結果から、返却値を設定する
179         for (int index = 0; index < stateAndRefList.size() && index < metadataList.size();
    index++) {
180             StateAndRef<TemplateState> stateAndRef = stateAndRefList.get(index);
181             Vault.StateMetadata metadata = metadataList.get(index);
182 
183             // 開始件数までは読み飛ばす
184             if ((index + 1) < Integer.parseInt(start)) {
185                 continue;
186             }
187             // 返却件数が指定件数を超えていたら終了させる
188             if (Integer.parseInt(row) <= recordList.size()) {
189                 break;
190             }
191 
192             // レコード情報を生成
193             List<String> record = new ArrayList<String>();
194             // number
195             record.add(String.valueOf(index + 1));
196             // recordedTime
197             record.add(metadata.getRecordedTime().toString());
198             // txid
199             record.add(stateAndRef.getRef().getTxhash().toString());
200             // stateData
201             record.add(stateAndRef.getState().getData().getCounter().toString());
202 
203             // レコード情報を返却値に設定
```

```
204                 recordList.add(record);
205             }
206
207             // レコード情報リストを返却値に設定
208             retMap.put("recordList", recordList);
209             return retMap;
210         }
211 }
```

WebPluginクラスの作成

WebPluginクラスでは、APIクラスやhtmlファイルなどの画面資材をリソースとして設定し、管理を行います。テンプレートプロジェクトで提供されている「TemplateWebPlugin」をベースに作成します。こちらについても、付録の共通資材に合わせて、パスをsampleに変更します。

リスト17-1 TemplateWebPluginの編集（33行目）：修正前

```
[~/chapter16/api/cordapp-template-java/cordapp/src/main/java/com/template/TemplateWebPlugin.
java]

33        "template", getClass().getClassLoader().getResource("templateWeb").toExternalForm());
```

リスト17-2 TemplateWebPluginの編集（33行目）：修正後

```
[~/chapter16/api/cordapp-template-java/cordapp/src/main/java/com/template/TemplateWebPlugin.
java]

33        "sample", getClass().getClassLoader().getResource("templateWeb").toExternalForm());
```

Flowクラスの作成

Flowクラスには、トランザクションの定義のほか、他のNodeからの署名を収集するフローを定義します。テンプレートで作成済みの「TemplateFlow」がベースとなります。ここでは、初期値登録用のFlowとカウントアップ用のFlowの2ファイルを作成します。ファイル名は、「CreateCounterFlow.java」と「CountUpFlow.java」にします。

次に、ファイルの編集を行います。新規作成ファイルなのでソースコード全体[注5]を記載します。

注5 ここでも紙面の関係からimport文は省略していますので適宜追加してください。また、requireThatメソッドのみ以下のようにimport staticとなっていますので注意してください。
import static net.corda.core.contracts.ContractsDSL.requireThat;

リスト18　CreateCounterFlowの作成（新規作成）

```
[~/chapter16/api/cordapp-template-java/cordapp/src/main/java/com/template/CreateCounterFlow.
    java]

1    /**
2     * カウンタ情報の初期化を行うFlowを定義する
3     */
4    public class CreateCounterFlow {
5        /**
6         * カウンタ情報の初期化を行うFlowクラス定義.
7         */
8        @InitiatingFlow
9        @StartableByRPC
10       public static class Initiator extends FlowLogic<SignedTransaction> {
11           /**
12            * トランザクション発行し、他Nodeの署名収集を行う.
13            * カウンタ情報を保持するStateを初期値で生成する.
14            */
15           @Suspendable
16           @Override public SignedTransaction call() throws FlowException {
17               // Notary情報を取得する
18               final List<Party> notaryList = getServiceHub().getNetworkMapCache().
     getNotaryIdentities();
19               // 自ノードの情報を取得する
20               Party myParty = getServiceHub().getMyInfo().getLegalIdentities().get(0);
21
22               // 共有ノードの情報を取得する
23               List<Party> otherParties = new ArrayList<Party>();
24               final List<NodeInfo> nodeList = getServiceHub().getNetworkMapCache().
     getAllNodes();
25               // ネットワークMapから取得した全ノード情報のループを行う
26               for (int index = 0; index < nodeList.size(); index++) {
27                   NodeInfo node = nodeList.get(index);
28                   List<Party> parties = node.getLegalIdentities();
29                   // ノードから取得したidentityの分だけループを行う
30                   for (int index2 = 0; index2 < parties.size(); index2++) {
31                       Party party = parties.get(index2);
32
33                       // Notary、MyParty以外のParty情報を取得する
34                       if (party.getName().getOrganisation().equals("Notary")) {
35                           continue;
36                       } else if (party.getName().getOrganisation().equals(myParty.getName().
     getOrganisation())) {
```

```
37                          continue;
38                      }
39                      otherParties.add(party);
40                  }
41              }
42
43              // トランザクションを生成する
44              final TransactionBuilder txBuilder = new TransactionBuilder(notaryList.
    get(0));
45
46              // Stateに設定する初期値を生成する
47              // カウンタ情報
48              Map<String, Integer> counterMap = new LinkedHashMap<String, Integer>();
49              counterMap.put("Office Worker", 0);
50              counterMap.put("Home Worker", 0);
51              counterMap.put("Student", 0);
52              // Stateの登録Node情報
53              List<AbstractParty> parties = new ArrayList<AbstractParty>();
54              parties.add(myParty);
55              parties.addAll(otherParties);
56              // カウンタ用Stateを生成する
57              TemplateState state = new TemplateState(parties, counterMap);
58
59              // OutputにTemplateStateを設定
60              txBuilder.addOutputState(state, TemplateContract.ID);
61
62              // 共有する他ノード情報をトランザクションに設定する
63              List<PublicKey> keyList = new ArrayList<PublicKey>();
64              keyList.add(myParty.getOwningKey());
65              for (int index = 0; index < otherParties.size(); index++) {
66                  keyList.add(otherParties.get(index).getOwningKey());
67              }
68              final Command<TemplateContract.Commands.Action>
69                      txCommand
70                          = new Command<TemplateContract.Commands.Action>(
71                                  new TemplateContract.Commands.Action(),
72                                  keyList
73                      );
74              txBuilder.addCommand(txCommand);
75
76              // verifyの実施
77              txBuilder.verify(getServiceHub());
78
```

```
79              // トランザクションに自ノードのサインを追加
80              final SignedTransaction partSignedTx = getServiceHub().signInitialTransaction
    (txBuilder);
81
82              // 他ノードへのセッションを準備する
83              List<FlowSession> sessionList = new ArrayList<FlowSession>();
84              for (int index = 0; index < otherParties.size(); index++) {
85                  Party party = otherParties.get(index);
86                  FlowSession session = initiateFlow(party);
87                  sessionList.add(session);
88              }
89              // 他ノードへトランザクション送信し、サインの収集を行う
90              final SignedTransaction fullySignedTx = subFlow(
91                      new CollectSignaturesFlow(partSignedTx, sessionList,
92                              CollectSignaturesFlow.Companion.tracker()));
93
94              // Flowの終了処理
95              return subFlow(new FinalityFlow(fullySignedTx));
96          }
97      }
98
99      /**
100      * 発行トランザクションを受け取り署名処理を行うクラス定義.
101      */
102     @InitiatedBy(Initiator.class)
103     public static class Responder extends FlowLogic<SignedTransaction> {
104         private FlowSession counterpartySession;
105
106         public Responder(FlowSession counterpartySession) {
107             this.counterpartySession = counterpartySession;
108         }
109
110         /**
111          * 発行トランザクションを受信し、サインを行う.
112          */
113         @Suspendable
114         @Override
115         public SignedTransaction call() throws FlowException {
116             class SignTxFlow extends SignTransactionFlow {
117                 /**
118                  * 受信したセッションからトランザクションを取得し、トランザクションへのサ
    インを行う
119                  * @param otherPartyFlow 受信したFlowセッション
```

```
120                 * @param progressTracker 進捗管理トラッカー
121                 */
122                private SignTxFlow(FlowSession otherPartyFlow,
123                ProgressTracker progressTracker) {
124                    super(otherPartyFlow, progressTracker);
125                }
126
127                /**
128                 * トランザクションのチェック関数
129                 * @param stx チェック対象のトランザクション
130                 */
131                @Override
132                protected void checkTransaction(SignedTransaction stx) {
133                    requireThat(require -> {
134                        // トランザクション受信時の確認内容を記載する
135                        // 今回は確認内容なし
136                        return null;
137                    });
138                }
139            }
140
141            // トランザクションにサインするフローを実施する
142            return subFlow(new SignTxFlow(counterpartySession, SignTransactionFlow.
    Companion.tracker()));
143        }
144    }
145 }
```

次に、カウントアップ用Flowを記載します。

Responderクラスの記載は初期値登録用Flowと共通なので、CreateCounterFlow.java（リスト18の99行目から143行目まで）からコピーします。

リスト19 CountUpFlowの作成（新規作成）

```
[~/chapter16/api/cordapp-template-java/cordapp/src/main/java/com/template/CountUpFlow.java]

1   /**
2    * カウンタ値のインクリメントを行うFlowを定義する
3    */
4   public class CountUpFlow {
5       /**
6        * カウンタ値のインクリメントを行うFlowクラス定義.
```

```
7          */
8      @InitiatingFlow
9      @StartableByRPC
10     public static class Initiator extends FlowLogic<SignedTransaction> {
11         private final String counterName;
12
13         /**
14          * カウンタ値インクリメントFlowクラスのコンストラクタ.
15          * @param counterName インクリメント対象のキー名
16          */
17         public Initiator(String counterName) {
18             this.counterName = counterName;
19         }
20
21         /**
22          * トランザクション発行し、他Nodeの署名収集を行う.
23          * 指定されたカウンタ名のカウンタ値をインクリメントする.
24          */
25         @Suspendable
26         @Override public SignedTransaction call() throws FlowException {
27             // Notary情報を取得する
28             final List<Party> notaryList = getServiceHub().getNetworkMapCache().
   getNotaryIdentities();
29             // 自ノードの情報を取得する
30             Party myParty = getServiceHub().getMyInfo().getLegalIdentities().get(0);
31
32             // 共有ノードの情報を取得する
33             List<Party> otherParties = new ArrayList<Party>();
34             final List<NodeInfo> nodeList = getServiceHub().getNetworkMapCache().
   getAllNodes();
35             // ネットワークMapから取得した全ノード情報のループを行う
36             for (int index = 0; index < nodeList.size(); index++) {
37                 NodeInfo node = nodeList.get(index);
38                 List<Party> parties = node.getLegalIdentities();
39                 // ノードから取得したidentityの分だけループを行う
40                 for (int index2 = 0; index2 < parties.size(); index2++) {
41                     Party party = parties.get(index2);
42
43                     // Notary、MyParty以外のParty情報を取得する
44                     if (party.getName().getOrganisation().equals("Notary")) {
45                         continue;
46                     } else if (party.getName().getOrganisation().equals(myParty.getName().
   getOrganisation())) {
```

```
47                         continue;
48                     }
49                     otherParties.add(party);
50                 }
51             }
52
53             // トランザクションを生成する
54             final TransactionBuilder txBuilder = new TransactionBuilder(notaryList.
   get(0));
55
56             // 非消費のStateから、カウンタ情報を取得
57             QueryCriteria.VaultQueryCriteria criteria = new QueryCriteria.
   VaultQueryCriteria(Vault.StateStatus.UNCONSUMED);
58             List<StateAndRef<TemplateState>> stateAndRefs = getServiceHub().
   getVaultService().queryBy(TemplateState.class, criteria).getStates();
59             TemplateState state = stateAndRefs.get(0).getState().getData();
60
61             // カウンタ情報を更新
62             Map<String, Integer> map = new LinkedHashMap<String, Integer>();
63             if (state.getCounter().get(counterName) != null) {
64                 // 同名カウンタありのためカウントアップ
65                 state.getCounter().forEach((key, value) -> {
66                     if (key.equals(counterName)) {
67                         map.put(key, value + 1);
68                     } else {
69                         map.put(key, value);
70                     }
71                 });
72             } else {
73                 // 同名カウンタなしのため初期値で登録
74                 map.putAll(state.getCounter());
75                 map.put(counterName, 0);
76             }
77             // 取得したNode情報を参加者として設定する
78             List<AbstractParty> parties = new ArrayList<AbstractParty>();
79             parties.add(myParty);
80             parties.addAll(otherParties);
81             // 新しいStateインスタンスを生成
82             TemplateState newState = new TemplateState(parties, map);
83
84             // Input/OutputにTemplateStateを設定
85             txBuilder.addInputState(stateAndRefs.get(0));
86             txBuilder.addOutputState(newState, TemplateContract.ID);
```

11
12
13
14
15
16
17
A

```
87
88              // 共有する他ノード情報をトランザクションに設定する
89              List<PublicKey> keyList = new ArrayList<PublicKey>();
90              keyList.add(myParty.getOwningKey());
91              for (int index = 0; index < otherParties.size(); index++) {
92                  keyList.add(otherParties.get(index).getOwningKey());
93              }
94              final Command<TemplateContract.Commands.Action>
95                      txCommand
96                          = new Command<TemplateContract.Commands.Action>(
97                                  new TemplateContract.Commands.Action(),
98                                  keyList
99                      );
100             txBuilder.addCommand(txCommand);
101
102             // verifyの実施
103             txBuilder.verify(getServiceHub());
104
105             // トランザクションに自ノードのサインを追加
106             final SignedTransaction partSignedTx = getServiceHub().signInitialTransaction
    (txBuilder);
107
108             // 他ノードへのセッションを準備する
109             List<FlowSession> sessionList = new ArrayList<FlowSession>();
110             for (int index = 0; index < otherParties.size(); index++) {
111                 Party party = otherParties.get(index);
112                 FlowSession session = initiateFlow(party);
113                 sessionList.add(session);
114             }
115             // 他ノードへトランザクション送信し、サインの収集を行う
116             final SignedTransaction fullySignedTx = subFlow(
117                     new CollectSignaturesFlow(
118                             partSignedTx,
119                             sessionList,
120                             CollectSignaturesFlow.Companion.tracker()));
121
122             // Flowの終了処理
123             return subFlow(new FinalityFlow(fullySignedTx));
124         }
125     }
126     // ここにCreateCounterFlow.javaのResponderクラスを挿入してください
127 }
```

画面資材

取得したテンプレートプロジェクトの「~/chapter16/api/cordapp-template-java/cordapp/src/main/resources/templateWeb」配下に、付録の共通資材をコピーします。テンプレートプロジェクトに用意されているindex.htmlファイルは使用しないので、上書きして問題ありません。共通資材の準備ができていない場合には、本書の付録を参照し、資材の準備が完了してから実施してください。

リスト20　共通資材（画面）のコピー

```
$ cp ~/common/ui/index.html ~/chapter16/api/cordapp-template-java/cordapp/src/main/resources/
templateWeb/.
$ cp ~/common/ui/monitor.html ~/chapter16/api/cordapp-template-java/cordapp/src/main/
resources/templateWeb/.
```

コピーした画面資材を、CorDapp向けに編集します。

リスト21-1　index.htmlの編集（13行目）：修正前

```
[~/chapter16/api/cordapp-template-java/cordapp/src/main/resources/templateWeb/index.html]

13                    url: api,
```

リスト21-2　index.htmlの編集（13行目）：修正後

```
[~/chapter16/api/cordapp-template-java/cordapp/src/main/resources/templateWeb/index.html]

13                    url: '/api' + api,
```

リスト22-1　monitor.htmlの編集（16行目）：修正前

```
[~/chapter16/api/cordapp-template-java/cordapp/src/main/resources/templateWeb/monitor.html]

16                    url: api,
```

リスト22-2　monitor.htmlの編集（16行目）：修正後

```
[~/chapter16/api/cordapp-template-java/cordapp/src/main/resources/templateWeb/monitor.html]

16                    url: '/api' + api,
```

3.3　CorDapp のビルド

次に、CorDapp のビルドを行います。GitHub で取得したディレクトリパスの配下まで移動し、ビルドを実行します。

リスト 23　CorDapp のビルド

```
$ cd ~/chapter16/api/cordapp-template-java
$ ./gradlew deployNodes
```

なお、データの初期化を行いたい場合は、以下のビルドコマンドを実行してください。

リスト 24　データ初期化、ビルド（参考）

```
$ ./gradlew clean deployNodes
```

3.4　CorDapp の起動

ビルドの成功を確認したら、アプリケーションを起動してみましょう。テンプレートプロジェクトもNode の起動タイミングによっては、「NullPointerException」が表示される場合がありますが、自動的にリトライします。

リスト 25　CorDapp の起動

```
$ ./build/nodes/runnodes
```

3.5　CorDapp の画面表示と操作

起動が完了したのを確認し、ブラウザからアクセスしてみます。付録のカウンタ画面が表示されれば、成功です。テンプレートプロジェクトでは、Node 数 2 つで動作しています。

リスト 26　画面アクセス URL

```
PartyA ： http://localhost:10007/web/sample/
PartyB ： http://localhost:10010/web/sample/
```

3.6 初期データの登録

画面が表示されたら、初期データの登録を行います。コンソールからコマンドで登録します。

こちらについても、localhostの部分は、Nodeを起動したホストマシンのIPアドレスに適宜置き換えてください。

リスト27 初期データの登録

```
$ curl -X post -H 'Content-Type: application/json' http://localhost:10007/api/init
```

結果：

```
{
  "result" : true
}
```

3.7 画面操作

Cordaのテンプレートプロジェクトではログイン処理がないので、そのまま「refresh」ボタンを押下して、画面を更新します。初期データ登録直後は、全カウンタが「0」になっています。項目を選択して「countUp」ボタンを押下後、「refresh」ボタンを押下することで、カウントアップの結果を確認します。

3.8 モニタリングツール表示

次に、モニタリングツール画面を確認します。Cordaはブロックを持たないため、Stateの変化をモニタリング対象としています。

モニタリングツールには、以下のアドレスからアクセスします。

リスト28 モニタリングツールのアクセスURL

```
PartyA : http://localhost:10007/web/sample/monitor.html
PartyB : http://localhost:10010/web/sample/monitor.html
```

モニタリングツールの画面操作は付録の共通資材と同様なので、そちらを参照してください。Cordaでは、シーケンシャルな数字、トランザクションの実行時刻、ハッシュ値、Stateの値を表示します。

3.9　CorDapp の停止

テンプレートプロジェクトも公式から停止方法が提供されていないので、サンプルと同様にプロセスを停止します。

リスト 29　CorDapp の停止

```
ps -ef | grep PartyA | grep -v grep | awk '{ print $2 }' | xargs kill -9
ps -ef | grep PartyB | grep -v grep | awk '{ print $2 }' | xargs kill -9
ps -ef | grep Notary | grep -v grep | awk '{ print $2 }' | xargs kill -9
```

第17章 エピローグ

本書を締めくくるにあたり、ブロックチェーンを使った社会インフラの実装に向けて、留意事項を指摘しておきます。ここでは数多くの課題の中から特に意識しておいた方がよいものをいくつかピックアップしました。あくまでも、我々執筆陣の認識であって、それぞれの状況に応じた議論はあろうかと思います。まずは、たたき台ということで捉えてください。

1　導入にあたっての留意点

前章までの内容で、世の中の動向や技術的な知識を踏まえ、新しいユースケースの創出に向けて取り組むことができるようになったかと思います。とは言え、ブロックチェーン技術はシステムやサービス全体の一要素でしかありませんし、実際に世の中に展開していくにあたっては、技術以外の様々な要素まで検討のスコープに入れる必要があります。ここではそうした留意点や課題について述べることで、地に足の着いた検討の参考となるようにします。

また、ここで取り上げているテーマは、スピード感を持ってトライ＆エラーを繰り返すフェーズよりは、基幹システムや社会インフラ等、重要なプラットフォームを作ろうとする際に意識するものとなっていることを補足しておきます。

2 コンソーシアム型における スキームの課題

ブロックチェーンの導入に際し、最初に検討すべきは「スキームの課題」です。すなわち、ノードを誰が保有するのか等、どのようにサービス全体が運用されるのかといった課題です。まずはこの点を、コンソーシアム型、プライベート型、パブリック型の場合で考えてみましょう。

スキームを最も意識しなければならないのが、コンソーシアム型のブロックチェーンです。ノードの保有者とサービスを享受する利用者の関係を考えると、以下の3つのケースが想定されます。

表1　利用者とノード保有者の関係

ケース	集合A（利用者）	集合B（ノード保有者）	説明
1	A=B		利用者はノード保有者と同義
2	A≠B		利用者とノード保有者は別の主体
3	A∩B		一部の主体は利用者かつノード保有者

ノードを保有するということは、ノード間の共有情報を見ることができる、あるいはその可能性があるということを意味します。ビットコインのように、すべての情報がオープンになるユースケースであればそれでよいのですが、例えば企業間の取引情報をブロックチェーン上で共有する場合には、このことは大きな問題となります。

「暗号化すればよい」という話ももちろんありますが、暗号技術は危殆化の恐れを免れません。暗号化された情報であっても、いったん書き込んだら消せないブロックチェーン上に記録することは、将来暗号技術が危殆化した時点で、他の取引に関係ない（あるいはライバルの）ノード保有者に復号され見られてしまうリスクをなくすことができません。

これに対して、コンソーシアム型のブロックチェーン基盤製品の多くは、台帳情報に対するアクセスコントロールをする仕組みを内包しています。例えば、Fabricではチャネルの概念を導入していますし、Cordaではそもそも利害当事者のノード間＋Notaryノード（検証ノード）の間でしか、情報が共有されなかったりしています。

表1の「ケース1」の場合、こうしたアクセスコントロール機能を使って情報の共有範囲を管理することになります。ただし、取引関係の範囲が1対1で完結するのか、サプライチェーンのように関連企業の集合で表現されるのかによって、現状のブロックチェーン基盤製品の機能だけで実現できるのかどうかは検討しておく必要があります。

例えば、現状のFabricのチャネル機能は固定的なメンバの管理には向いていますが、取引ごとに商流が異なっていたり、船で運んでいる途中で売買が行われて荷主が変わる等の動的な権限関係への追随には、そのままでは対応が困難です。

「ケース2」は、最もシンプルなケースと言えます。ノード保有者は利害当事者ではないので、ケース1で見られたアクセスコントロールの課題についても、基本的には考慮の必要がありません（もちろん通常のシステムと同じようなセキュリティ対策は必要です）。逆に言えば、ノード保有者は利害関係者ではないことが望ましいということです。

最も重いのは「ケース3」です。まさにケース2で否定したケースそのものです。どうしてもこうしなければならないのであれば、Cordaのような、利害関係によって共有されるノードを動的に変えられる基盤製品によってコントロールすることになります。

実装によっては、何のためにブロックチェーン技術を使っているのかわからないことになるので、基本的には避けるべきです。また、技術ではなく別会社化などの手段によってケース2の状況を作り出すといった対応が現実的かもしれません。

スキームの課題はほかにもあります。上述の課題が解決しても、運用に関わる様々な課題の検討が必要です。各ノードの機能更改や基盤製品のアップデートをどのように実施するのか、また、基盤上で稼働するスマートコントラクトのデプロイにあたって、監査を誰がどのように行うのか、そのコスト負担等のルール整備、それでもすり抜けたバグによって台帳そのものに誤った情報が書き込まれてしまった場合どのように対応するのか、実施方法やサービス停止の要否等、分散システムであるが故により複雑になる課題について、あらかじめ考えて用意しておかなければなりません。

中でもユーザ管理の問題は、可用性にも関わってきます。可用性の高さは、しばしばブロックチェーンの利点の1つとして挙げられます。ところが、ユーザが特定のノードに紐付いて管理されていると、当該のノードが落ちてしまえば、ブロックチェーンシステム全体としては稼働し続けていても、配下のユーザにとってはサービス全体が落ちてしまっているのと同義です。この点はビットコイン等パブリック型のブロックチェーンでも同じです。これを避けるには、各ノードの可用性を必要なだけ上げていくか、ユーザは障害発生時にほかのノードに切り替えて使えるようにするか、どちらかの対応が必要です。

前者であれば、各ノード（ブロックチェーンのノードとしての部分と、ユーザ管理など従来技術で作られた部分との複合）の可用性は、各保有者が必要性と経済合理性を秤にかけて投資判断をすることになりますが、少なくとも「ブロックチェーンだから安く済む」という話にはならないことに注意が必要です。

後者の場合、あるノードが障害で落ちている間は、ほかのノードがその分ユーザからのリクエストを処理することになると、障害発生確率に応じて、ほかのノードの処理能力に余裕を見ておく必要が生じます。「可用性の低いほかのノード保有者のために、自社のノードにかかるコストを積み増す」というのは、ビジネス的にまず許容されません。よって、コンソーシアムに参加しているノード保有者間で一定水準の可用性を満たすことを、ルール化するという話になるでしょう。投資体力の異なる企業が参加するコンソーシアムでは、非常に大きな課題です。またユーザ管理のあり方も、ブロックチェーンによって各ノード間で必要な情報を共有することになり、各ノードがユーザ獲得に向けて働きかけを行うモチベーションが働きにくい構図となります。技術的にはともかくビジネス的には、このことも課題となります。

こうして書き立ててみると気が重くなりますが、プロローグでも述べたように、これら現実的な課題を超えてなお、意味のあるユースケースを検討する時期に差し掛かっているわけです。

3　プライベート型における スキームの課題

異なる複数の主体による合意形成に本来の価値があるブロックチェーン技術において、1つの企業、あるいは組織がすべてのノードを保有するプライベート型のシステムには、「可用性が高まる可能性がある」という以上には、あまりメリットを見出せません。言わば、右手と左手でじゃんけんをしているようなものです。

例外的に意義のあるケースとしては、1つの企業といっても、その中に独立性の高い複数の組織（複数の事業部、海外や国内の多数の地域拠点、合併直後の組織等）、あるいはシステムが存在しており、容易に中央集権的なシステムを組むことが難しい場合が考えられます。いずれにせよ企業の基幹システムともなれば、長期間の運用を伴うため、その間に起こるアップデートや更改、その際のデータ移行等の様々なシステム的なイベントや運用面等のコストも踏まえたメリット／デメリットの比較検討が必要です。

4　パブリック型におけるスキームの課題

誰もが自由に参加できることがパブリック型の良いところであり、ノードを誰が保有すべきか、という議論は的外れかもしれません。ですが、裏を返せば「悪意のある第三者の参加を防げない」ということでもあり、この点については考慮が必要です。

例えば、新たにパブリック型ブロックチェーンを立ち上げようとか、あるいはそういうプラットフォームに参加するとかいう話であれば、立ち上げ過程のハッシュレート（計算力）のまだ小さい時期を狙った様々な攻撃、すなわち51%攻撃やセルフィッシュマイニング攻撃等への対応策が課題となります。

表2は、様々なパブリック型ブロックチェーン（仮想通貨）システムについて、51%攻撃に対する耐性を評価しているCrypto51[注1]というサイトから、いくつか事例を抜粋したものです。1時間攻撃を仕掛けるのに必要なコストや、NiceHashという計算力を提供してくれるマイニングプールサービスを利用すると、攻撃に必要な計算力をどれだけ確保できるかを示しています。

表2　パブリック型ブロックチェーン（仮想通貨）システムの51%攻撃耐性の比較（抜粋）（2019.2.10時点）

Name	Market Cap (M$)	Algorithm	Hash Rate (TH/s)	1h Attack Cost	NiceHash-able
Bitcoin	64,270	SHA-256	42,257,000	$271,132	0%
Bitcoin Cash	2,250		1,507,000	$9,670	2%
Bitcoin SV	1,150		1,063,000	$6,819	3%
Litecoin Cash	9		20,000	$125	188%
Auroracoin	2		3,000	$22	1073%
Ethereum	12,470	Ethash	158	$83,513	4%
Ethereum Classic	436		9	$4,590	77%
Zcash	293	Equihash	0.003	$11,483	7%
Bitcoin Gold	183	Equihash (Zcash)	0.000002	$872	21%
Litecoin	2,620	Scrypt	209	$27,287	6%
Monero	815	CryptoNightV8	0.000909	$6,651	1%
Monacoin	32	Lyra2REv2	13	$372	110%

同じパブリック型ブロックチェーンでも、NiceHashの総力をもってしても攻撃に必要な計算力の1%も確保できないビットコインのようなものから、1時間程度であれば子供のお年玉でも攻撃できそうなものまで、攻撃耐性のバラつきは極めて大きいことが見て取れます。また、採用しているアルゴリズムに

注1　https://www.crypto51.app/

よっても耐性が非常に大きく左右されています。2018年5月に攻撃を受けて約20億円の損害を受けたBitcoin Goldは、当時、通貨の価値総額に対してハッシュレートが低かったことが狙われた要因とされていますが、その後アルゴリズムを見直すことで耐性を強化しています。

すでに、これだけのパブリック型ブロックチェーンがひしめき合っている中、新たにシステムを立ち上げて十分な耐性を備えるまでにするには、相当な困難が想定されます。参加する立場であっても、どの程度の耐性を備えているシステムであるかを把握しておく必要があります。何をもって十分とするかの線引きもまた困難ですが、少なくとも、特定のマイニングプールがその気になれば攻撃できてしまうレベル（例えば「NiceHash-ableが100%以上」とおけば表の網掛け部分が該当）のシステムでは、安心とは言えないでしょう。

アルゴリズムに対応したASICによってマイナーの寡占化が進むプラットフォームから独立させるため等、様々な理由から新しいシステムを起こしたり、参加を検討したりすることもあるでしょう。それでも、先行者メリットを得るためハイリスク／ハイリターンを狙うというのでもない限り、十分な攻撃耐性を得るまでのロードマップを明確にしておく必要があります。

また、パブリック型では、中央集権的なものの排除や、トラストレスでなければ意味がないといった言説が多いのですが、それは手段と目的を取り違えた原理主義的な見方であって、過度にこだわることに意味はないと考えます。

分散型台帳という新しいシステムの作り方を活かして、いかに有用な社会基盤を作るかが大事であって、手段であるブロックチェーンは、その目的に応じて、中央集権的[注2]なものとトラストレスなものとの間の落としどころを見極めて使うべきものです。以前から言われているように、ビットコインですら取引所システムという中央集権的な要素が不可欠の存在として組み込まれています。

特に重要になってくるのは、ブロックチェーンシステムという計算機上の世界とリアルな世界との接点についての議論です。「オラクル」と総称される外部システムとのインタフェース、中でも認証局等本人性を担保するための認証サービスとの関係性には、しっかりとした議論が必要です。

これらを仮想通貨基盤と連携させることで、より透明性を確保できるようになるかもしれませんし、認証局同士をブロックチェーンによって連携させることで、本人性の担保をより確実にする可能性もあると思います。いたずらに原理主義的で排他的な議論よりも、どういったメリットを生み出せるのか、地に足の着いた議論へシフトするタイミングであるという意味でも、私たちは「幻滅期」に差し掛かっているのだと考えます。

注2 注2 トラストレスの対置を「トラステッド」としていないのは、中央集権的であっても完全な意味で「信頼のおける第三者」というわけではないからで、むしろ中央集権的なものが備えているとされる「アプリオリな信頼性」への疑念をブロックチェーンによる透明性の担保によって払拭し、改めて信頼性を強化することに大いに寄与できると考えるからです。両者は必ずしも排他的なものではなく、二項対立な議論に陥ることは避けるべきです。

5 法的な課題

このテーマも「トラストレス」につながる要素を含んでいますが、いくら技術が優れていたとしても技術者が主張するだけでは社会への浸透は進みません。システム総体として法的な要件をどのように満たしているか、法律の専門家と議論しフィードバックを受けるとともに、必要に応じて法的な解釈の明確化や法律の整備や改正といった対応が必要になるという話です。

例えば貿易業務には、船荷証券という有価証券があります。基本的には、船会社が荷主から荷物を預かる際に輸出者に対して発行され、それを受け取った輸入者が輸入港に持っていくと荷物を引き取ることができるという仕組みです。そうした送り状としての機能以上に、証券自体が売買される有価証券としての機能を持っているため、現状は紙でやり取りされています。

これを電子化しようとすると、業界の商慣習という大きな慣性を抜きにしても、そもそも法律が電子化を前提として作られていないという問題に直面します。もちろん法曹界でも、世界中に普及したIT技術やインフラを前提とするべく議論が行われています。2017年にはUNCITRAL（国連の電子手形について議論する部会）において、船荷証券の電子化を含む広い概念であるETR（Electronic Transferable Records）のためのモデル法が採択され、2018年にはEuropean Commissionにおいて貿易書類の電子化を推し進めるための法律改正の議論が始まりました。

そこでは、紙が備える3つの機能、すなわち「単一性、占有性、完全性」[注3]を電子的記録が満たすことの必要性が議論されています。その内容は、ブロックチェーン技術の極めて強い耐改ざん性を応用して、紙を電子に置き換えていく際に必要な要件を整理する上での、非常に重要なインプットとなっています。

このような課題は貿易に限らず、著作権、引用、学歴詐称、産地偽装などのケースにも当てはまります。現状ではどうしても仮想通貨に偏りがちな法律の議論を、もっと視野を広げて行う必要があると考えます。そのためにも技術者は、今以上に積極的に法律関係者と対話し、技術の理解を深めるとともに、フィードバックを積み重ねることで、技術者の独りよがりではないサービスとなるよう努めていかなければなりません。

注3　本モデル法においては、紙ベースの移転可能証券の電子的な機能的同等物の実現を規定しており、その条件として以下の3つを挙げています。

- 単一性（uniqueness/singularity）：所有者（権利者）を1人に特定できること
- 占有性（control）：誰が排他的に占有するか特定できること
- 完全性（integrity）：データが勝手に変造されたり削除されないこと

6 データフォーマット

ブロックチェーンによる情報共有というユースケースを考える際、それが有用なものとなるために必須の条件は、共有される情報をそのまま再利用できることです。データのフォーマットが異なるため処理できないデータが送られてきても意味がありませんし、ましてや、人手で再入力しなければならないフォーマットのファイルでは、FAX や郵送と変わらない仕組みを多大なコストをかけて再構築するような話になってしまいます。各業界における標準化の動きがあればそれと連動し、不十分であれば標準化の議論を関係者と行う必要があります。

標準が浸透するまでに要する相当の期間は、技術で補います。例えば、非構造化データ技術等による変換を施し、人がフリーフォーマットで記入してくる項目はセマンティック AI の意味解釈で補足し、マシンリーダブルな状態にまで辿り着くことが重要です。ブロックチェーン技術による情報共有のメリットは、こうした様々な技術を援用することで最大化できると考えます。

7 進化し続けるブロックチェーン

ここまで述べてきた中の「ブロックチェーン技術」という用語は、特定の技術的な実装に基づく呼称です。そういう意味では、ビットコインで確立した「ブロックがチェーンのように連なって……云々」という概念から、いまだ抜け出してはいません。

ですが、本来実現したかったことが「分散型台帳を作る」であるならば、必ずしも特定の技術を引きずる必要はないと考えます。実際、次々と生み出されるブロックチェーン基盤製品の中には、Corda や IOTA のように、最早ブロックを使わない技術実装も存在しています。「あれはブロックチェーンではない」という声も一部には聞かれますが、ブロックチェーンであるか否かの議論よりも、分散型台帳技術としてどれだけ優れているかを評価すべきです。

残念ながら今回はコンテンツ化まで力が及びませんでしたが、日本でブロックチェーンを啓蒙なさっている斉藤賢爾氏が中心となって開発された BBc-1 (Beyond Blockchain One) 注4 は、これまでのブロックチェーン基盤が抱えていた課題の相当部分を解決することを目指した、優れた実装の1つであると考えます。今後、分散処理の専門家等も参画して、素晴らしい実装や改良が次々と出てくるものと想定されます。

そのこと自体は、ブロックチェーン技術の取り組みを推進する者としてうれしく楽しみなのですが、一方、システムを構築する立場からすると、たいへん悩ましい状況にあります。現時点では、いずれも帯に短し襷に長しであり、採用すべき基盤製品の決定は、従来技術を使ったシステムと比較してリスクが大きいことは確かです。

我々としては、ユースケースの属性に応じて最適な基盤を採用できるよう、複数の主だった基盤製品についての方法論を蓄積するとともに、特定の基盤製品に依存しないリファレンスアーキテクチャを整備するなどして、対応する道をとっています。

注4 一般社団法人ビヨンドブロックチェーン：https://beyond-blockchain.org/
ソースコード (GitHub)：https://github.com/beyond-blockchain/bbc1

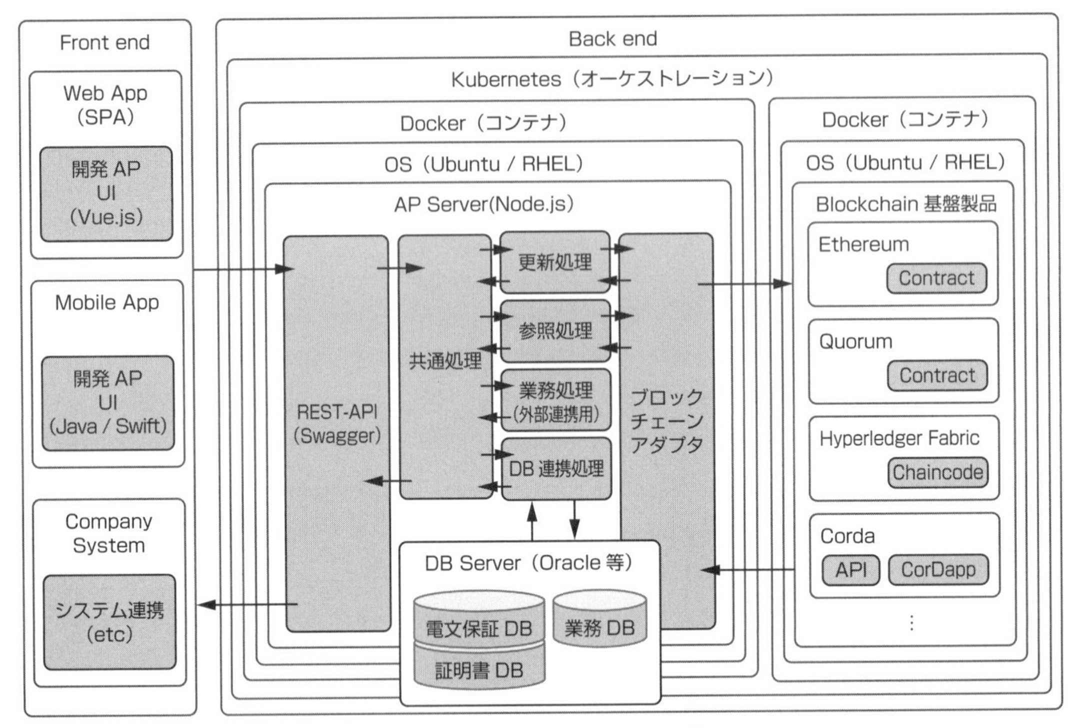

図1　特定ブロックチェーン基盤製品に依存しないリファレンスアーキテクチャの例

現在、ブロックチェーン技術を使ったシステムを検討している方々も、同様の課題に直面していることかと思いますが、くれぐれも検討が不十分なままで、ルビコン川を渡ることのないよう留意しなければなりません。

本章では課題や留意点ばかり語っているので、まるで「ブロックチェーン技術の使用は避けるべき」と述べているように思われるかもしれませんが、そんなことは決してありません。

旧版で述べたように「地に足の着いた議論」をしようとすれば、いやが応もなく、いずれぶつかる課題です。それらを乗り越えてなお、多大なメリットのある技術だからこそ、こうした課題に向き合う必要があるのです。スピード重視から品質重視まで様々な立場と考え方があると思います。状況に合わせてうまく取捨選択し、検討の参考にしてください。

付録

Appendix

本章では実践編で扱う各ブロックチェーン基盤製品のサンプルアプリケーションを開発する上で、共通して準備すべき内容を解説します。なお、ここで解説するツール類を取得するためには、インターネット接続環境が必要です。

1 仮想マシンの構築
読者のPCの多くはWindows環境だと思いますが、実践編で紹介するブロックチェーンはLinuxで動くため、Windows上でLinuxの仮想マシンを動かす手順を解説します。

2 各種ツール類の解説
複数ノードを起動するために使用するDockerおよびDocker-Composeや、その他、共通して使用するツール類について簡単な操作解説をします。

3 サンプルアプリケーション開発の準備
サンプルアプリケーションの多くは、APサーバを経由してWebブラウザから操作できるようになっています。その大部分は共通で使い回せるため、ここで共通部分を作成します。

1 仮想マシン環境の設定

本節では、各ブロックチェーン基盤製品を動作させる環境について説明します。

読者の多くはWindows環境を使用していると思いますが、ブロックチェーン基盤製品のほとんどはLinuxで動作するので、Windows上に仮想マシンでLinux環境を構築します。なお、必要なハードウェアスペックはブロックチェーン基盤製品によって異なるため、該当する章を参照してください。

1.1 必要なソフトウェア

本書のサンプルアプリケーションやブロックチェーン基盤製品では、Linux（Ubuntu）上にDockerでコンテナを立てて複数のノードを動かします。そのため、Windows環境の場合はVirtualBoxで仮想環境を作り、そこでLinuxを動かす必要があります。また、ブロックチェーンの情報を見やすくするため、APサーバを経由してブロックチェーンに接続し、取得した情報をWebブラウザの画面に表示します。本項で紹介するソフトウェアは、各基盤製品の環境構築やサンプルアプリケーション開発に共通して必要となるものです[注1]。

ホストOS（Windows）

- Windows 7 / 10

仮想化環境ソフトウェア（ホストOSに導入）

- VirtualBox 5.2.22

ゲストOS（Linux）

- Ubuntu server 18.04.1LTS
  http://old-releases.ubuntu.com/releases/bionic/ubuntu-18.04.1-live-server-amd64.iso
  ※ Ubuntuイントール中に表示される「Software selection」画面で、[OpenSSH Server]を選択するようにしてください。

必要なソフトウェア（ゲストOSに導入）

- Docker 18.09.2
- Docker-Compose 1.23.1
- Node.js v8.15.0

注1　本書で紹介しているUbuntu 18.04.1 LTSにプレインストールされているツールについては、説明を割愛します。

- npm 6.4.1
- Python2 2.7.15rc1

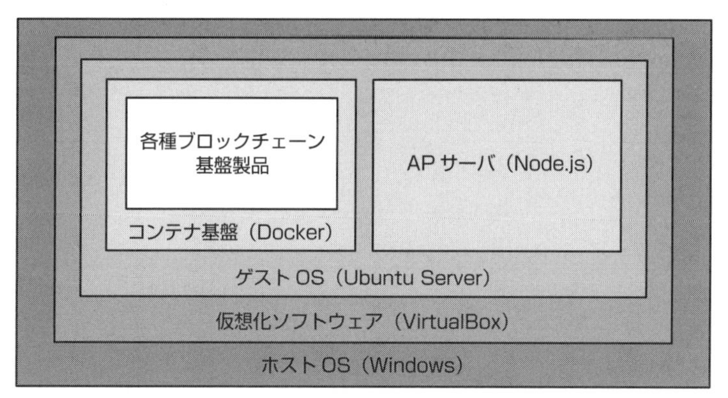

図 1 Windows 環境における本書サンプルアプリケーションの動作環境

1.2 Ubuntu Server へのアクセス方法

ここではポートフォワーディングを利用した仮想環境へのアクセス方法を紹介します。これを行うことにより、ホスト OS からの SSH 接続や HTTP 接続などが可能となります。

① 仮想マシンを選択し、[設定] > [ネットワーク] > [対象のアダプター] > [ポートフォワーディング] を押下して開きます。

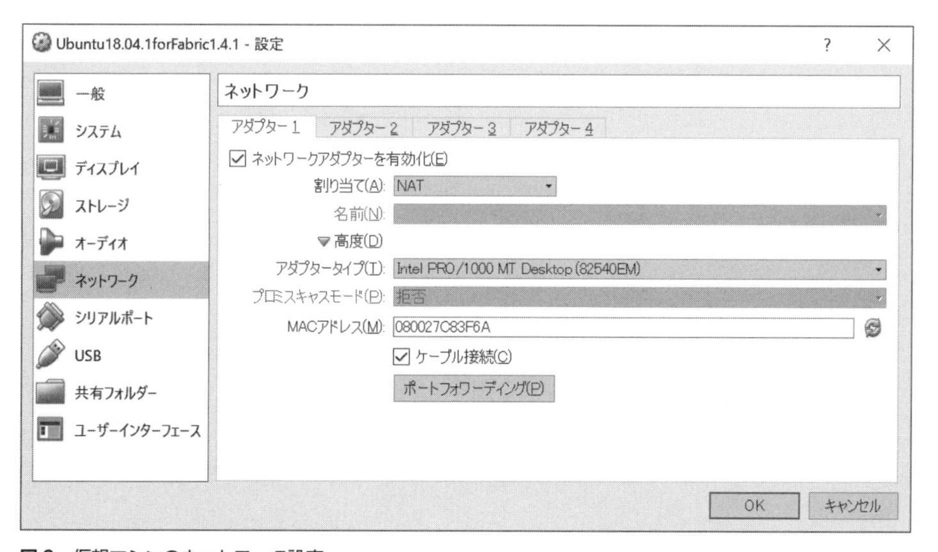

図 2 仮想マシンのネットワーク設定

② ポートフォワーディングルールウィンドウが開いたら「追加」ボタンを押して、「名前」「プロトコル」「ホストポート」「ゲストポート」を以下のように設定します。

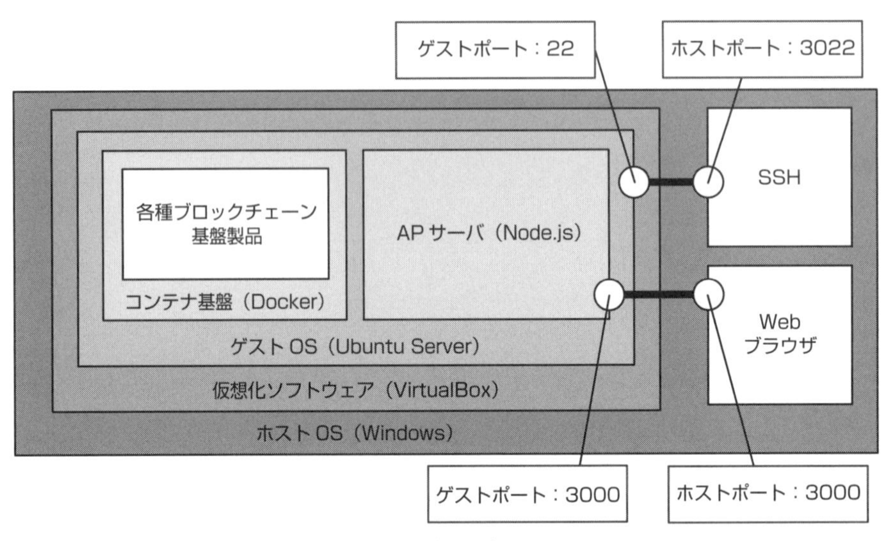

図 3-1 ホスト OS とゲスト OS のポートフォワーディング

- SSH 接続の場合：Linux にログインするための設定です。以下の設定では、ホスト OS からポート番号 3022 で接続すると、ゲスト OS のポート番号 22 に接続します。
  - 名前：Rule1（任意）
  - プロトコル：TCP
  - ホストポート：3022
  - ゲストポート：22
- HTTP 接続の場合：Web ブラウザから接続するための設定です。以下の設定では、ホスト OS からポート番号 3000 で接続すると、ゲスト OS のポート番号 3000 で接続します。
  - 名前：Rule2（任意）
  - プロトコル：TCP
  - ホストポート：3000
  - ゲストポート：3000

ポートフォワーディング ルール
名前
プロトコル
ホスト IP
ホストポート
ゲスト IP
ゲスト ポート
Rule 1
TCP
3022
22
Rule 2
TCP
3000
3000
OK
キャンセル

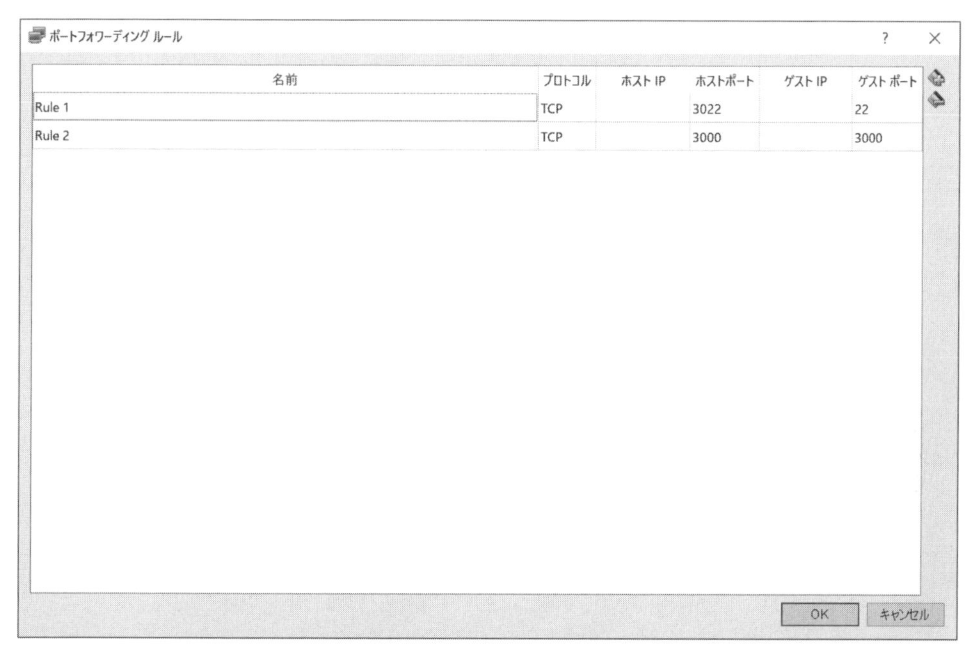

図 3-2　ポートフォワーディングルール設定の結果

SSH の接続方法を説明します。ここでは Tera Term というツールを使って接続します。Tera Term を起動すると以下の画面が表示されますので、次のとおりに設定して、「OK」ボタンを押下してください。

- ホスト：127.0.0.1
- TCP ポート：3022
- その他：デフォルト

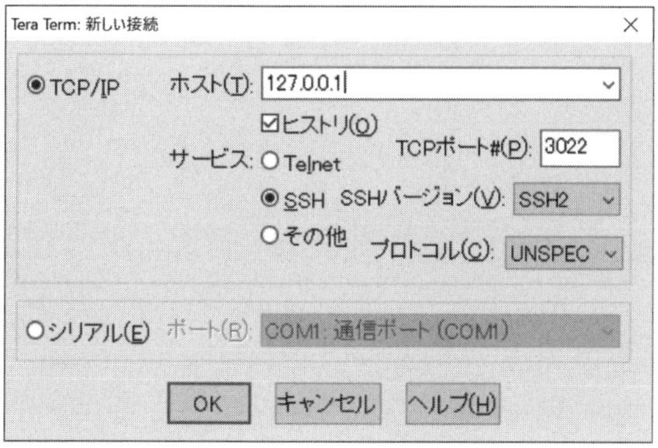

Tera Term: 新しい接続
TCP/IP
ホスト(T): 127.0.0.1
ヒストリ(O)
サービス: Telnet
TCPポート#(P): 3022
SSH
SSHバージョン(V): SSH2
その他
プロトコル(C): UNSPEC
シリアル(E)
ポート(R): COM1: 通信ポート (COM1)
OK
キャンセル
ヘルプ(H)

図 4　SSH 接続の設定

以下のような画面が表示されれば、SSH 接続は成功です。

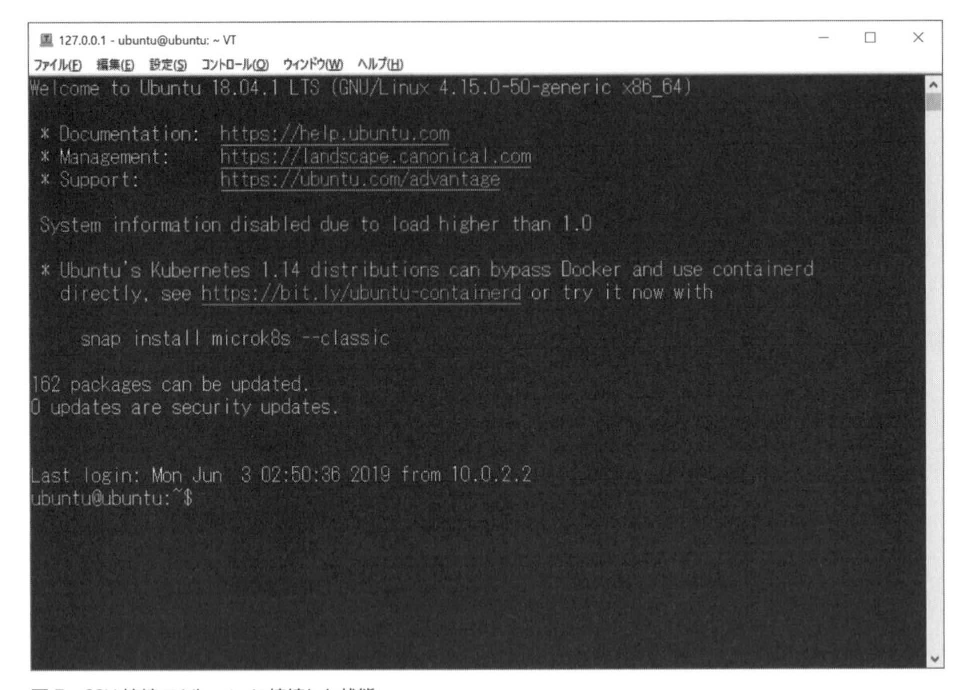

図 5 SSH 接続で Ubuntu に接続した状態

Web ブラウザから HTTP 接続を行う場合は、http://localhost:3000/index.html のように、ホスト名（IP アドレス）にポート番号を付与してアクセスしてください。接続確認にはサンプルアプリケーションが必要になります。

2 各ソフトウェアの操作方法

本節では、各ブロックチェーン基盤製品で共通して使用するソフトウェアについて、インストール方法を含む簡単な操作方法を紹介します。

2.1 必要パッケージのインストール

アプリケーションのビルドなどに必要なパッケージをインストールします。まず、パッケージ情報をアップデートしてからインストールを行います。

リスト1 必要なパッケージのインストール

```
sudo apt update
sudo apt install -y build-essential
```

2.2 Docker / Docker-Compose

本書では各ブロックチェーン基盤製品をコンテナ内で動作させます。その際に用いるソフトウェアがDockerです。Dockerはコンテナ型の仮想化機能を提供するソフトウェアです。また、Docker-Composeは、複数のコンテナを一括で管理するツールです。

(1) Docker/ Docker-Composeのインストール

DockerとDocker-Composeをインストールします。

リスト2 DockerをインストールするためのGPGキーを取得

```
curl -fsSL https://download.docker.com/linux/ubuntu/gpg | sudo apt-key add -
```

リスト3 aptデータベースに公式のDockerリポジトリを追加

```
sudo add-apt-repository "deb [arch=amd64] https://download.docker.com/linux/ubuntu $(lsb_
release -cs) stable"
sudo apt update
```

リスト4 Dockerのインストール

```
sudo apt -y install docker-ce=5:18.09.2~3-0~ubuntu-bionic docker-ce-cli=5:18.09.2~3-0~ubuntu-
bionic
```

Dockerサービスが、インストール後に自動的に起動しない場合に備えて、起動設定を行います。

リスト5 Dockerサービスの再起動

```
sudo systemctl start docker.service
sudo systemctl enable docker.service
```

ユーザにDockerコマンドの実行権限を付与するために、dockerグループに対象ユーザを追加します。次のリストでは、「ubuntu」という名前のユーザをdockerグループに追加する例を記載しています。

リスト6 実行権限の追加

```
sudo usermod -aG docker ubuntu
```

ここで設定を有効化するために、再度ログインしてください。

正常に動くかを、以下のコマンドで確認します。バージョンが表示されれば成功です。

リスト7 インストールの確認

```
docker version
```

結果：

```
Client:
 Version:           18.09.2
 ・・・
```

続いて、Docker-Composeをインストールします。

リスト8 Docker-Composeのインストール

```
sudo curl -L https://github.com/docker/compose/releases/download/1.23.1/docker-compose-$
(uname -s)-$(uname -m) -o /usr/local/bin/docker-compose
```

インストールしたdocker-composeバイナリに、実行権限を付与します。

リスト 9　docker-compose バイナリへの権限付与

```
sudo chmod +x /usr/local/bin/docker-compose
```

正常に動くかを、以下のコマンドで確認します。バージョンが表示されれば成功です。

リスト 10　インストールの確認

```
docker-compose version
```

結果：

```
docker-compose version 1.23.1, build b02f1306
・・・
```

(2)Docker / Docker-Compose の操作方法

ここからは、本書の手順に沿って各ブロックチェーンを動作させる際に、よく使用する Docker（Docker-Compose）コマンドを簡単に紹介します。

● Docker イメージ一覧の表示

ローカルに存在する Docker イメージを一覧表示します。

リスト 11　Docker イメージ一覧の表示

```
docker images
```

● コンテナの起動

Docker イメージからコンテナを起動します。

リスト 12　コンテナの起動

```
docker run --name [コンテナ名] [イメージID | タグ名]
```

● 起動コンテナ一覧の表示

起動しているコンテナの状態を表示します。

リスト 13　起動コンテナ一覧の表示

```
docker ps
```

表1　起動コンテナ一覧の表示項目

項目	概要
CONTAINER ID	コンテナの ID
IMAGE	コンテナの生成元イメージ
COMMAND	起動時に実行されたコマンド
CREATED	コンテナの作成からの経過時間
STATUS	コンテナが起動および停止してからの経過時間
PORTS	バインドしているポート
NAMES	コンテナの名前

※ -a オプションを付与することで、停止中のコンテナの情報も表示できます。

●コンテナログの表示

Docker コンテナの標準出力、および標準エラー出力を表示します。Docker コンテナでエラーが発生した場合など、トレースを行う用途に使用できます。

リスト14　コンテナログの表示

```
docker logs -f [コンテナID | コンテナ名]
```

※ -f オプション：コンテナのログを表示し続けます（[Ctrl] + [C] キーを押下すると外れます）。

●コマンドの実行

対象の Docker コンテナ上で指定したコマンドを実行します。

リスト15　コマンドの実行

```
docker exec [コンテナID | コンテナ名] [実行コマンド]
```

●コンテナの停止

稼働しているコンテナを停止します。

リスト16　コンテナの停止

```
docker stop [コンテナID | コンテナ名]
```

●コンテナの削除

コンテナを削除します。

リスト17　コンテナの削除

```
docker rm [コンテナID | コンテナ名]
```

※ -f オプションを付与すると、実行中のコンテナを強制的に削除できます。

●Dockerイメージの削除

ローカルに存在するDockerイメージを削除します。

リスト18　Dockerイメージの削除

```
docker rmi [イメージID | タグ名]
```

※ -f オプションを付与すると、イメージを強制削除します。

ここからは、Docker-Composeコマンドの解説です。

●サービスの起動

設定ファイル（yamlファイル）に定義されたコンテナを作成・起動します。なお、複数のコンテナ定義を書くことにより、複数のコンテナを一度に作成できます。

まず、コンテナを連携させるための設定ファイル注2を作成し、そのファイルが配置されているディレクトリで、以下のコマンドを実行します。なお、以降のコマンドも基本的に設定ファイルが存在するディレクトリでコマンドを実行してください。

リスト19　サービスの起動

```
docker-compose up -d
```

※ -d オプション：サービスはバックグラウンドで実行されます。

●サービスの開始

サービスを開始します。すでにコンテナが存在している必要があります。

リスト20　サービスの開始

```
docker-compose start
```

●サービスの停止

サービスを停止します。

リスト21　サービスの停止

```
docker-compose stop
```

●サービスの停止および削除

設定ファイルに書かれているサービスを参考にコンテナを停止し、そのコンテナとネットワークを削除します。

注2　設定ファイルの記述方法などについては、http://docs.docker.jp/index.html などを参照してください。

リスト22　サービスの停止および削除

```
docker-compose down
```

2.3 Python

ブロックチェーン基盤製品を動かすためには、Pythonも必要となります。Pythonは2.7系と3系の2つのメジャーバージョンがありますが、ここでは、2.7系をインストールします。

リスト23　Python 2.7のインストール

```
sudo apt install -y python
```

インストールが正常に完了したことを確認するために、バージョン確認を行います。

リスト24　インストールの確認

```
python --version
```

結果：

```
Python 2.7.15rc1
```

2.4 Node.js + npm

本書ではサンプルアプリケーションのAPサーバを実装するために、Node.jsを使用しています。Node.jsとは、サーバサイドJavaScriptの実行環境です。

npm（Node Package Manager）は、Node.jsのパッケージマネージャです。npmはNode.jsの関連パッケージを簡単にインストールすることができます。

(1) Node.js、npmのインストール

Node.jsおよびnpmをインストールします。npmはNode.jsと同時にインストールされます。以降の手順では、Node.jsのバージョン管理ツールであるnvmを利用してインストールを行います。

リスト25　nvmのインストール

```
git clone git://github.com/creationix/nvm.git ~/.nvm
echo "source ~/.nvm/nvm.sh" >> ~/.bashrc
source ~/.bashrc
```

nvmや、nvmで設定したNode.jsを使用するためには、nvm.shをログインごとに実行する必要があるので、.bashrcに追加しています（単純に上書きしないよう、「>>」には注意してください）。最後のコマンドで、設定を反映しています。

リスト26　Node.jsのインストール

```
nvm install v8.15.0
nvm use v8.15.0
```

インストールが正常に完了したことを確認するために、バージョン確認を行います。

リスト27　インストールの確認（Node.js）

```
node -v
```

結果：

```
v8.15.0
```

リスト28　インストールの確認（npm）

```
npm -v
```

結果：

```
6.4.1
```

(2)Node.jsプログラムの実行方法

Node.jsプログラムの実行方法を説明します。

リスト29　Node.jsプログラムの実行方法

```
node [Node.jsファイル名] [..args]
```

(3)npmの操作手順

npmのコマンドであるinstallを使用すると、指定したパッケージと、そのパッケージと依存関係があるパッケージとを、一括でインストールしてくれます。

リスト30 パッケージのインストール

```
npm i -S [パッケージ名]
```

※-Sオプション：指定のパッケージをインストールするときに、package.jsonのdependencies欄にパッケージ名が記録されます。

上記コマンドを実行すると、node_modulesというディレクトリが作成され、その中にパッケージがインストールされます。なお、パッケージ名を指定せずに実行すると、package.jsonに記述されているパッケージを一括でインストールしてくれます。

3 サンプルアプリケーション開発の準備

ここでは、各章（第13〜16章）の実践編にてサンプルアプリケーションを開発する上で、共通的な項目について解説します。本書におけるサンプルアプリケーションはWebアプリケーションの構成を採用していますが、共通的な部分が多く存在します。そのため、本項で共通的な部品を作成し、ブロックチェーンごとに異なる部分は各章で開発することにしています。

3.1 サンプルアプリケーション構成

本書におけるサンプルアプリケーションは、ボタンを押すと数値がカウントアップするカウンタアプリと、ブロックチェーンをモニタリングするアプリの非常に簡単なものになっています。

構成は図6のとおりで、共通で使用する部分と、各章で作る部分が分かれています。共通で使用する部品は本項で作成することになります。

なお、APサーバは基本Node.jsを使用していますが、Cordaはサーバ用のライブラリがJavaでしか提供されていないため、個別にサーバアプリケーションを作成しています。

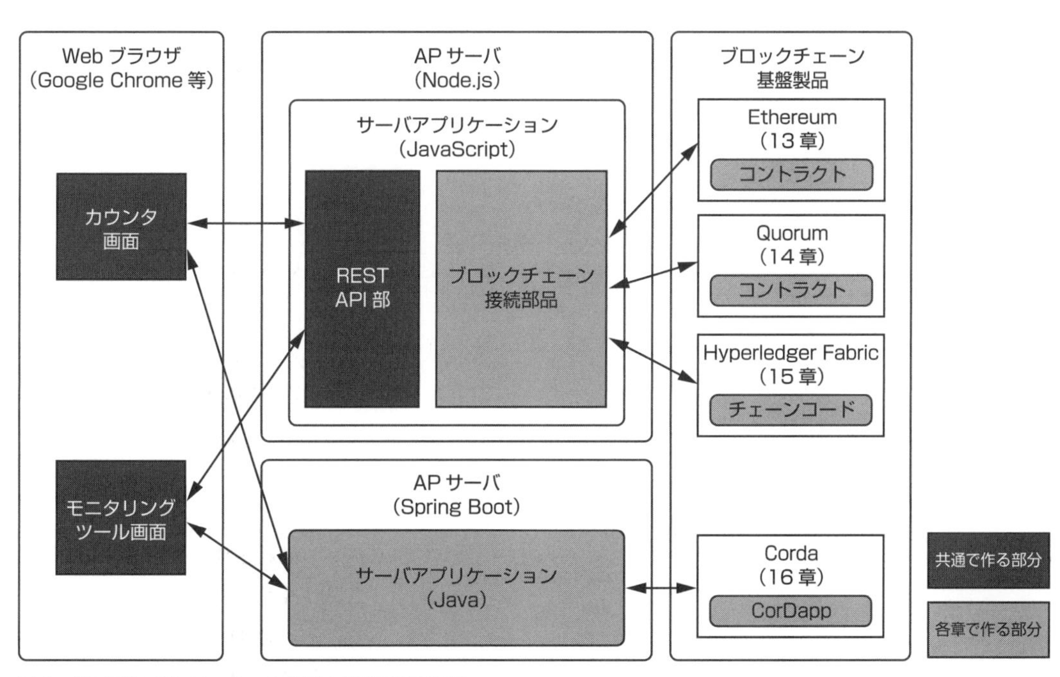

図6 サンプルアプリケーション構成と各章で作る部品

3.2 サンプルのディレクトリ構成

本書で想定している全体のディレクトリ構成は、以下のようになります。各章で設定するミドルウェアやソースコードは、chapterXX（XXは各章番号）というディレクトリをホームディレクトリに作成する前提で解説しています。

リスト31 ディレクトリ構成

```
ホームディレクトリ(/home/ubuntu)
    |-- common
    |   |-- ui
    |   |   |-- index.html  カウンタ画面
    |   |   `-- monitor.html  モニタリング画面
    |   `-- api
    |       |-- app.js  REST API部品
    |       `-- package.json  app.jsの依存関係記述ファイル
    |-- chapter11  Bitcoin Core資材置き場
    |-- chapter12  Lightning Network資材置き場
    |-- chapter13  Ethereum資材置き場
    |-- chapter14  Quorum資材置き場
    |-- chapter15  Fabric資材置き場
    `-- chapter16  Corda資材置き場
```

3.3 共通部品の作成（カウンタ画面）

本項以降で共通部品を作成していきます。共通部品はWebブラウザで動くカウンタ画面とモニタリング画面、およびサーバアプリケーションのREST API部の3つです。まずは、カウンタ画面を作成します。

(1)HTMLファイルの実装

画面用のhtmlファイルを配置するディレクトリを作成します。仮想環境上のゲストOSのホームディレクトリ配下に、common/uiディレクトリを作成してください。このディレクトリ配下にHTMLファイルを作成していきます。なお、HTMLファイルは、文字コードをUTF-8形式にして作成してください。

それでは、カウンタ画面（index.html）を作成します。common/ui以下にindex.htmlを作成し、次の内容を記述してください。

リスト 32 カウンタ画面のソースコード

[index.html]

```
1    <!DOCTYPE html>
2    <html lang='ja'>
3
4    <head>
5        <meta charset='UTF-8' />
6        <title>COUNTER</title>
7        <script src='https://ajax.googleapis.com/ajax/libs/jquery/3.2.1/jquery.min.js'></
     script>
8        <script>
9            // サーバアプリケーションAPI呼び出し
10           const callApi = (api, args, method, success, error) => {
11               $.ajax({
12                   type: method,
13                   url: api,
14                   data: args,
15                   contentType: 'application/JSON',
16                   dataType: 'JSON',
17                   scriptCharset: 'utf-8',
18                   success: (data) => {
19                       success(data);
20                   },
21                   error: (data) => {
22                       error(data);
23                   }
24               });
25           }
26
27           // 初期化処理
28           const init = () => {
29               $('#list tr:gt(0)').remove();
30               const id = $('#id').val();
31               callApi('/list', { id: id }, 'get',
32                   // success
33                   (data) => {
34                       console.log(data);
35                       for (let col of data.list) {
36                           $('#list').append(`<tr><td><input type='radio' name='check'
     value='` + col.name + `'></td><td>` + col.name + `</td><td>` + col.value + `</td></tr>`);
37                       }
38                   },
```

```
39                  // error
40                  (e) => {
41                      console.log('login error:' + e);
42                  });
43          }
44
45          // refreshボタン
46          $(document).on('click', '.refresh', (event) => {
47              init();
48          });
49
50          // loginボタン
51          $(document).on('click', '.login', (event) => {
52              const id = $('#id').val();
53              const password = $('#password').val();
54              callApi('/login', { id: id, password: password }, 'get',
55                  // success
56                  (data) => {
57                      console.log('login success?' + data.result);
58                      init();
59                  },
60                  // error
61                  (e) => {
62                      console.log('login error:' + e);
63                  });
64          });
65
66          // countUpボタン
67          $(document).on('click', '.countUp', (event) => {
68              const id = $('#id').val();
69              const name = $('input[name=check]:checked').val();
70              callApi('/count', JSON.stringify({ id: id, name: name }), 'put',
71                  // success
72                  (data) => {
73                      console.log(data);
74                  },
75                  // error
76                  (e) => {
77                      console.log('login error:' + e);
78                  });
79          });
80      </script>
81  </head>
82
```

```
83  <body>
84      <div>
85          ユーザ名：<input type='text' id='id'>パスワード：<input type='text'
    id='password'><input type='button'
86              value='login' class='login'>
87      </div>
88      <br />
89      <div>
90          <table border id='list'>
91              <tr>
92                  <th></th>
93                  <th>name</th>
94                  <th>number of counter</th>
95              </tr>
96
97          </table>
98      </div>
99      <br />
100     <div>
101         <input type='button' value='countUp' class='countUp'>
102     </div>
103     <div>
104         <input type='button' value='refresh' class='refresh'>
105     </div>
106 </body>
107
108 </html>
```

(2) 画面の表示と操作説明

カウンタ画面の実装後のイメージは、次のとおりです。

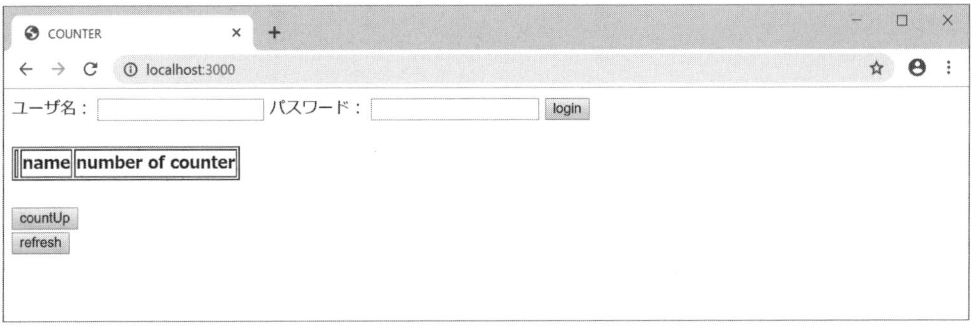

図7　カウンタ画面

ユーザ名とパスワードを入力して、ログインします。

ログイン時の挙動は、各ブロックチェーン基盤製品によって異なります。

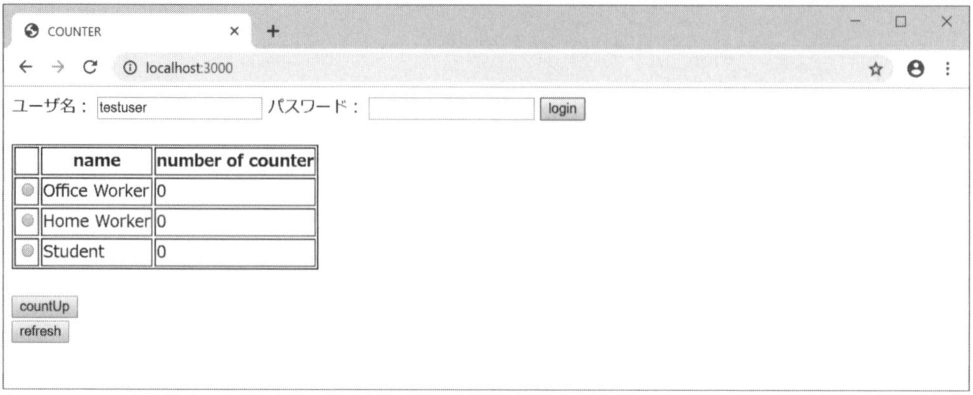

図 8　ログイン後の画面

ログイン後、カウントアップを実行したい項目を選択し、「countUp」ボタンを押下します。カウントアップの実行結果を取得するには、「refresh」ボタンを押下して画面を更新します。

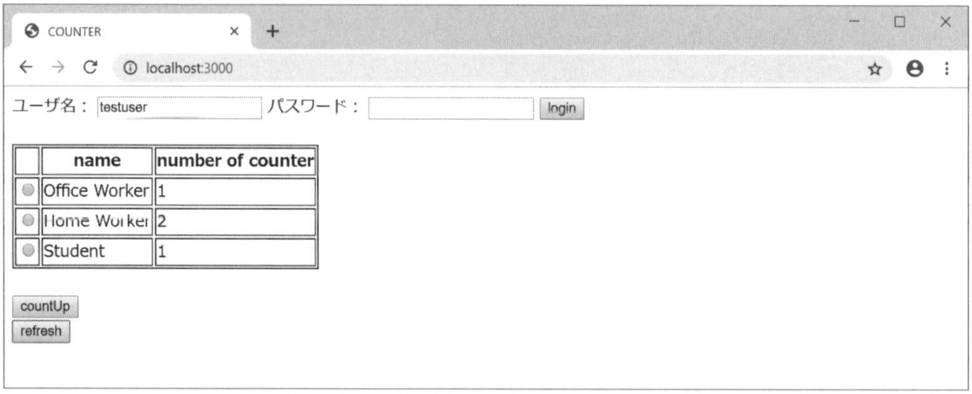

図 9　countUp、refresh 実行後の画面

3.4　共通部品の作成（モニタリング画面）

次に、ブロックチェーンにデータが登録されたことを確認するため、ブロックチェーンを定期的に監視して、ブロック情報を表示するモニタリング画面を作成します。

(1)HTML ファイルの実装

まずは、$HOME/common/ui 配下に monitor.html を作成してください。そして、以下の内容を monitor.html に記述してください。

リスト 33 モニタリング画面ソースコード

```
[monitor.html]

1   <!DOCTYPE html>
2   <html lang='ja'>
3
4   <head>
5       <meta charset='UTF-8'>
6       <title>モニタリングツール</title>
7       <script src='https://ajax.googleapis.com/ajax/libs/jquery/3.2.1/jquery.min.js'></
    script>
8       <script>
9           let blockNum = 1; //ブロック番号
10          let isStart = true;
11
12          // サーバアプリケーションAPI呼び出し
13          const callApi = (api, args, method, success, error) => {
14              $.ajax({
15                  type: method,
16                  url: api,
17                  data: args,
18                  contentType: 'application/JSON',
19                  dataType: 'JSON',
20                  scriptCharset: 'utf-8',
21                  success: (data) => {
22                      success(data);
23                  },
24                  error: (data) => {
25                      error(data);
26                  }
27              });
28          }
29
30          // listに取得したデータを追加する
31          const appendList = (data) => {
32              if ($('#list tr th').length === 0) {
33                  let header = '<tr>';
```

```
34                  for (const value of data.headerList) {
35                      header = header + `<th width='150'>` + value + '</th>';
36                  }
37                  header = header + '</tr>'
38                  $('#list').append(header);
39              }
40              for (const value of data.recordList) {
41                  let row = '<tr>';
42                  for (const idx in value) {
43                      row = row + '<td>' + value[idx] + '</td>';
44                  }
45                  row = row + '</tr>'
46                  $('#list').append(row);
47              }
48              return data.recordList.length;
49          }
50
51          // ブロック情報を取得
52          const getBlockinfo = (data, callback) => {
53              callApi('/blocks', data, 'get',
54                  // success
55                  (data) => {
56                      const recordCt = appendList(data);
57                      // 次に取得するブロック番号を設定
58                      blockNum = blockNum + recordCt;
59                      callback();
60                  },
61                  // error
62                  (e) => {
63                      console.log('login error:' + e);
64                  });
65          }
66
67          // モニタスタート
68          const startMonitor = () => {
69              isStart = true;
70              watchBlock();
71          }
72
73          // ブロック監視
74          const watchBlock = () => {
75              if (!isStart) {
76                  return;
```

```
77                }
78                //1秒ごとにブロック情報を取得
79                setTimeout(() => {
80                    getBlockinfo({ start: blockNum, row: 10 }, () => watchBlock());
81                }, 1000);
82            }
83
84            // モニタストップ
85            const stopWatch = () => {
86                isStart = false;
87            }
88        </script>
89    </head>
90
91    <body>
92        <br />
93        <input type='button' value='start' onclick='startMonitor();' />
94        <input type='button' value='stop' onclick='stopWatch();' />
95        <table id='list' style='word-break : break-all;' border>
96        </table>
97    </body>
98
99    </html>
```

(2) 画面の表示と操作説明

モニタリング画面の実装後のイメージは、以下のとおりです。

図 10　モニタリング画面

「start」ボタンを押下すると、モニタリングが開始されます。モニタリング画面には、デプロイから現時点までのブロック番号や生成日時、ハッシュ値などの情報が表示されます。なお、表示される情報は基盤によって異なります。図11はHyperledger Fabricの表示例です。

一定の間隔でブロックチェーンの情報を取得しており、モニタリング画面は自動的に更新されます。「stop」ボタンを押下すると、ブロックチェーンからの情報取得は停止します。

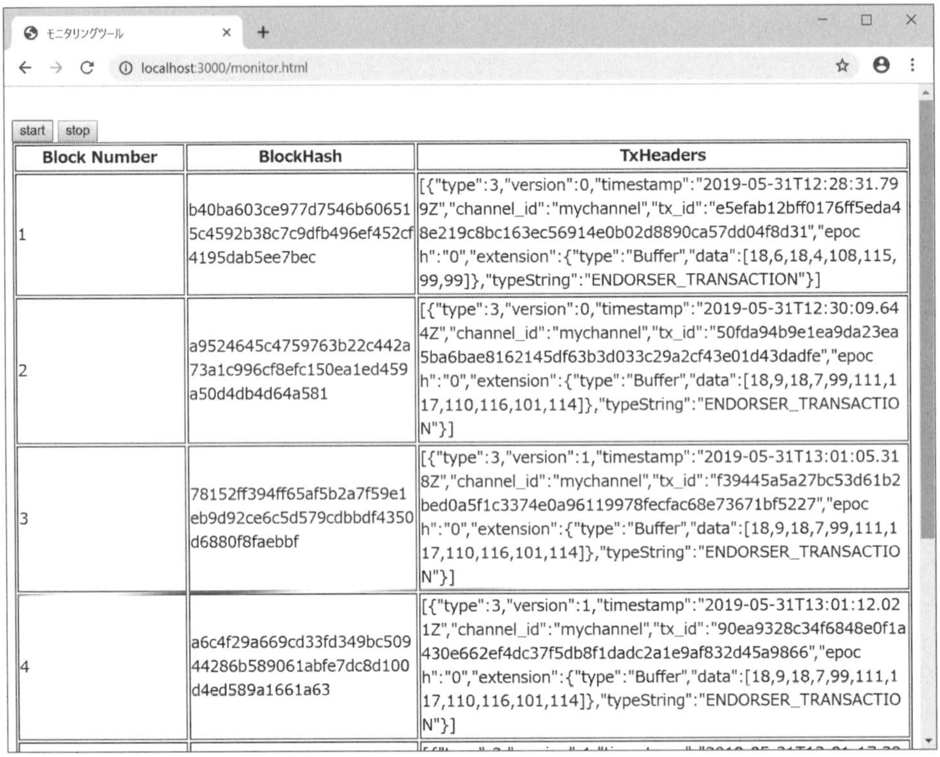

モニタリングツール
localhost:3000/monitor.html
start stop

Block Number	BlockHash	TxHeaders
1	b40ba603ce977d7546b606515c4592b38c7c9dfb496ef452cf4195dab5ee7bec	[{"type":3,"version":0,"timestamp":"2019-05-31T12:28:31.799Z","channel_id":"mychannel","tx_id":"e5efab12bff0176ff5eda48e219c8bc163ec56914e0b02d8890ca57dd04f8d31","epoch":"0","extension":{"type":"Buffer","data":[18,6,18,4,108,115,99,99]},"typeString":"ENDORSER_TRANSACTION"}]
2	a9524645c4759763b22c442a73a1c996cf8efc150ea1ed459a50d4db4d64a581	[{"type":3,"version":0,"timestamp":"2019-05-31T12:30:09.644Z","channel_id":"mychannel","tx_id":"50fda94b9e1ea9da23ea5ba6bae8162145df63b3d033c29a2cf43e01d43dadfe","epoch":"0","extension":{"type":"Buffer","data":[18,9,18,7,99,111,117,110,116,101,114]},"typeString":"ENDORSER_TRANSACTION"}]
3	78152ff394ff65af5b2a7f59e1eb9d92ce6c5d579cdbbdf4350d6880f8faebbf	[{"type":3,"version":1,"timestamp":"2019-05-31T13:01:05.318Z","channel_id":"mychannel","tx_id":"f39445a5a27bc53d61b2bed0a5f1c3374e0a96119978fecfac68e73671bf5227","epoch":"0","extension":{"type":"Buffer","data":[18,9,18,7,99,111,117,110,116,101,114]},"typeString":"ENDORSER_TRANSACTION"}]
4	a6c4f29a669cd33fd349bc50944286b589061abfe7dc8d100d4ed589a1661a63	[{"type":3,"version":1,"timestamp":"2019-05-31T13:01:12.021Z","channel_id":"mychannel","tx_id":"90ea9328c34f6848e0f1a430e662ef4dc37f5db8f1dadc2a1e9af832d45a9866","epoch":"0","extension":{"type":"Buffer","data":[18,9,18,7,99,111,117,110,116,101,114]},"typeString":"ENDORSER_TRANSACTION"}]

図11　モニタリングツールの画面

3.5　共通部品の作成（REST API部）

サーバアプリケーションの共通部品であるREST API部を実装します。EthereumやQuorumには、Webブラウザなどから接続するためのRPC注3機能があらかじめ備わっていますが、個別に作るとUIやAPサーバが固定の製品にロックインされてしまいます。ここでは共通のREST APIを作成し、ブロックチェーン基盤製品を変更しても画面やAPサーバのインターフェイスに影響が及ばないようにしています。

注3　RPC（Remote Procedure Call）とは、通信回線やコンピュータネットワークを通じて別のコンピュータ上で動作するソフトウェアへ処理を依頼する機能です。BitcoinやEthereumは、HTTPベースのRPC機能をデフォルトで有しています。

それではREST-API部を作成していきましょう。

(1) JavaScriptファイルの実装

サーバアプリケーションのJavaScriptファイルを配置するディレクトリを作成します。ホームディレクトリ配下に、common/apiディレクトリを作成してください。

次に、app.jsをcommon/apiディレクトリの配下に作成してください。そして、リスト34の内容をapp.jsに記述してください。

リスト34　サーバアプリケーションのソースコード

```
[app.js]

1    const express = require('express');
2    const app = express();
3    const path = require('path');
4    const bc_accessor = require(path.join(process.cwd(), './bc_accessor'));
5    const bodyParser = require('body-parser');
6
7    app.use(bodyParser.urlencoded({ extended: true }));
8    app.use(bodyParser.json());
9    app.use(express.static(path.join(__dirname, '../ui')));
10
11   app.use((req, res, next) => {
12       res.header("Access-Control-Allow-Origin", "*");
13       res.header("Access-Control-Allow-Headers", "Origin, X-Requested-With, Content-Type,
     Accept");
14       res.header('Access-Control-Allow-Methods', 'PUT, POST, GET, DELETE, OPTIONS');
15       next();
16   });
17
18   // get /login
19   app.get('/login', async (req, res) => {
20       const obj = await bc_accessor.login(req.query).catch((e) => {
21           console.log(e);
22           return { result: false, error: e };
23       });
24       obj.result = obj.error ? false : obj.result;
25       res.send(obj);
26   });
27
28   // get /list
```

```
29  app.get('/list', async (req, res) => {
30      const obj = await bc_accessor.getList(req.query).catch((e) => {
31          console.log(e);
32          return { error: e };
33      });
34      obj.result = !obj.error;
35      res.send(obj);
36  });
37
38  // put /count
39  app.put('/count', async (req, res) => {
40      const obj = await bc_accessor.putCount(req.body).catch((e) => {
41          console.log(e);
42          return { error: e };
43      });
44      obj.result = !obj.error;
45      res.send(obj);
46  });
47
48  // get /blocks
49  app.get('/blocks', async (req, res) => {
50      const obj = await bc_accessor.getBlocks(req.query).catch((e) => {
51          console.log(e);
52          return { error: e };
53      });
54      res.send(obj);
55  });
56
57  app.listen(3000, () =>
58      console.log('sample app listening on port 3000'));
```

(2) package.json の実装

サーバアプリケーションの依存ライブラリなどを定義したpackage.jsonを作成します。

まずは、$HOME/common/api配下にpackage.jsonを作成してください。そして、以下の内容をpackage.jsonに記述してください。

リスト35 package.json

```
[package.json]

1   {
```

```
2      "name": "common",
3      "version": "1.0.0",
4      "description": "",
5      "main": "app.js",
6      "scripts": {
7        "test": "echo \"Error: no test specified\" && exit 1"
8      },
9      "dependencies": {
10       "body-parser": "1.18.3",
11       "express": "4.16.4"
12     },
13     "author": "",
14     "license": "ISC"
15   }
```

以上で、共通部品の作成は完了です。これ以降は実践編各章に移り、それぞれの設定をしていくことになります。なお、先に述べたように、共通部品は1回作成すれば、各章で使い回すことが可能です。

あとがき

見えない洪水

今からちょうど40年前の1979年、『ケースD　見えない洪水』という本が話題を呼び、NHKでドラマも放映されました。著者は糸川英夫氏を中心とするライターグループで、20年後の未来を描いた小説です。糸川氏はペンシルロケットを開発するなど日本ロケット開発の父であり、はやぶさが探索に行った小惑星イトカワは彼の名前にちなんだものです。

「見えない洪水」とは、社会に流通する莫大な情報の奔流を意味する言葉です。当時どれだけの人が実感を伴って理解していたかはわかりませんが、インターネットが地球を覆い、世界のインターネット利用者が総人口の半分を超えた現代であれば、容易に理解できる言葉です。

小説の舞台は20世紀末、米ソの覇権争いに決着がついてから20年近くが経ち、世界は人口問題に対応するために、食糧増産と資源管理を名目とした国連主導の“中央集権”体制下に置かれているという設定です。主人公は大学で世界の構造を解析する中で、国連発表の情報に基づくシミュレーション結果と現実との乖離に気付きます。これを追いかけて行くうち、ついに、世界の秩序が特定の既得権益集団の下で管理されており、発信されている情報は巧妙なフェイクであることを突き止め、それを公表することで彼らによる「情報の支配」を終わらせるという筋書きです。これだけだと、よくある小説のようですが、この作品の真骨頂はここから先にあります。

既存の権威、情報の発信者への信頼を失った世界は、拠って立つ足場を失い、すべての情報は等しく信頼性のないものとなって、人々は流言飛語によって右往左往することになります。併せて、それまで国連やマスコミが隠していた環境汚染が臨界点を突破し、世界同時進行的な環境破綻と、それを口実とした多発テロが襲い掛かります。世界は人々の不安により自己増殖した「無秩序で膨大な情報の奔流」の中に沈んでいくのです。「ケースD」とは「最悪のケース」の意味であり、主人公たちの定義したそれを遥かに上回る真に最悪の結果の中で作品は幕を閉じます。

40年前にはなかったもの

糸川氏が『ケースD　見えない洪水』を世に出してから40年、世界はどのように変わったでしょうか。当時、パソコン（NECからPC-8001が発売された年です）を手にすることができたのはごく一握りの人々であり、インターネットは限られた研究機関同士を、常時接続ですらない電話回線で結ぶ、バケツリレー（UUCP）で運用されていました。

対して、今や世界人口の半数以上がPCや数多くのモバイル機器によってインターネットにつながり、SNS等を通じて互いに情報を発信し合うことで、その情報量は膨大なものとなっています。そして残念なことではありますが、その中の少なからぬ部分は、出典も真偽も定かではないままに行われる伝言ゲームであったり、フェイクであったり悪意に基づくものであったりします。一国の大統領がマスコミに対し面と向かって「フェイクである」と断じて拍手喝さいを浴びる傍ら、マスコミ自身もインターネットによる情報発信の多極化の渦中にあって、かつては絶対的と思われていた存在価値の相対化が不可逆的に進行中です。

事象としては、「見えない洪水」のカタストロフィとして描かれた、情報の奔流そのものです。小説と違って徐々に進行しているので、単に「ゆでガエル」的に、破綻として意識されないだけなのかもしれません。いずれにしても、糸川博士が奇しくも40年前に描いた未来に現実が追い付いてきているわけです。

情報の真贋性

作品中で主人公たちは、国連とは異なる正しい情報の集約拠点を足掛かりにし、情報の発信基地としての国連を更生することで秩序の再構築を図るわけですが、「見えない洪水」の前になすすべもありません。「中央集権的」なものを新たな「中央集権的」なもので刷新しようとして、「非中央集権的」な混沌に敗れ去るというのが糸川博士の描いた結末の構図です。

ひるがえって、現実はどうでしょうか。ここでブロックチェーンという技術が、中央集権的な権威抜きに、しかも「非中央集権的＝混沌」という等式を覆すものとして、すでに私たちの手にするところとなっている、そこが最大の違いです。リーマンショックで既存の金融機関への信頼にとどめが刺されたそのタイミングで、サトシ・ナカモトによって最初のブロックチェーン技術の実装であるビットコインが出現したという事実は非常に象徴的です。

ここで大事なのは、仮想通貨というユースケースはあくまでもその1つでしかなく、「情報の真贋性を中央集権的な仕組みに依らずに担保する」という特質こそが、ブロックチェーン技術の真価であるという点です。分散台帳を基盤とすることで、SNSや情報提供サービスに真贋性を与えることができれば、「非中央集権的＝混沌」という結末は回避できる。糸川博士の40年前の問いかけに対し、私たちはそのように答えることができるのはないでしょうか。

本書がこの素晴らしい技術とその考え方を理解し、それを使って皆様自らがどう変わっていくべきか、地に足の着いた議論の一助となれたら幸いです。

最後に本書に携わったすべての皆様に感謝を。特に自ら大量の原稿を抱えつつもリーダーとして作業全体を推進してくれた愛敬さん、怪我をおしてご尽力くださったリックテレコムの松本さんには頭が上がりません。この借りはいずれそのうち……精神的に。

バンコクから戻る飛行機の中で　赤羽喜治

参考文献

●書籍

- 斉藤賢爾 著『未来を変える通貨 ビットコイン改革論（NextPublishing）』インプレス R&D、2015 年
- アンドレアス・M・アントノプロス 著、今井崇也／鳩貝淳一郎 訳『ビットコインとブロックチェーン 暗号通貨を支える技術』NTT 出版、2016 年
- 加藤洋輝／桜井 駿 著『決定版 FinTech 金融革命の全貌』東洋経済新報社、2016 年
- ビットバンク＆『ブロックチェーンの衝撃』編集委員会 著、馬渕邦美 監修『ブロックチェーンの衝撃』日経 BP 社、2016 年
- 水野忠則 監修『分散システム――未来へつなぐデジタルシリーズ 31』共立出版、2015 年
- 江崎 浩 編集『P2P（ピア・ツー・ピア）教科書――インプレス標準教科書シリーズ』インプレス R&D、2007 年
- Alan B. Johnston／Daniel C. Burnett 著、内田直樹 監訳『WebRTC ブラウザベースの P2P 技術』リックテレコム、2014 年
- 岩田真一 著『なるほどナットク！ P2P がわかる本』オーム社、2005 年
- 小柳恵一 著、河内正夫 監修『P2P インターネットの新世紀』電気通信協会、2002 年
- 『日経 FinTech 世界年鑑 2016-2017』日経 BP 社、2016 年
- 「日経コンピュータ 2016 年 7 月 7 日号」日経 BP 社、2016 年
- 清水智則、ほか著『ブロックチェーンの革新技術―― Hyperledger Fabric によるアプリケーション開発』リックテレコム刊、2018 年
- IPUSIRON 著『暗号技術のすべて』翔泳社、2017 年

●インターネット上の論文等

- Satoshi Nakamoto "Bitcoin: A Peer-to-Peer Electronic Cash System"
  URL: https://bitcoin.org/bitcoin.pdf
- M. Castro and B. Liskov "Practical Byzantine Fault Tolerance and Proactive Recovery"
  URL: http://research.microsoft.com/en-us/um/people/mcastro/publications/p398-castro-bft-tocs.pdf
- C. Cachin and S. Schubert and M. Vukolic "Non-determinism in Byzantine Fault-Tolerant Replication"
  URL: https://www.zurich.ibm.com/~cca/papers/sieve.pdf
- L. Lamport and R. Shostak and M. Pease "The Byzantine Generals Problem"
  URL: http://research.microsoft.com/en-us/um/people/lamport/pubs/byz.pdf
- G. Shapir "Distributed systems theory for the distributed systems engineer"
  URL: http://the-paper-trail.org/blog/distributed-systems-theory-for-the-distributed-systems-engineer/
- H. Robinson "Consensus Protocols: Paxos"
  URL: http://the-paper-trail.org/blog/consensus-protocols-paxos/

- S. King and S. Nadal "PPcoin：Proof-of-Stake を採用する P2P 暗号通貨"
  URL: http://jpbitcoin.com/translation/peercoinwhitepaper
  URL: https://peercoin.net/assets/paper/peercoin-paper.pdf
- 斉藤賢爾 "ビットコインにおけるトランザクション、その展性と影響"
  URL: http://member.wide.ad.jp/tr/wide-tr-ideon-bitcoin-transaction2014-00.pdf
- The Bitcoin Lightning Network: Scalable Off-Chain Instant Payments
  URL: https://lightning.network/lightning-network-paper.pdf

●インターネット上の HP 等

- A Blockchain Platform for the Enterprise, Hyperledger Fabric
  URL: http://hyperledger-fabric.readthedocs.io/en/latest/
- Consensus endorsing, consenting, and committing model
  URL: https://jira.hyperledger.org/browse/FAB-37
- Corda
  URL: https://docs.corda.net/
  URL: https://www.corda.net/
- Enterprise Ethereum Alliance
  URL: https://entethalliance.org/media-coverage/
- Is distributed ledger technology (DLT) a banking fad or fixture?
  URL: https://www.jpmorgan.com/country/US/en/distributed-ledger-technology
- Istanbul Byzantine Fault Tolerance
  URL: https://github.com/ethereum/EIPs/issues/650
- Lightning Network
  URL: https://lightning.network/
- Lightning Network Daemon
  URL: https://github.com/lightningnetwork/lnd
- Lightning Network Developers
  URL: https://dev.lightning.community/overview/
- LND gRPC API Reference
  URL: https://api.lightning.community/
- Quorum　Advancing Blockchain Technology
  URL: https://www.jpmorgan.com/quorum
- Quorum wiki
  URL: https://github.com/jpmorganchase/quorum/wiki
- Raft-based consensus for Ethereum/Quorum
  URL: https://github.com/jpmorganchase/quorum/blob/master/docs/raft.md

●執筆者一覧

赤羽喜治（あかはね よしはる） 全体監修および、第1章と17章を執筆

株式会社NTTデータ 金融事業推進部 デジタル戦略推進部 ブロックチェーンチーム・部長

稲葉高洋（いなば たかひろ） 全体監修

株式会社NTTデータ 金融事業推進部 デジタル戦略推進部 ブロックチェーンチーム・課長

愛敬真生（あいけい まなぶ） 全体監修および、第6章、9章、10章を執筆

株式会社NTTデータ 金融事業推進部 デジタル戦略推進部 ブロックチェーンチーム・課長代理

大網恵一（おおあみ けいいち） 第2章と4章を執筆

株式会社NTTデータ 金融事業推進部 デジタル戦略推進部 ブロックチェーンチーム・課長代理

山本英司（やまもと えいじ） 第3章と9章を執筆

株式会社NTTデータ 金融事業推進部 技術戦略推進部 システム企画担当・課長

山本享穂（やまもと たかほ） 第4章を執筆

大守出貴（おおもり ゆき） 第4章を執筆

株式会社NTTデータ 金融事業推進部 デジタル戦略推進部 ブロックチェーンチーム

宇津木太郎（うつぎ たろう） 第5章を執筆

株式会社NTTデータ 公共・社会基盤事業推進部 プロジェクト推進統括部 技術戦略担当・シニア・エキスパート

北條真史（ほうじょう まさし） 第7章を執筆

株式会社NTTデータ 技術革新統括本部 システム技術本部 デジタルテクノロジ推進室・主任

鬼澤文人（おにざわ ふみと） 第7章を執筆

株式会社NTTデータ 金融事業推進部 技術戦略推進部 システム企画担当・主任

富田京志（とみだ あつし） 第8章と16章を執筆

株式会社NTTデータ 金融事業推進部 デジタル戦略推進部 ブロックチェーンチーム・主任

高坂大介（こうさか だいすけ） 第11章を執筆

株式会社NTTデータ テレコム・ユーティリティ事業本部 ユーティリティ事業部・課長代理

宮下　哲（みやした さとし） 第12章、13章、14章を執筆

株式会社アルファシステムズ

寺沢賢司（てらさわ けんじ） 第15章を執筆

NTTデータシステム技術株式会社

齋藤宗範（さいとう むねのり）第16章を執筆

鈴与シンワート株式会社

平井識章（ひらい のりあき）付録を執筆

鈴与シンワート株式会社

●情報提供・協力（お名前のみ、五十音順）

磯 智大

七種 貴規

柴田 雅之

新開 寛之

世取山 進二

高橋 宣之

田中 健介

永井 康年

成清 義博

野島 理一郎

樋口 幹広

藤村 滋

本田 寛

山下 真一

渡邊 大喜

Francisco Spadafora

Jorge Lesmes

Nuno Cortesao Dias

Tiago Rodrigues

Index 索引

数字

A

B

C

D

E

F

G

H

た行

な行

は行

ま行

や行

ら行

ブロックチェーン 仕組み（しくみ）と理論（りろん）
増補改訂版（ぞうほかいていばん）

2019年　7月 31日　第 1 版 第 1 刷発行

編 著 者　赤羽 喜治（あかはね よしはる）・愛敬 真生（あいけい まなぶ）

発 行 人　新関 卓哉
企画担当　蒲生 達佳
編集担当　松本 昭彦
発 行 所　株式会社リックテレコム
〒 113-0034 東京都文京区湯島 3-7-7
振替　00160-0-133646
電話　03（3834）8380（営業）
03（3834）8427（編集）
URL　http://www.ric.co.jp/

装　　丁　トップスタジオ デザイン室
（轟木亜紀子）
編集協力・制作　株式会社トップスタジオ
印刷・製本　シナノ印刷株式会社

●訂正等
本書の記載内容には万全を期しておりますが、万一誤りや情報内容の変更が生じた場合には、当社ホームページの正誤表サイトに掲載しますので、下記よりご確認ください。
＊正誤表サイトURL
http://www.ric.co.jp/book/seigo_list.html

●本書の内容に関するお問い合わせ
本書の内容等についてのお尋ねは、下記の「読者お問い合わせサイト」にて受け付けております。また、回答に万全を期すため、電話によるご質問にはお答えできませんのでご了承ください。
＊読者お問い合わせサイトURL
http://www.ric.co.jp/book-q

●その他のお問い合わせは、弊社Webサイト「BOOKS」のトップページ http://www.ric.co.jp/book/index.html 内の左側にある「問い合わせ先」リンク、またはFAX：03-3834-8043にて承ります。

●乱丁・落丁本はお取替え致します。

ISBN978-4-86594-163-0　Printed in Japan